高等院校计算机应用系列教材

# C语言程序设计

阳小兰　钱　程　主　编
杨元君　邓宗娜　杨　蓓　副主编

清华大学出版社
北　京

## 内 容 简 介

C 语言具有强大的功能和灵活的处理能力，是风靡全球的高级程序设计语言之一。本书共分 11 章，内容包括：C 语言概述，C 语言程序设计基础，顺序结构程序设计，选择结构程序设计，循环结构程序设计，数组，函数，指针，结构体、共用体与自定义类型，编译预处理，文件。每章后面都附有丰富的习题，帮助读者熟练掌握本章内容，及时检测自己的学习效果，查漏补缺。

本书是编者在二十多年 C 语言教学、研究和实践积累的基础上，吸收国内外 C 语言程序设计课程的教学精髓，精心编写而成的。本书遵循教学规律，编排合理，内容全面，条理清晰，实例丰富，按照由浅入深、循序渐进的原则，精心设计，突出重点，实用性强。同时，在各章都恰到好处地融入了课程思政内容。

本书是学习 C 语言的必备参考书，可作为高等院校计算机及相关专业的教材，也可作为从事计算机应用的科技人员的参考书和培训教材，还可作为蓝桥杯全国软件和信息技术专业人才大赛、ACM-ICPC 大赛、计算机等级考试(二级 C 语言)的参考书，并可供广大编程爱好者参考。



**图书在版编目(CIP)数据**

C 语言程序设计 / 阳小兰，钱程主编. —北京：清华大学出版社，2022.9（2024.2重印）
高等院校计算机应用系列教材
ISBN 978-7-302-61585-9

Ⅰ.①C… Ⅱ.①阳… ②钱… Ⅲ. ①C 语言—程序设计—高等学校—教材 Ⅳ.①TP312.8

中国版本图书馆 CIP 数据核字(2022)第 140695 号

**责任编辑**：刘金喜
**封面设计**：高娟妮
**版式设计**：孔祥峰
**责任校对**：成凤进
**责任印制**：刘海龙

**出版发行**：清华大学出版社
**网　　址**：https://www.tup.com.cn，https://www.wqxuetang.com
**地　　址**：北京清华大学学研大厦 A 座　　**邮　　编**：100084
**社 总 机**：010-83470000　　**邮　　购**：010-62786544
**投稿与读者服务**：010-62776969，c-service@tup.tsinghua.edu.cn
**质 量 反 馈**：010-62772015，zhiliang@tup.tsinghua.edu.cn
**印 装 者**：北京鑫海金澳胶印有限公司
**经　　销**：全国新华书店
**开　　本**：185mm×260mm　　**印　　张**：18.25　　**字　　数**：467 千字
**版　　次**：2022 年 9 月第 1 版　　**印　　次**：2024 年 2 月第 2 次印刷
**定　　价**：69.80 元

---

产品编号：098660-01

# 前　言

C 语言是被广泛使用的高级程序设计语言之一。它具有强大的功能和灵活的处理能力，既可用于编写系统程序，又可用于编写应用程序，深受程序设计者的喜爱。目前，很多高校都将 C 语言作为高级语言程序设计的首选语言。

本书是编者在二十多年 C 语言教学、研究和实践积累的基础上，吸收国内外 C 语言程序设计课程的教学精髓，依据 C 语言程序设计课程教学大纲的要求编写而成的，内容通俗易懂。本书在例题的编排上由浅入深、逐层递进，内容紧扣基础、面向应用，既突出阐明了原理和方法，又保证有一定的实用性，同时有一定的广度和深度。

本书每章后面都附有精心挑选的习题，习题典型实用，题型丰富，可以帮助读者熟练掌握本章内容，及时检测自己的学习效果，查漏补缺。

本书每章都有"本章教学内容""本章教学目标"和"本章小结"，便于读者快速了解本章学习内容，明确目标，同时有利于读者温故知新、总结提高。

本书内容共分 11 章，每章内容概括如下。

第 1 章"C 语言概述"，介绍了程序与程序设计、算法及其表示方法、C 语言的发展史及特点、C 语言的程序结构、运行 C 语言程序的步骤和方法。

第 2 章"C 语言程序设计基础"，介绍了 C 语言的数据类型、常量和变量、C 语言的运算符与表达式、运算符的优先级和结合性、数据类型转换。

第 3 章"顺序结构程序设计"，介绍了 C 语句类型、标准输入和输出函数、字符型数据的输入和输出、顺序结构程序案例。

第 4 章"选择结构程序设计"，介绍了关系运算符与关系表达式、逻辑运算符与逻辑表达式、条件运算符与条件表达式、if 语句、switch 语句及选择结构程序案例。

第 5 章"循环结构程序设计"，介绍了 while 循环、do-while 循环、for 循环，循环结构中常用的 break 语句和 continue 语句，循环的嵌套及循环结构程序案例。

第 6 章"数组"，介绍了一维数组的定义、引用、初始化及案例，二维数组的定义、引用、初始化及案例，字符数组与字符串。

第 7 章"函数"，介绍了函数概述、函数的定义和调用、函数参数传递、函数的嵌套调用、函数的递归调用、变量的作用域和存储类别、综合实例。

第 8 章"指针"，介绍了指针的概念、指针变量、指针与数组、指针与字符串、指向函数的指针、返回指针的函数及指针数组。

第 9 章"结构体、共用体与自定义类型"，介绍了结构体的概念、结构体数组、指向结构体类型数据的指针、共用体、用 typedef 定义类型及程序设计案例。

第 10 章"编译预处理"，介绍了带参数与不带参数的宏定义、文件包含及条件编译。

第 11 章“文件”，介绍了文件的基本概念、文件的分类、文件指针、文件的常用操作、文件应用综合案例。

本书特色如下。

(1) 本书遵循教学规律，精选内容，按照由浅入深、循序渐进的原则，精心设计，突出重点，强调实用，知识讲解系统全面，例题丰富，编排合理。

(2) 本书主编是省级计算机科学与技术一流专业负责人、计算机科学与技术省级优秀教学团队带头人、在教学一线辛勤耕作二十年的资深教授。编者团队是多次指导学生在全国各类计算机专业竞赛中获得重要奖项的“最佳指导教师”和“优秀指导教师”，是计算机科学与技术省级优秀教学团队骨干成员，对 C 语言的研究系统且深刻。

(3) 本书紧扣 C 语言程序设计课程教学大纲，凝聚了作者多年的教学、研究和实践经验，并吸收了国内外 C 语言程序设计课程的教学精髓。

(4) 将课程思政内容融入了其中，在每章教学内容中挖掘课程思政点，恰到好处地融入了思政内容。

(5) 本书贯彻“从做中学”的教育理念，讲解每个知识点时都配有精心挑选的程序实例。这些实例既阐明了原理和方法，又保证有一定的实用性、广度和深度。

本书教学资源丰富，随书提供教学大纲、思政教案、PPT 课件、源代码、习题与习题详解、三习题库(预习题库、练习题库、复习题库)、考试样卷、考试题库，编者团队还提供了教材交流 QQ 群(群号：167222358)，以便与同行交流探讨 C 语言知识，共享上述教学资源。PPT 课件和案例源代码可通过扫描右侧二维码下载。

PPT 课件+案例源代码

本书是学习 C 语言的必备参考书，可作为高等院校计算机及相关专业的教材，也可作为从事计算机应用的科技人员的参考书和培训教材，还可作为蓝桥杯全国软件和信息技术专业人才大赛、ACM-ICPC 大赛、计算机等级考试(二级 C 语言)的参考书，并可供广大编程爱好者参考。

本书在武昌理工学院人工智能学院的指导下，由阳小兰负责统稿。第 1、2(位运算除外)、4～6 章及附录由阳小兰编写，第 7～10 章由钱程编写，第 3 章由杨元君编写，第 11 章和第 2 章的位运算由邓宗娜编写，全书代码由阳小兰、钱程调试检查，杨蓓对部分章节内容进行了检查。

在本书的编写过程中得到了武昌理工学院人工智能学院的领导与同仁的大力支持，也得到了清华大学出版社的大力支持与帮助，在此表示衷心的感谢。

在本书的编写过程中，虽力求做到严谨细致、精益求精，但由于时间仓促及编者水平有限，书中疏漏和不妥之处在所难免，敬请各位读者和同行专家批评指正。

服务邮箱：476371891@qq.com

编　者

2022 年 7 月

# 目　录

# 第1章

# C语言概述

C 语言是被广泛使用的高级程序设计语言之一。它具有强大的功能和灵活的处理能力，既可用于编写系统程序，又可用于编写应用程序，深受程序设计者的喜爱。目前，很多高校都将 C 语言作为高级语言程序设计的首选语言。本章将介绍程序与程序设计、算法及其表示方法、C 语言的发展史及特点、C 语言的程序结构、运行 C 语言程序的步骤和方法。

**本章教学内容**

- 程序与程序设计
- 算法及其表示方法
- C 语言的发展史及特点
- C 语言的程序结构
- 运行 C 语言程序的步骤和方法

**本章教学目标**

- 理解程序、程序设计和算法的概念。
- 了解 C 语言的发展史及特点。
- 掌握 C 语言的关键字和标识符。
- 掌握 C 语言程序的基本结构，能熟练编写简单的 C 语言程序。
- 学会在 Dev-Cpp 环境下创建、编辑、连接和运行简单的 C 语言程序。

## 1.1 程序与程序设计

### 1.1.1 程序

计算机由硬件系统和软件系统两部分组成。如果硬件是计算机工作的“物质”基础，那么软件就是计算机的“灵魂”，硬件和软件互相依存、协同发展。软件的正常工作是硬件发挥作用的唯一途径，如果没有软件，计算机就是一个物理设备，无法工作。只有在计算机上安装相应的软件，即程序和文档后，计算机才能真正运行起来。程序是一组计算机指令的有序集合，即用计算机语言描述解决某一问题的具体方法和步骤。程序可以是一系列动作、行为或操作，如升国旗程序、新生报到程序、系统点餐程序等，它告诉计算机如何完成一项具体的任务。一个程序的执行往往涉及多个步骤，例如新生报到程序涉及以下 6 个步骤。

第一步：领取报到清单。

第二步：验证录取资格。

第三步：缴纳各项费用、办理各类证件。

第四步：分配宿舍、办理住宿。

第五步：回收录取通知书和报到清单。

第六步：完成报到程序。

在计算机上设置好程序后，即可按照程序事先设定的步骤和方法有条不紊地工作。计算机程序就是为了解决某些问题而事先编写的一系列程序代码，是一组计算机指令的有序集合。因此，程序是计算机的“灵魂”，控制着计算机的一切操作，离开程序，计算机什么也做不了。

一个程序通常包括对数据的描述和操作，数据是程序操作的对象，操作数据的目的是对数据进行加工处理，以得到程序预期的结果。

(1) 对数据的描述，即数据结构，在程序中需指定用到哪些数据，以及这些数据的类型和组织形式。

(2) 对数据的操作，即算法，就是对数据进行加工处理，是计算机要解决某一问题所采用的方法和步骤。

综上所述，程序=数据结构+算法，即一个程序通常包括对数据的描述(数据结构)和为了解决某一问题对数据的加工处理(算法)。

### 1.1.2 程序设计

程序设计是给出解决特定问题程序的过程，是软件构造活动中的重要组成部分。

#### 1. 程序设计的步骤

程序设计分为分析问题、设计算法、编写程序、运行程序、分析结果、编写程序文档 6 个步骤。

(1) 分析问题：对要解决的问题进行认真分析，分析给定的条件和最后应实现的目标，找出解决问题的规律，选择正确的解题方法，解决实际问题。

(2) 设计算法：根据对问题的分析，设计出解题方法和具体步骤。

(3) 编写程序：选择合适的计算机程序设计语言，对源程序进行编辑、编译和连接。

(4) 运行程序：运行可执行的程序，得到运行结果。

(5) 分析结果：得到运行结果并不意味着程序正确，要对结果进行分析，看它是否合理。结果不合理就要对程序进行调试，即通过上机发现和排除程序中的故障。

(6) 编写程序文档：许多程序是提供给别人使用的，如同正式的产品应当提供产品说明书一样，正式提供给用户使用的程序，必须向用户提供程序说明书，内容包括程序名称、程序功能、运行环境、程序的装入和启动、需要输入的数据，以及使用注意事项等。

**【课程思政】**程序设计与系统开发工作依托于项目团队，要求每个程序员具有良好的团队合作精神。因此，在程序设计实践过程中，鼓励学生发扬团队精神，在完成自己的设计任务的同时，积极主动地帮助小组的其他成员，团结一致地完成系统开发与程序设计任务。

### 2. 程序设计的方法

程序设计的方法分为面向过程程序设计、面向对象程序设计和面向切面程序设计3种。

(1) 面向过程程序设计。面向过程的结构化程序设计基本结构分为3种：顺序结构、选择结构、循环结构。这3种基本结构的流程图如图1-1所示。

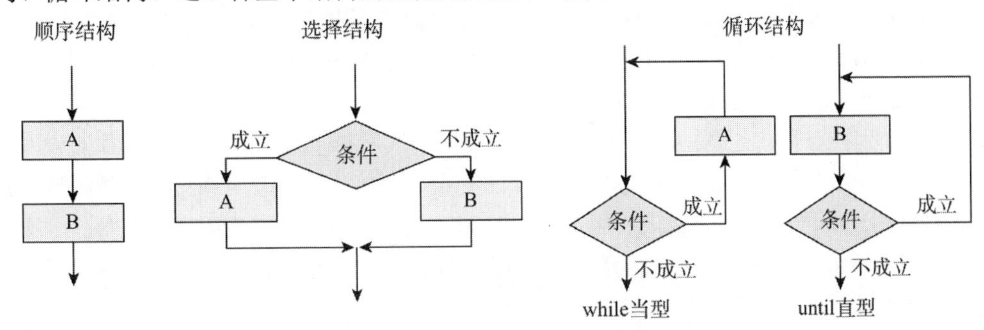


图1-1　3种基本结构的流程图

面向过程程序设计原则如下。

- 自顶向下：从问题的全局下手，把一个复杂的任务分解成若干易于控制和处理的子任务，再将子任务做进一步分解，如此重复，直到每个子任务都容易解决为止。
- 逐步求精。
- 模块化：解决一个复杂问题就是自顶向下逐层把软件系统划分成一个个较小的、相对独立但又相互关联的模块的过程。

本书所介绍的C语言是面向过程的程序设计。

(2) 面向对象程序设计。面向对象程序设计的主要概念有对象、类、封装、继承、消息和多态性。面向对象程序设计更符合人们认识事物的规律，提高了程序的可读性，使人机交互更加贴近自然语言。

(3) 面向切面程序设计。面向切面程序设计(aspect oriented programming，AOP)是针对业务处理过程中的切面进行提取，它所面对的是处理过程中的某个步骤或阶段，以获得逻辑过程中各部分之间低耦合性的隔离效果。

## 1.2 算法及其表示方法

### 1.2.1 算法

#### 1. 算法的概念

什么是程序？程序=数据结构+算法。

通常情况下，一个C语言程序包含以下两方面内容。

(1) 对数据的描述，在程序中要指定使用的数据，以及这些数据的类型和组织形式，即数据结构。

(2) 对数据的操作，就是对数据进行加工处理并按照次序来执行相应的操作，即计算机要解决某一问题所采用的方法和步骤。

数据是程序操作的对象，使数据按照指定次序来执行相应的操作便是算法，一个程序是由数据和对数据的操作两部分组成的，对数据进行操作(加工处理)是为了得到预期的运行结果。

例如，糕点师做糕点，需要熟知两方面内容：①原料，即做蛋糕所需的原料(如鸡蛋、奶粉、水等)；②操作步骤，即按照规定的步骤来加工这些原料，做出美味的糕点。没有原料是不可能做出糕点的，但用同样的原料，不同的加工步骤可以做出不同味道的糕点，有的美味可口，有的难以下咽。作为糕点师，要做出美味可口的糕点，必须精选原料(数据结构)，规范操作流程(算法)。

由上例可知，程序设计的关键之一在于算法的设计。算法代表着用系统的方法描述解决问题的策略机制。不同的算法可能需要用不同的时间、空间或效率来完成同样的任务。一个算法的优劣可以用空间与时间复杂度来衡量。关于算法的时间和空间复杂度，不是本书的重点内容，在此不再赘述。

下面通过两个例子介绍如何设计程序中的算法。

**【例题 1-1】**输入 3 个数，并输出 3 个数中的最小数。

第一步：定义 3 个变量 x,y,z 分别存放 3 个数；定义变量 min，用来存放 3 个数中的最小数。

第二步：输入 x,y,z 3 个变量的值。

第三步：假设第一个数 x 的值最小，将 x 的值赋值给 min。

第四步：首先比较变量 y 与 min 的大小，若 y<min，则将 y 值赋值给变量 min，此时 min 中保存 x,y 两者中的较小值。

第五步：比较变量 z 与 min 的大小，若 z<min，则将 z 值赋值给 min，此时变量 min 保存 x,y,z 三者中的最小值。

第六步：输出变量 min，即为 3 个数中的最小值。

说明：计算机在执行时，每次只能比较两个数的大小，因此，要输出 3 个数中的最小数，共需要比较两次。

**【例题 1-2】**输入正整数 n，s=n!，输出变量 s 的值。

本题编程思路分析如下。

第一步：定义变量 s,i,n。

第二步：输入变量 n 的值。

第三步：先求 1*2，得到的结果为 2；将 1*2 赋值给变量 s。

第四步：将 1*2 的结果乘以 3，得到的结果为 6；将 1*2*3 赋值给变量 s。

……

第 n+1 步：将 1*2*3*…*(n−1)的结果乘以 n，得到 1*2*3*…*(n-1)*n 的结果；将 1*2*3*…*(n−1)*n 赋值给变量 s。

最后输出变量 s 的值，该值即为所求结果。

由此可见，在 C 语言中，所有用到的变量都要先定义，定义后才能使用。变量 i 是循环变量，i 的取值分别为 1,2,3,4,…,n，i 用来控制循环次数，s 用来存放每次累乘的积。

用计算机算法表示如下。

第一步：定义变量 s,i,n。

第二步：输入变量 n 的值。

第三步：给变量 s 和 i 赋初值，使得 s=1，i=1。

第四步：使 s=s*i，将 s*i 的值赋值给变量 s。

第五步：使 i=i+1，将变量 i 的值增加 1。

第六步：如果 i 的值不大于 n，则返回执行第四步和第五步，否则结束。

第七步：输出变量 s 的值，该值即为 n!的值。

### 2. 算法的特性

算法具有有穷性、确切性、输入项、输出项、可行性 5 个重要特征。一个问题的解决方案可以有多种表达方式，但只有满足以上 5 个特征的解决方案才能称为算法。

(1) 有穷性(finiteness)。算法不管多么复杂，都必须在执行有限个步骤之后终止，即算法的执行步骤必须是有限的。在任何情况下，算法都不能陷入无限循环，必须在有限时间内结束，因为无限循环是死循环，算法中不允许出现死循环。

(2) 确切性(definiteness)。算法的每个步骤都必须有确切的定义和确定的执行顺序，上一步执行到哪里，下一步将如何执行，都应确定无疑，没有歧义，不能模棱两可。

(3) 输入项(input)。一个算法有 0 个或多个输入，以刻画运算对象的初始情况，所谓 0 个输入是指算法本身给定了初始条件。一个算法可以没有输入，例如，求 s=10!的算法就没有输入；也可以有多个输入，例如，求 3 个数中最小值的算法就需要输入 3 个变量 x,y,z 的值和用于保存最小值的变量 min 的值。

(4) 输出项(output)。一个算法有一个或多个输出，以反映对输入数据进行加工后的结果，没有输出的算法是毫无意义的。例如，求 3 个数中的最小值，输出最小值；求 s=n!的算法，输出 n!的值。

(5) 可行性(effectiveness)。可行性又称为有效性，算法中执行的任何计算步骤都可以被分解为基本的可执行的操作步骤，即每个计算步骤都可以在有限时间内完成。算法必须是正确的，都是能够精确执行的。算法对于任意一组输入，无论是合理的输入还是不合理的输入，都能得到预期的输出。如果一个算法只有在合理的输入下，才能得到预期的输出结果，而在异常情况下不能得到预期的输出结果，那么这个算法是不对的。

## 1.2.2 算法的表示方法

### 1. 用自然语言表示

自然语言就是日常生活中使用的语言，可以是汉语、英语或其他语言。用自然语言表达通俗易懂，但文字冗长。例题 1-1 和例题 1-2 就是用自然语言表示算法，可以看出，用自然语言表示算法与用计算机的高级语言表示算法差距较大。用自然语言表示有时会出现二义性，往往要根据上下文，才能判断其准确含义。例如：陈老师对王老师说他的班数学最高分是 100 分，那么到底是陈老师班数学最高分是 100 分，还是王老师班数学最高分是 100 分呢？这就是用自然语言表达出现的歧义性，难以表达准确的意思。此外，用自然语言来描述分支结构和循环结构，也很难表达清楚。鉴于上面的一些原因，并不经常用自然语言来描述算法。

### 2. 用流程图表示

流程图是一种传统的算法表示方法，它利用几何图形、流程线及文字说明来描述算法的求解过程。用流程图表示算法简单直观，清晰明了，是程序员表示算法的常用、重要方法。流程图的符号采用的是美国国家标准协会(ANSI)规定的一些常用符号，如表 1-1 所示。

表 1-1　常用的流程图符号

| 符号 | 名称 | 作用 |
|---|---|---|
| | 起止框 | 表示算法开始和结束的符号 |
| | 输入输出框 | 表示算法过程中，从外部获取信息(输入)，然后将处理过的信息输出 |
| | 判断框 | 表示算法过程中的分支结构。菱形框有 4 个顶点，通常用上面的顶点表示入口，根据需要用其余顶点表示出口 |
| | 处理框 | 表示算法过程中，需要处理的内容，只有一个入口和一个出口 |
| | 流程线 | 在算法过程中指向流程的方向 |
| | 连接点 | 在算法过程中用于将画在不同地方的流程线连接起来 |
| | 注释框 | 对流程图中某些框的操作进行必要的补充说明，可以帮助读者更好地理解流程图的作用，但它不是流程图中的必要部分 |

用流程图描述例题 1-1 和例题 1-2 的算法，如图 1-2 和图 1-3 所示。

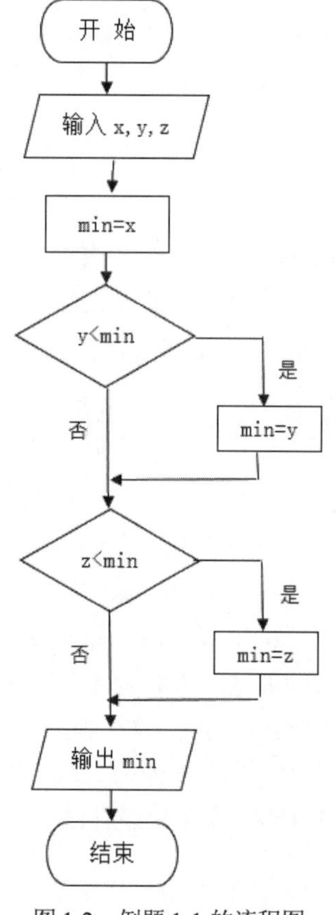


图 1-2　例题 1-1 的流程图

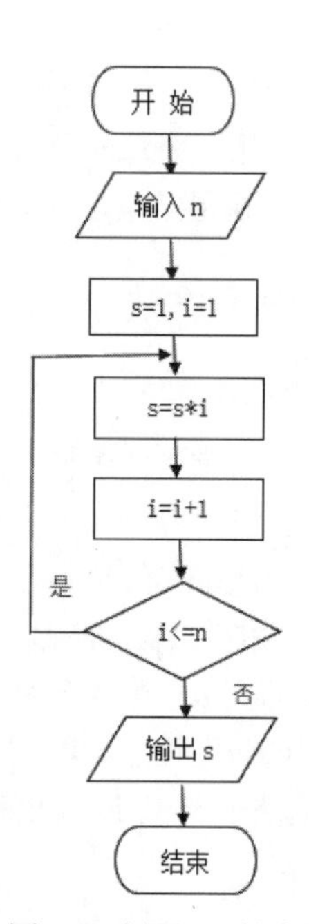


图 1-3　例题 1-2 的流程图

【课程思政】通过对程序流程图的设计，引导学生做一个理智、有条理的人，学会分出事情的轻重缓急，先做重要和紧急的事情，再做一般和不紧急的事情，同时要懂得制订计划，并按计划和顺序做事，懂得合并同类项、排列组合、统筹管理，从而节约时间、提高效率。

### 3. 用 N-S 结构化流程图表示

N-S 结构化流程图是美国学者 I. Nassi 和 B. Shneiderman 于 1973 年提出，并以这两位学者名字的首字母命名的。N-S 结构化流程图完全取消了流程线，只能按从上到下的顺序执行，避免了算法流程的任意转向，保证了程序的质量，而且与传统流程图相比，N-S 结构化流程图既形象直观，又比较节省篇幅，尤其适用于结构化程序的设计。

例题 1-1 和例题 1-2 算法对应的 N-S 图如图 1-4 和图 1-5 所示。

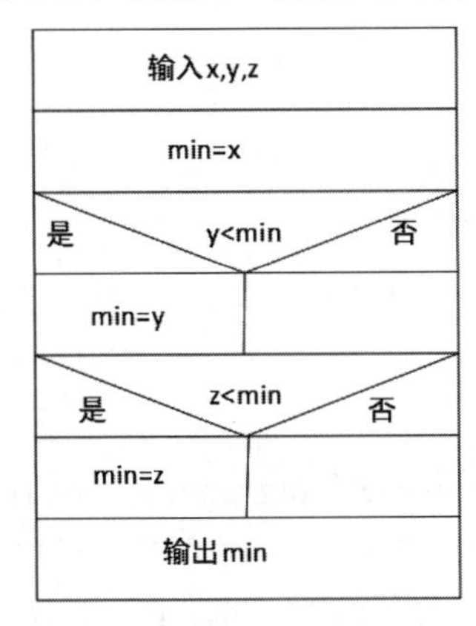


图 1-4　例题 1-1 的 N-S 图

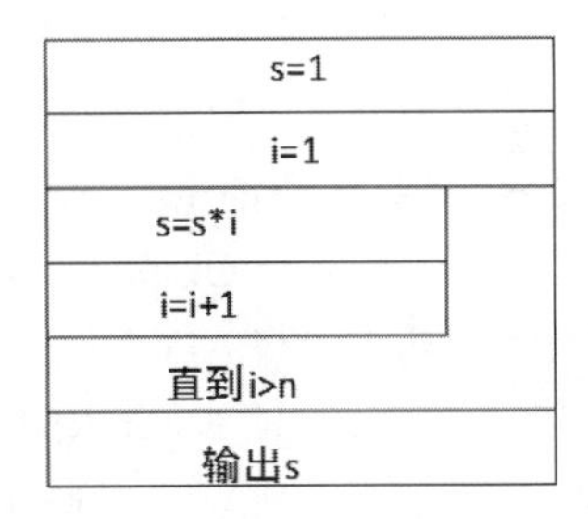


图 1-5　例题 1-2 的 N-S 图

### 4. 用伪代码表示

伪代码是一种介于自然语言和计算机语言之间的文字和符号。使用伪代码的目的是使被描述的算法可以容易地以任何一种编程语言(如 Pascal、C、Java 等)实现。因此，伪代码必须结构清晰、代码简单、可读性好。它以编程语言的书写形式指明算法职能，相比程序语言它更类似于自然语言。使用伪代码，不用拘泥于具体实现。

用伪代码描述例题 1-1 的算法如下。

```
input x,y,z
min=x
if y<min then
     min=y
if z<min then
     min=z
print min
```

伪代码虽然不能直接在计算机上运行，但使用起来灵活，没有严格的研发要求，自己或别人能看懂表达的内容即可。

用伪代码描述例题 1-2 的算法如下。

```
s=1
i=1
```

```
loop:while i<=n
      s=s*i
      i=i+1
      goto loop
print s
```

总结：上述 4 种算法的表示方法，伪代码表示法适用于编程经验丰富的专业人士；流程图或 N-S 图表示法简单直观，易于理解，因此适用于一般初学者。

**【课程思政】**让学生明白高效率编程的重要性，引导学生按照计划和顺序做事，用科学、合理的流程安排生活、学习和工作。

# 1.3 C 语言的发展史及特点

## 1.3.1 C 语言的发展史

C 语言是目前世界上较流行的高级程序设计语言之一。它作为系统描述语言，既可以用来编写系统软件，也可以用来编写应用软件。

C 语言的原型是 ALGOL 60 语言，也称为 A 语言。

1963 年，剑桥大学将 ALGOL 60 语言发展成为 CPL(combined programming language)语言。

1967 年，剑桥大学的 Matin Richards 对 CPL 语言进行了简化，于是产生了 BCPL 语言。

1970 年，美国贝尔实验室的 Ken Thompson 将 BCPL 进行了修改，并将它命名为 B 语言，而且他使用 B 语言写了第一个 UNIX 操作系统。

1973 年，美国贝尔实验室的 Dennis M.Ritchie 在 B 语言的基础上又设计出了一种新的语言，并且取 BCPL 的第二个字母作为该语言的名字，这就是 C 语言。为了推广 UNIX 操作系统，1977 年，Dennis M. Ritchie 发表了不依赖于具体机器系统的 C 语言编译文本《可移植的 C 语言编译程序》。

1978 年，Brian W. Kernighian 和 Dennis M. Ritchie 出版了名著 *The C Programming Language*，从而使 C 语言成为目前世界上较流行的高级程序设计语言。

1988 年，随着微型计算机的日益普及，出现了许多 C 语言版本。由于没有统一的标准，这些 C 语言版本之间出现了一些不一致的地方。为了改变这种情况，美国国家标准协会(ANSI)为 C 语言制定了一套 ANSI 标准，成为现行的 C 语言标准。

**【课程思政】**程序设计技能是人工智能、5G 时代人才不可或缺的基本技能。引导学生了解我国软件开发的现状，强调计算机软件发展、编程技术及编程智能化对增强国力的重要性。讲解中美贸易战中的“中国芯”等案例，激发学生的爱国主义热情，使学生具有为国争光的荣誉感和责任心，激励学生奋发图强，刻苦钻研，树立职业理想和家国使命感，为实现中国梦更加努力学习。

## 1.3.2 C 语言的特点

C 语言用来进行程序设计，主要具有如下特点。

### 1. 语言简洁、紧凑，书写形式灵活

C 语言总共有 32 个关键字、9 种控制语句，其程序书写形式自由，接近人们日常的书写习惯。在编写时，可以把一个 C 语言语句分写在多行上，也可以把多个 C 语言语句写在同一行上。C 语言语句简洁、紧凑，表达算法语句简明，一般用小写字母表示。

### 2. 功能强大、高效

C 语言既可以用来编写系统软件，也可以用来编写应用软件，还可以进行网络程序的底层和网络服务器端底层查询、图形处理、数字计算、嵌入式设备开发、游戏软件开发等，功能强大。

一般情况下，C 语言生成的目标代码比其他语言生成的目标代码执行效率高，其执行效率只比汇编程序生成的目标代码效率低 10%～20%，程序执行效率高。

### 3. 数据类型和运算符丰富

C 语言提供了丰富的数据类型，主要有整型、实型、字符型、数组类型、指针类型、结构体类型和共用体类型等，用户还可以根据需要自行定义所需的数据类型，以实现各种复杂的数据结构，如实现链表、树、栈的运算。

C 语言的运算符也极其丰富，共有 34 种，包括四则运算符、关系运算符、逻辑运算符、自增自减运算符、各种位运算符、括号运算符、逗号运算符、赋值运算符等。

C 语言的运算符和数据类型使用灵活方便，大大提高了程序的运行效率。

### 4. 具有结构化和模块化语言

C 语言具有结构化控制语句，有顺序结构、选择结构(分支结构)、循环结构三大结构，含有 if-else、for( )、while( )、do-while( )、switch、goto、switch、break、return 9 种程序流程控制语句。C 语言是模块化语言，函数是程序的模块单位，模块化编程使得整个项目分工明确，条理清晰，易于阅读，便于移植。

### 5. 用 C 语言编写的程序可移植性好

C 语言的一大优点就是适用于多种操作系统(如 DOS、Windows、UNIX、Linux 等)，也适用于多种不同型号的计算机，在一种类型的计算机上编写的程序，无须修改或经过少量修改，就能在另一种类型的计算机上直接运行。

### 6. 语法限制不严格，程序设计自由度大

一般高级语言对语法的限制比较严格，几乎能够检查出所有的语法错误，但 C 语言的语法限制不太严格，使程序设计者有较大的自由度，例如，C 语言对数组下标越界不做检查、允许整型和字符型数据通用等。

### 7. 允许直接访问物理地址，可以直接对硬件进行操作

C 语言既具有高级语言的功能，又具有低级语言的许多功能，其能够像汇编语言一样对位、字节和地址进行操作，可实现汇编语言的大部分功能，并且能直接对硬件进行操作，用来编写系统软件。

# 1.4 C 语言的程序结构

## 1.4.1 C 语言的基本词汇

任何一门计算机语言都有自己的基本词汇符号和语法规则，程序代码都是利用这些基本词汇符号根据语法规则编写而成的。C 语言的基本词汇包括字符集、关键字、标识符等。

### 1. 字符集

字符是 C 语言最基本的元素，C 语言程序其实就是由一系列的字符构成的。C 语言的字符集由字母、数字、空白符、运算符、特殊字符和标点符号等组成。

(1) 字母：含小写字母 a～z，大写字母 A～Z，共 52 个。

(2) 数字：含 0～9，共 10 个。

(3) 空白符：包括空格符、制表符和换行符等。

(4) 运算符：包括附录 C 中的全部运算符。

(5) 特殊字符：包括下画线( _ )、反斜线(\)等。

(6) 标点符号：包括逗号(,)、分号(;)、单引号(')、双引号(")、花括号({ })等。

特殊说明如下。

(1) 在书写注释“/*……*/”“//……”和字符串“……”内容时可以使用汉字或其他特殊符号。

(2) 除注释和字符串外，书写 C 语言程序必须严格使用字符集中的符号，否则系统会报错。

字符按照一定的规则构成各种单词，单词是构成语句的最小单位。C 语言中的单词分为两种，即关键字和标识符。

### 2. 关键字

关键字也称为保留字，是由 C 语言规定的具有特定意义的字符串，主要有 int、char、long、float、unsigned 等。定义的标识符不能与关键字相同，否则会出现错误。

C 语言的关键字共有下列 32 个(其具体含义见附录 B)。

| | | | | | | | |
|---|---|---|---|---|---|---|---|
| auto | break | case | char | const | continue | default | do |
| double | else | enum | extern | float | for | goto | if |
| int | long | register | return | short | signed | sizeof | static |
| struct | switch | typedef | union | unsigned | void | volatile | while |

### 3. 标识符

标识符是指用来标识某个实体的符号，其在不同的应用环境下有不同的含义。在 C 语言中，标识符是用户编程时使用的名字，用于给变量、常量、函数、语句块等命名，以建立起名称与使用之间的关系。标识符通常由字母、数字和其他字符构成。

C 语言标识符的命名规则如下。

(1) 标识符由字母、数字和下画线组成，首字符不能是数字，但可以是字母或下画线。例如，ab_5，a_1，_9_to 是正确的标识符；6_abc(不能以数字开头)，x_5.6(不能出现.)，John#_9(不能出现#)是错误的标识符。

(2) C 语言关键字不能作为用户标识符，如 if、for、while、do、else、int、char、auto 等关键字在 C 语言中已经有特殊含义，不能再用作标识符。

(3) 标识符长度是由机器上的编译系统决定的，一般限制为 8 字符(注：8 字符长度限制是 C89 标准规定的，C99 标准已经扩充了长度，其实大部分工业标准都更长)。

(4) 标识符的大小写应进行严格区分，一般变量名小写，符号常量名大写。例如，Name 和 name、SUM 和 sum 是不同的标识符。

(5) 标识符命名应做到“见名知意”，例如长度(length)，求和、总计(sum)，圆周率(pi)。

**【课程思政】**运用标识符的命名规则，告诫学生在课堂学习、日常生活和将来的工作岗位中一定要遵守相应的制度和规定，并用以约束自己的行为，成为一名合格的社会公民。

### 1.4.2　简单的 C 语言程序

下面用几个简单的例子，介绍 C 语言的基本构成、格式，以及良好的书写风格，使读者对 C 语言有一个初步认识。

**【例题 1-3】**一个简单的 C 语言程序。

```
#include<stdio.h>                    /*包含 stdio.h 标准输入输出头文件*/
int main( )                          /*main( )主函数*/
{    printf("How are you!\n");       /*输出字符串*/
     return 0;                       /*程序返回 0*/
}
```

运行例题 1-3，结果如图 1-6 所示。

```
How are you!
```

图 1-6　例题 1-3 运行结果

现在来分析上面的例题 1-3 实例程序。

(1) #include 指令。程序第一行#include<stdio.h>以“#”开头，是编译预处理命令；include 是文件包含命令；stdio.h 是标准输入输出头文件，stdio.h 中包含了 printf( )标准输出函数。

(2) main( )主函数。程序第二行中 main( )主函数的返回值是一个整数值。int 代表整数，是 main( )主函数的返回值类型，关于数据类型将在第 2 章详细介绍。

int main( )是 main( )函数的函数头。在 C 语言中，每个程序都必须有且仅有一个 main( )主函数。main( )主函数是一个程序的入口部分，也就是说，C 语言程序都是从 main( )主函数的函数头开始执行的，然后进入 main( )函数体中，执行函数体中的内容。

(3) 函数体。在例题 1-3 中，用花括号({})括起来的部分称为函数体，函数体中是一个函数所要执行的内容。任意一个 C 语言函数都是由函数头和函数体两部分组成的。

(4) 执行语句。在例题 1-3 中，“printf("How are you!\n");”是执行语句。执行语句就是函数体中所要执行的内容，执行的结果是在显示器上输出字符串“How are you!”。'\n'是一个转义字符，表示光标换到下一行。关于转义字符的有关内容将在第 2 章详细介绍。

(5) return 语句。程序中的“return 0;”是 return 语句，该语句的功能是终止 main( )函数的运行，并向操作系统返回一个整型常量 0。前面介绍 main( )函数时，返回了一个整数值，此时的 0 就是 main( )函数返回的整数值。例题 1-3 中的“return 0;”是 main( )函数结束的标志。

(6) 代码注释。在例题 1-3 中，“/*……*/”中的内容为程序代码的注释内容。代码的注释用来对代码进行解释说明，便于读者阅读和理解代码。C 语言代码的注释有两种格式：/*注释内容*/；//注释内容。

**【例题 1-4】**编写一个 C 程序，输出 3 个整数的和。

程序分析：定义 3 个整型变量 x,y,z 分别用来存放 3 个整数，定义变量 sum 用来存放这 3 个整数的和。

程序代码如下。

```
#include<stdio.h>                  //包含 stdio.h 标准输入输出头文件
int main( )                        //main( )主函数函数头
{   int x,y,z,sum;                 //定义整型变量 x,y,z,sum
    x=100;                         //给变量 x 赋值 100
    y=200;                         //给变量 y 赋值 200
    z=300;                         //给变量 z 赋值 300
    sum=x+y+z;                     //将变量 x,y,z 的和赋值给变量 sum
    printf("sum=%d\n",sum);        //输出变量 sum 的值
    return 0;                      //main( )函数的返回值为 0
}
```

程序的运行结果如图 1-7 所示。

```
sum=600
```

图 1-7　例题 1-4 运行结果

程序说明如下。

(1) 程序第一行以“#”开头，是编译预处理命令；include 是文件包含命令；stdio.h 是标准输入输出头文件，在 stdio.h 中包含了 printf( )标准输出函数。

(2) 在第二行中，int main( )是 main( )函数的函数头，main( )主函数的返回值是一个 int 型整数。

(3) 程序第三行中的语句 int x,y,z;定义了 3 个变量 x,y,z，当定义变量时，系统会根据数据类型给各个变量分配对应内存空间。C 语言规定，所有变量在使用前，必须先定义。

(4) 程序第四、五、六行分别给变量 x,y,z 赋值 100、200、300。“=”是赋值号，运算方向自右向左。

(5) 在第七行程序中，把 x,y,z 3 个变量之和赋值给了变量 sum。

(6) 程序第八行要求输出变量 sum 的值。printf( )函数圆括号中有两个参数：一个是"sum=%d\n"，sum=是普通字符串，会直接输出，%d 表示以“十进制整数”形式输出；另一个参数 sum 表示要输出的变量 sum 的值。在执行 printf( )函数时，sum 变量的值将取代%d。

**【例题 1-5】**编写 C 语言程序，从键盘输入 3 个整数，输出 3 个整数中的最大值。

程序分析：定义两个函数，一个 max( )函数用来求 3 个整数中的最大值，另一个 main( )主函数用来调用 max( )函数并输出结果。

程序代码如下。

```
#include<stdio.h>                       //包含 stdio.h 标准输入输出头文件
int main( )                             //main( )主函数的函数头
{
    int max(int x,int y,int z)          //声明 max( )函数
    int a,b,c,d;                        //定义变量 a,b,c,d
    printf("请输入 a,b,c 三个数: ");
    scanf("%d,%d,%d", &a, &b, &c);      //输入变量 a,b,c 的值
    d=max(a,b,c);                       //调用函数 max( )，将返回的最大值赋值给变量 d
    printf("max = % d\n",d);            //输出 3 个数中的最大值
    return 0;                           //main( )函数的返回值为 0
}
int max(int x, int y, int z)            // max( )函数头
{
    int m;                              //定义变量 m
    if(x>y)
    m=x;
    else
    m=y;                                //变量 m 用于保存 x,y 两者中的较大值
    if(z>m)
    m=z;                                //变量 m 用于保存 x,y,z 三者中的最大值
    return m;                           //返回 x,y,z 三者中的最大值给变量 m
}
```

程序的运行结果如图 1-8 所示。

```
请输入a,b,c三个数:18,34,25
max=34
```

图 1-8　例题 1-5 运行结果

程序说明如下。

(1) 程序包含了两个函数：主函数 main( )和被调函数 max( )。main( )函数调用了 3 个函数：scanf( )、max( )和 printf( )。其中，scanf( )和 printf( )函数是 C 语言提供的标准库函数，可以通过预处理命令#include 将 stdio.h 头文件包含进来，在程序中直接调用即可。函数 max( )是用户自定义函数，不是库函数，必须自定义后才能使用。

(2) 语句“int max(int x,int y,int z);”是对 max( )函数的声明。自定义函数的使用与变量一样，必须先定义后使用。在本例中，因 max( )函数定义在 main( )主函数之后，所以需在 max( )函数被调用前对 max( )函数进行声明，否则会产生错误。

(3) 函数 max( )的功能是求 3 个变量的最大值。先将 x,y 这两个变量进行比较，将两者中的较大值赋值给变量 m，此时 m 用于保存 x,y 两者中的较大值；再将变量 z 与变量 m 进行比较，若 z>m，则将变量 z 的值赋值给变量 m，此时 m 用于保存三者中的最大值。

(4) 程序在执行时，将 main( )主函数作为入口，首先对 max( )函数原型进行声明，其次定义变量 a,b,c,d，从键盘输入变量 a,b,c 的值，最后调用函数 max( )，此时变量 a,b,c 的值是函数的实参，当调用 max( )函数时，将实参的值一一对应地传递给形参 x,y,z，将 max( )函数返回的最大值赋值给变量 d，输出变量 d 的值，即 3 个数中的最大值。

本例中关于实参和形参的有关概念将在第7章详细介绍。

**【课程思政】**任何一个小小的疏忽，哪怕是一个标点用错了，整个程序都将无法运行或不能得到正确的结果。因此，我们在工作岗位上须养成认真、细心和严谨的作风。

### 1.4.3 C语言程序的基本结构

通过对前面3个例子的学习，读者已经对C语言程序有了一个初步的认识，我们可以把一个C语言程序的结构总结如下。

(1) C语言程序由一个或多个源文件组成。一个规模较小的程序，通常只包含一个源程序文件，如例题1-1和例题1-2，一个源文件中有且仅有一个main( )函数；在规模较大的程序中，一个C语言程序包含多个源文件，每个源文件又可以包含一个main( )主函数和多个自定义函数。C语言程序的构成如图1-9所示。

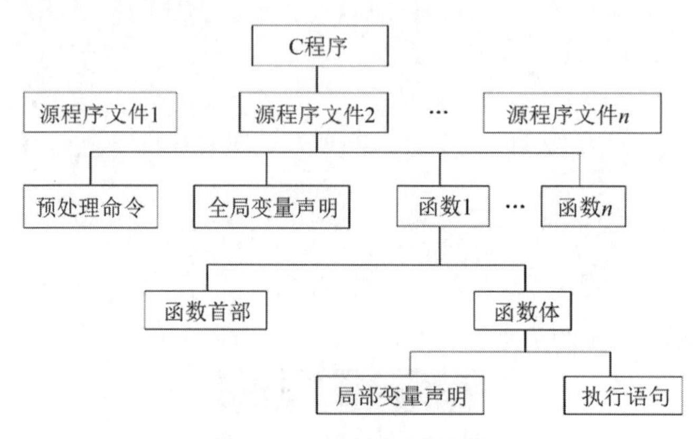


图1-9　C语言程序的构成

(2) 从图1-9中可以看出，一个C语言源文件包括预处理命令、全局变量声明和函数定义三部分内容。

① 预处理命令。以#开头的是预处理命令，C编译系统在对源文件进行编译前，先对预处理指令进行预处理，将预处理得到的结果与程序其他部分再组成一个完整的源文件。

② 全局变量声明。在函数之外声明的变量称为全局变量。在程序开头声明的变量，在整个源程序文件范围内都有效。在函数中声明的变量是局部变量，只在本函数范围内有效。有关全局变量和局部变量的应用将在第7章详细介绍。

③ 函数定义。函数是一个具有独立功能的模块，每个函数由函数头和函数体两部分组成。函数定义的一般格式如下。

```
函数类型　函数名(函数形参)          //函数说明部分
{   声明部分                        //{ }里的内容为函数体
    执行语句
    (返回语句)
}
```

例如，在前面的例题 1-5 中，函数定义如下。

```
int max(int x,int y,int z)              //max( )函数说明
{   int m;                              //变量声明
    if(x>y)    m=x;                     //执行语句
    else       m=y;                     //执行语句
    if(z>m)    m=z;                     //执行语句
    return m;                           //返回语句
}
```

(3) 函数是 C 程序的基本单位，一个 C 语言程序由一个或多个函数组成。在一个 C 语言程序中，main( )函数有且仅有一个。在例题 1-5 中，C 程序由一个 main( )函数和一个 max( )函数组成，这两个函数组成一个源文件，当进行编译时，对整个源程序文件进行统一编译。

上文中提到，一个 C 语言程序由一个或多个源文件组成，对于规模较小的程序，一个 C 程序中只有一个源文件，一个源文件中又包含一个或多个函数(其中 main( )主函数有且仅有一个)；对于规模较大的程序，一个 C 程序中有多个源文件，每个源文件中又包含若干函数。C 程序是以源文件为对象进行编译的，在分别对各个源文件进行编译生成目标程序后，再将这些目标程序连接成一个二进制的可执行程序(.exe 文件)。这也充分说明 C 语言是模块化的程序设计语言。

C 程序中被调用的函数，可以是系统提供的库函数，也可以是用户根据需要自己定义的函数，不同编译系统提供的库函数不完全相同。

(4) main( )函数是程序执行的入口和出口，C 程序总是从 main( )函数开始执行。在 C 程序中，不管 main( )函数位于程序的开头、中间还是末尾，程序执行时总是从 main( )函数开始，从 main( )函数结束。

(5) 程序的执行由函数的语句完成。在 C 语言中，每个语句的末尾必须加一个分号。C 程序语句的书写形式比较灵活，可以把一个语句分写在几行上，也可以在一行中写多个语句。为了使程序结构清晰，建议每行写一个语句。

(6) 变量和用户自定义函数都必须先定义，后使用。变量名、函数名必须使用合法的标识符，标识符一般用小写字母表示。不能用关键字来给变量和函数命名，因为关键字本身在 C 语言中已经有特殊含义，不能再作为标识符使用，以免出现二义性。

(7) C 语言本身不提供输入输出语句，输入输出操作通过 C 语言标准库 stdio.h 中提供的 scanf( )和 printf( )等输入输出函数完成。

(8) C 语言程序可以加任意多的注释。一个好的程序，应加上必要的注释，以提高程序的可读性。C 程序的注释有两种常用的格式：第一种是//注释内容，该格式一般是对某一行进行注释；第二种是/*注释内容*/，这种注释格式一般用于对一行或多行内容进行注释。

**【课程思政】**C 语言有严格的语法规则，编写代码时必须符合语法规则，否则不能运行程序。遵守编程规范推及法律规范、社会规则、学校制度、学校纪律，便于团队的协作交流。引导学生凡事要守规矩，在社会中要遵守法律法规，在学校里要遵守校纪校规，工作后要遵守公司规章制度，任何时候都要守法，讲诚信。在进行团队开发时，如果每个成员都遵守规范，可以大大提高开发效率。

# 1.5 运行C语言程序的步骤和方法

## 1.5.1 C语言程序的开发过程

从1.4.2节的C程序实例中可以看出，用C语言编写的程序是源程序，计算机不能直接识别和执行用高级语言编写的指令，必须通过编译将源程序生成二进制的目标程序，再将目标程序与系统的库函数，以及其他目标程序连接起来，才能形成可执行的目标文件。

C语言程序的开发运行过程如图1-10所示。

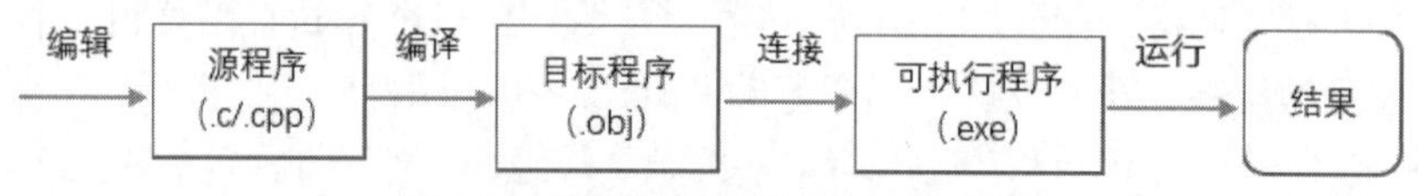


图1-10　C语言程序的开发运行过程

从图1-10中可以看出，一个C语言程序要经过编辑、编译、连接和运行4个步骤才能得到运行结果。

(1) 程序的编辑。使用编辑器来编辑C程序的源代码，并以文本文件的形式保存为源文件，其扩展名为.c或.cpp。

(2) 程序的编译。编译是使用编译器将编辑好的源程序翻译成由0和1组成的二进制目标程序的过程。在编译时，编译器将对源程序进行检查，若发现语法错误，则会显示相应的错误信息。此时，需进一步检查、修改源程序，然后再进行编译，直至排除所有的语法错误。正确的C语言源程序经编译后将生成相应的目标程序文件，其扩展名为.obj。

(3) 程序的连接。连接是使用连接程序将编译生成的目标程序与系统提供的标准库函数，以及其他相关的目标程序连接在一起，生成可执行程序文件的过程。可执行程序文件的扩展名为.exe。

(4) 程序的运行。对于连接生成的可执行程序文件，可在操作系统的控制下直接运行。若结果正确，则该C语言程序的开发工作到此结束；否则，需进一步检查、修改源程序，重复执行“编辑、编译、连接、运行”过程，直至运行出正确的结果。

若要编译、连接和运行C语言程序，就必须有相应的C语言编译系统。目前使用的C语言编译系统多数是集成开发环境。

## 1.5.2 Dev-C++集成开发环境介绍

Dev-C++ 5.16(又称为Dev-Cpp)是Bloodshed公司开发的一套专门用于开发C/C++程序的集成环境，在该集成环境中，囊括了创建、编辑、编译、连接和调试C/C++程序的所有功能，是一种能够方便、快捷地开发C/C++程序的有效工具。

Dev-C++是Windows环境下的一个轻量级C/C++集成开发环境(IDE)。它是一款自由软件，遵守GPL许可协议分发源代码。它集合了功能强大的源码编辑器、TDM-GCC编译器、GDB调试器和AStyle格式整理器等众多自由软件。

Dev-C++的主要特点如下。

(1) 安装简单，安装后就能使用，不需要进行任何额外的配置，而且它是免费软件，不需要交费，也没有任何功能限制。

(2) 界面简洁，工具栏按钮少，编辑窗口面积大，可以使用户快速上手，而且很容易使用户把注意力集中在编程工作上。

(3) Dev-C++支持单个源文件的编译、运行和调试，使用颇为方便。

(4) 集成了一些方便好用的小功能。

### 1.5.3　使用 Dev-C++集成环境开发 C 程序的过程

首先了解 Dev-C++的主界面。双击 Dev-C++安装目录下的 devcpp.exe 文件，启动 Dev-C++，执行“文件→新建→源代码”命令，新建一个 C 源代码文件。写好代码后，可执行“文件→保存”命令，或者使用快捷键 Ctrl+S 来保存文件。

下面通过运行例题 1-4 中的程序，介绍在 Dev-C++ 5.16 环境下运行 C 程序的基本过程。

(1) 启动 Dev-C++ 5.16，用户界面如图 1-11 所示。

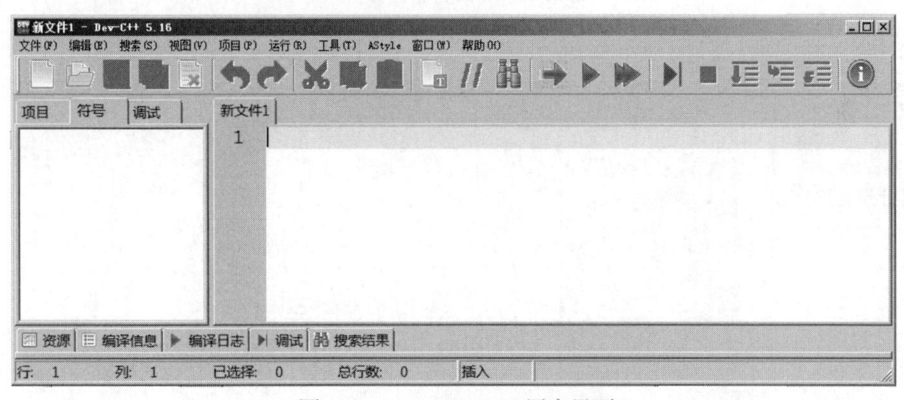


图 1-11　Dev-C++ 5.16 用户界面

(2) 创建一个新的源文件或打开已经存在的 C 程序源文件。执行“文件→新建源代码”命令，创建一个新的源文件；或者执行“文件→打开文件或项目”命令，打开一个已经存在的文件或项目。创建或打开文件的界面如图 1-12 所示。

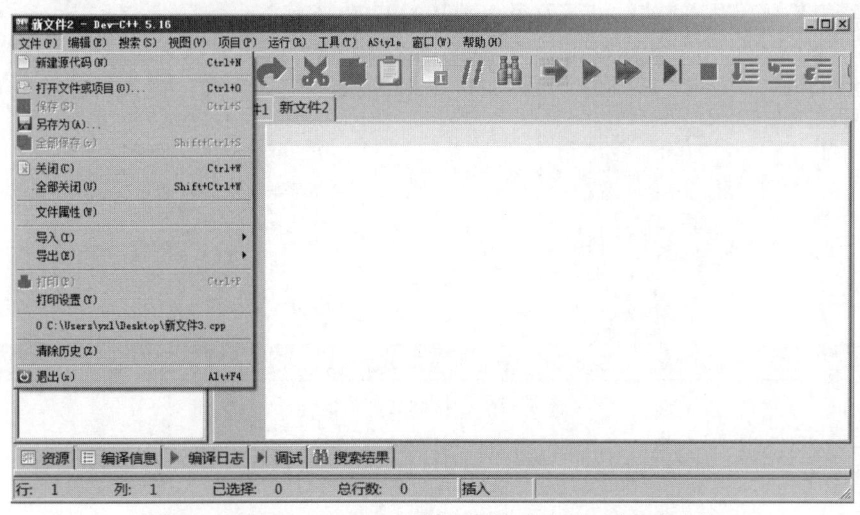


图 1-12　在 Dev-C++ 5.16 环境下创建或打开 C 程序源文件

(3) 在编辑窗口输入例题 1-4 中的源程序代码，如图 1-13 所示。执行“文件→保存”命令保存文件。

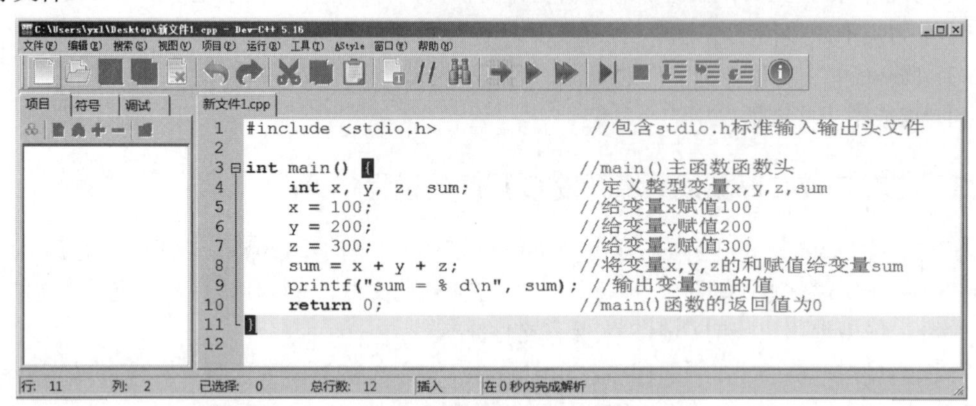

图 1-13 编辑并保存源程序

(4) 执行“运行→编译”命令，或者按 F9 键，完成对 C 源文件的编译，如图 1-14 所示。

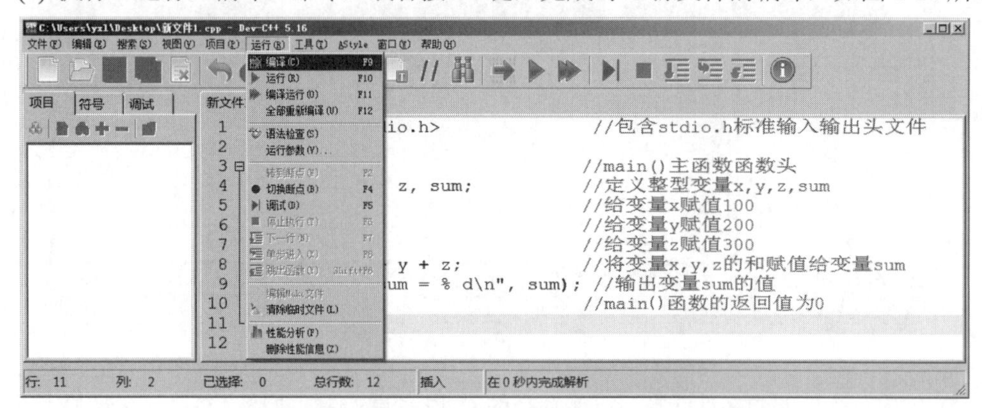

图 1-14 C 源文件的编译

(5) 执行“运行→运行”命令，或者按 F10 键，完成对 C 目标文件的运行，如图 1-15 所示。

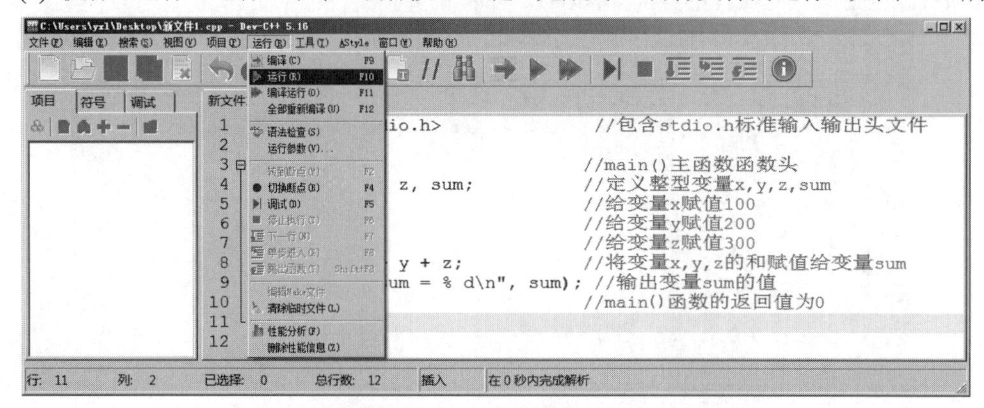

图 1-15 C 目标文件的运行

(6) C 程序编译、运行成功后，会出现如图 1-16 所示的界面。

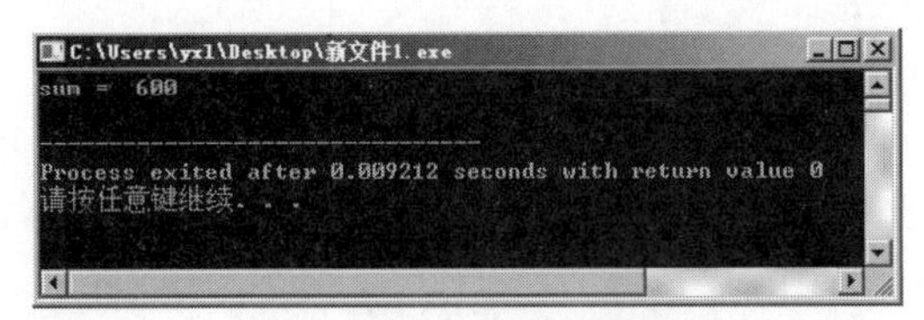


图1-16 程序的运行结果

**【课程思政】**引导学生在编程时注意书写格式，了解变量与常量的命名方式，合理添加注释；引导学生注重职业道德，尊重他人的知识产权。平时未经同学允许，不随意复制他人的程序成果；工作后，不偷窥和复制同事的开发成果，不取公司的研发成果。良好的职业素养是一个职业人的立身之本。在学生时代，应不断提升个人修养和思想道德水平，不断提高自己的职业素养。

## 1.6 本章小结

程序是一组计算机指令的有序集合，即用计算机语言描述解决某一问题的具体方法和步骤。程序可以是一系列动作、行为或操作，如升国旗程序、新生报到程序、系统点餐程序等，它告诉计算机如何完成一项具体的任务。程序设计是给出解决特定问题程序的过程，是软件构造活动中的重要组成部分。程序设计分为分析问题、设计算法、编写程序、运行程序、分析结果、编写程序文档6个步骤。程序设计的方法分为面向过程程序设计、面向对象程序设计和面向切面程序设计3种。

程序=数据结构+算法，通常情况下，一个C语言程序包含以下两方面内容。

(1) 对数据的描述，在程序中要指定使用的数据，以及这些数据的类型和组织形式，即数据结构。

(2) 对数据的操作，就是对数据进行加工处理并按照次序来执行相应的操作，即计算机要解决某一问题所采用的方法和步骤。

数据是程序操作的对象，使数据按照指定次序来执行相应的操作便是算法，一个程序是由数据和对数据的操作两部分组成的，对数据进行操作(加工处理)是为了得到预期的运行结果。

算法具有有穷性、确切性、输入项、输出项、可行性5个重要特征。一个问题的解决方案可以有多种表达方式，但只有满足以上5个特征的解决方案才能称为算法。

算法的表示方法包括用自然语言表示、用流程图表示、用N-S结构化流程图表示和用伪代码表示。

C语言程序由一个或多个源文件组成。一个规模较小的程序，通常只包含一个源程序文件，一个源文件中有且仅有一个main( )函数；在规模较大的程序中，一个C语言程序包含多个源文件，每个源文件又可以包含一个main( )主函数和多个自定义函数。函数是C程序的基本单位，一个C语言程序由一个或多个函数组成。在一个C语言程序中，main( )函数有且仅有一个。

一个C语言程序要经过编辑、编译、连接和运行4个步骤才能得到运行结果。

# 1.7 习题

## 一、选择题

1. 在一个 C 语言程序中(　　)。
   A. main( )函数必须出现在所有函数之前　　B. main( )函数可以在任何地方出现
   C. main( )函数必须出现在所有函数之后　　D. main( )函数必须出现在固定位置
2. 对于一个正常运行的 C 程序，以下叙述中正确的是（　　)。
   A. 程序的执行总是从 main( )函数开始，在 main( )函数结束
   B. 程序的执行总是从程序的第一个函数开始，在 main( )函数结束
   C. 程序的执行总是从 main( )函数开始，在程序的最后一个函数中结束
   D. 程序的执行总是从程序的第一个函数开始，在程序的最后一个函数中结束
3. 下列叙述中错误的是(　　)。
   A. 计算机不能直接执行用 C 语言编写的源程序
   B. C 程序经 C 编译后，生成扩展名为.obj 的文件是一个二进制文件
   C. 扩展名为.obj 的文件，经连接程序生成扩展名为.exe 的文件是一个二进制文件
   D. 扩展名为.obj 和.exe 的二进制文件都可以直接运行
4. 能将高级语言编写的源程序转换成目标程序的是(　　)。
   A. 编辑程序　　B. 编译程序　　C. 解释程序　　D. 连接程序
5. C 语言程序的基本单位是(　　)。
   A. 程序行　　B. 语句　　C. 函数　　D. 字符
6. 以下说法中正确的是(　　)。
   A. C 语言程序总是从第一个定义的函数开始执行
   B. 在 C 语言程序中，要调用的函数必须在 main( )函数中定义
   C. C 语言程序总是从 main( )函数开始执行
   D. C 语言程序中的 main( )函数必须放在程序的开始部分
7. 以下叙述中正确的是(　　)。
   A. 构成 C 程序的基本单位是函数
   B. 可以在一个函数中定义另一个函数
   C. main( )函数必须放在其他函数之前
   D. 所有被调用的函数一定要在调用之前进行定义
8. 按照 C 语言规定的用户标识符命名规则，不能出现在标识符中的是(　　)。
   A. 大写字母　　B. 连接符　　C. 数字字符　　D. 下画线
9. 以下选项中合法的用户标识符是(　　)。
   A. int　　B. _3Test　　C. 5_Min　　D. a1.txt
10. 下列中不属于 C 语言关键字的是(　　)。
   A. int　　B. break　　C. while　　D. character

11. 编写 C 语言源程序并上机运行的一般过程为(　　)。
    A. 编辑、编译、连接和运行　　　　B. 编译、编辑、连接和运行
    C. 连接、编译、编辑和运行　　　　D. 连接、编辑、编译和运行

## 二、简答题

1. 什么是程序？什么是程序设计？
2. 什么是算法？算法的特点是什么？
3. 如何表示算法？
4. 简述 C 语言的特点。
5. 说明 C 语言标识符的命名规则。
6. 简述 C 语言的开发过程。
7. 说明 C 语言程序的组成。

## 三、编程题

1. 编写程序，在屏幕上输出一首你喜欢的古诗，注意排列整齐。
2. 编写程序，输入矩形长和宽的值，输出矩形的周长和面积。
3. 编写一个 C 程序，输出两个整数之和。
4. 编写一个 C 程序，输出以下信息。

```
**************************
    这是我的第一个C语言程序！
**************************
```

5. 编写一个 C 程序，输入 a,b,c 3 个变量的值，输出 3 个变量的和及平均值。
6. 编写一个 C 程序，输入 a,b,c 3 个变量的值，输出其中的最小值。
7. 编写一个 C 程序，通过键盘输入两个正整数，输出两个数的和、差、积、商的值。
8. 编写一个 C 程序，输出以下图形。

```
      *
     ***
    *****
   *******
```

# ꕥ 第2章 ꕥ

# C语言程序设计基础

C 语言程序就是对数据进行处理的过程，本章主要介绍 C 语言的数据类型、常量与变量、各类常用运算符与表达式、运算符的优先级和结合性，以及数据类型的转换。

**本章教学内容**

- C 语言的数据类型
- 常量与变量
- 算术运算符与表达式、自增自减运算符与表达式、赋值运算符与表达式、逗号运算符与表达式、sizeof 运算符与表达式、位运算
- 运算符的优先级和结合性
- 数据类型转换

**本章教学目标**

- 理解 C 语言常用的数据类型及其表示方法。
- 理解 C 语言中常量和变量的定义及表示方法。
- 掌握 C 语言中算术运算符与表达式、自增自减运算符与表达式、赋值运算符与表达式、逗号运算符与表达式、sizeof 运算符与表达式、位运算的使用。
- 掌握运算符的优先级和结合性。
- 理解 C 语言自动类型转换和强制类型转换。

## 2.1 C 语言的数据类型

程序在运行时要处理数据，不同的数据属于不同的数据类型。例如：姓名"李军"是字符串，年龄 30 是整数，成绩 94.5 是实数，字母'A'是字符。在 C 语言中，数据类型用来区分不同的数据，数据在存储时所需要的空间各不相同，不同的数据必须分配不同大小的内存空间来存储，因此要将数据划分成不同的数据类型。

C 语言中有多种不同的数据类型，包括基本类型、构造类型、指针类型和空类型。其中，基本类型包括整型、实型、字符型；构造类型包括枚举类型、数组类型、结构体类型和共用体类型。C 语言数据类型结构如图 2-1 所示。

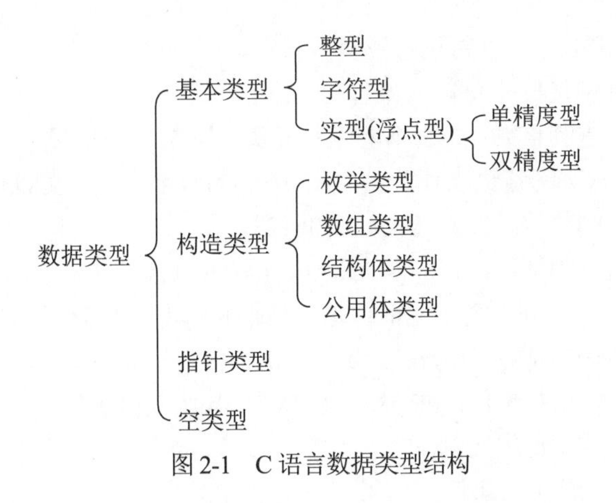


图 2-1　C 语言数据类型结构

#### 1. 整型

整型是用于描述整数的数据类型，包括正整数、负整数和 0。例如，85、−37、0 都是整型数据。整型的关键字是 int，用于表示一个机器字长所表示的整数。例如，32 位系统中，int 整型的数据用 4 个字节(32 位二进制位)表示。

#### 2. 实型

实型是指带小数点的数据类型，包括正实数和负实数。例如：76.54、0.6、−98.6、0.0 都是实型。默认的实型是双精度型(double)，在内存中占 8 个字节。实型也可以用单精度型(float)表示。

#### 3. 字符型

字符型数据用来表示一个字符，字符值用一对单引号引起来，每个字符对应一个 ASCII 码值，用 1 个字节表示。例如，'A'和'1'对应的 ASCII 码值分别为 65 和 49。有关字符所对应的 ASCII 码值，请参阅附录 A。

## 2.2　常量和变量

程序在运行时要处理数据，数据又分为常量和变量。

### 2.2.1　常量

在程序运行过程中，其值始终不变的量是常量。常量又分为直接常量和符号常量。在 C 语言中，常量包括整型常量、实型常量、字符型常量、字符串常量和符号常量。

#### 1. 整型常量

整型常量就是整数，包括正整数、负整数和 0。例如：85、−37、0 都是整型数据。整型的关键字是 int，用于表示一个机器字长所表示的整数。例如，32 位系统中，int 整型的数据用 4 字节(32 位二进制位)表示。

整型常量有十进制、八进制和十六进制 3 种形式。

(1) 十进制整数。通常我们用到的整数都是十进制整数。十进制整数没有前缀，不能以 0

开头，由0～9的数字组成，可以带正号或负号。

以下是合法的十进制整数：384、-785、0、2345。

以下是不合法的十进制整数：045(不能以0开头)、45H(十进制整数中没有H)。

(2) 八进制整数。八进制整数以0开头，由0～7的数字组成，可以带正号或负号。

以下是合法的八进制整数：024、0764、-06123。

以下是不合法的八进制整数：178(无前缀0)、04B3(包含了非八进制数码B)。

(3) 十六进制整数。十六进制整数的前缀是0X或0x，其数码取值为0～9和A～F(或a～f)。

以下是合法的十六进制整数：0X2a3、0x3f、0xa7。

以下是不合法的十六进制整数：6B(无前缀0X或0x)、0X4H(包含了非十六进制数码H)。

下面看一个整型常量的使用实例。

**【例题2-1】** 整型常量使用实例。

```
#include<stdio.h>
int main( )
{    int x,y,z;
     x=23;
     y=023;
     z=0x23;
     printf("%d,%d,%d\n",x,y,z);
     return 0;
}
```

程序的运行结果如图2-2所示。

```
23,19,35
```

图2-2　例题2-1运行结果

### 2. 实型常量

实型常量也称为实数或浮点数。在C语言中，实数都用十进制形式表示。实型常量有十进制小数和指数两种形式。

(1) 十进制小数形式，由正(负)号、数码0～9和小数点组成。例如，34.5、0.75、0.0、-67.789等均为合法的实数。

(2) 指数形式，其一般形式为：aEn(值为$a\times10^n$，a为十进制数，n为十进制整数)。

以下是合法的指数形式：34.78e2(代表$34.78\times10^2$)，-678.12e-5(代表$-678.12\times10^{-5}$)，0.98E4(代表$0.98\times10^4$)，-3.76E-3(代表$-3.76\times10^{-3}$)。

**注意：**

字母e或E的前面必须有数字，且e或E的后面必须为整数，例如。-e5和34E-3.5都是错误的表示形式。

### 3. 字符型常量

字符型常量有普通字符和转义字符两种形式。

(1) 普通字符。普通字符常量是用单引号引起来的单个字符。例如，'m'、'='、'$'、'?'、'6'都是合法的字符常量。

在 C 语言中，字符常量有以下特点。

① 字符常量只能是单个字符，不能是字符串。例如，'ab'是不合法的。

② 字符常量只能用单引号引起来，不能用双引号或其他括号。例如，"a"(使用了双引号)不是字符常量，是字符串常量。

③ 字符可以是字符集中的任意字符。

④ 字符区分大小写。例如，'m'和'M'是两个不同的字符。字符常量在计算机中存储时，存储的并不是字符本身，而是其 ASCII 码值。例如，字符'A'的 ASCII 码值是 65，字符'A'在计算机中存储的是 65 的二进制形式。常用字符与 ASCII 码值的对照表见附录 A。

(2) 转义字符。转义字符是一种特殊的字符常量。转义字符以“\”开头，后面跟一个或多个字符。在字符前面加上“\”后，使得字符含义发生了转变，不同于字符原来的含义，故称为“转义”字符。转义字符主要用来表示一般字符不便于表示的控制代码。例如，字符'\n'表示换行符；字符'\r'表示回车符；字符'\t'表示水平制表符。

C 语言中常用的转义字符如表 2-1 所示。

表 2-1　C 语言中常用的转义字符

| 转义字符 | 字符值 | 输出结果 |
| --- | --- | --- |
| \' | 一个单撇号(') | 具有此八进制码的字符 |
| \" | 一个双撇号(") | 输出此字符 |
| \? | 一个问号(?) | 输出此字符 |
| \ | 一个反斜杠(\) | 输出此字符 |
| \a | 警告(alert) | 产生声音或视频信号 |
| \b | 退格(backspace) | 将当前位置后退一个字符 |
| \f | 换页(form feed) | 将当前位置移到下一页的开头 |
| \n | 换行 | 将当前位置移到下一行的开头 |
| \r | 回车(carriage return) | 将当前位置移到本行的开头 |
| \t | 水平制表符 | 将当前位置移到下一个 tab 位置 |
| \v | 垂直制表符 | 将当前位置移到下一个垂直制表对齐点 |
| \o、\oo 或\ooo<br>其中 o 代表一个八进制数字 | 与该八进制码对应的<br>ASCII 字符 | 与该八进制码对应的字符 |
| \xh[h…]<br>其中 h 代表一个十六进制数字 | 与该十六进制码对应的<br>ASCII 字符 | 与该十六进制码对应的字符 |

下面看一个转义字符的使用实例。

【例题 2-2】转义字符使用实例。

```
#include<stdio.h>
int main( )
{    printf("\\please say \"ok\"\\\n");
     printf("\101 的 ASCII 码值是%d\n", '\101');
     printf("\x41 的 ASCII 码值是%d\n", '\x41');
```

```
    return 0;
}
```

运行结果如图2-3所示。

```
\please say "ok"\
A的ASCII码值是65
A的ASCII码值是65
```

图2-3　例题2-2运行结果

#### 4. 字符串常量

字符串常量是用一对双引号引起来的字符序列，双引号中可以是一个或多个字符(字符串常量是一个或多个字符序列，不包括双引号)。例如，"hello"、"34.5bc"、"$45.9"、"say ok"、"Mr.John_4"都是合法的字符串。注意：不能写成'Mary'、'456.7'、'girl'等形式，因为这些既不是正确的字符形式，也不是正确的字符串。字符串常量和字符常量是不同的，它们之间有以下区别。

(1) 字符常量用单引号引起来，字符串常量用双引号引起来。

(2) 字符常量只有单个字符，字符串常量则包含一个或多个字符。

(3) 可以把一个字符常量赋予一个字符变量，但不能把一个字符串常量赋予一个字符变量。在C语言中没有专门存放字符串的变量，字符串一般用数组来存放。

(4) 两者所占内存空间不同。字符常量只占1个字节的内存空间，字符串常量所占的内存字节数等于实际字符数+1，增加的1个字节用来存放字符'\0'('\0'是字符串的结束标志)。

例如，字符串"Hello Mary!"在内存中的存放情况如下。

| H | e | l | l | o |  | M | a | r | y | ! | \0 |
|---|---|---|---|---|---|---|---|---|---|---|---|

字符'k'与字符串"k"在内存中存放情况是不同的。

字符'k'在内存中占1个字节，存放情况如下：

| k |
|---|

字符串"k"在内存中占2个字节，存放情况如下。

| k | \0 |
|---|---|

#### 5. 符号常量

在C语言中，用一个标识符来代表一个常量，称为符号常量。符号常量在使用前必须先定义，其一般定义格式如下。

```
#define 符号常量 常量
```

例如：

```
#define PI 3.14      //以#开头是预处理命令，行末没有分号
```

再如：

```
#define PRICE 10
```

符号常量一经定义，以后在程序中所有出现该符号常量的地方，均自动用常量值来代替符号常量。为方便区分，一般把符号常量用大写字母表示，以此与普通的变量相区分。

在程序中为什么要使用符号常量？使用符号常量有什么好处？

在C语言中，使用符号常量有以下两点好处。

(1) 含义清楚，使程序更易于阅读。符号常量用易于理解的、清楚的名称替代了含义不明确的数字或字符串。符号常量的命名尽可能做到“见名知意”，即一看到符号常量就大概知道它表示的意义。

例如：

```
#define PI 3.14            //定义圆周率 PI 为 3.14
#define PRICE 10           //定义价格 PRICE 为 10
```

实例中，符号常量PI和PRICE均为大写，分别表示圆周率和价格。

(2) 便于程序的修改，能做到“一改全改”。如果在程序中要多处用到某一常量值，则可以把该常量值用符号常量表示。这样符号常量的值一旦修改，程序中多处用到的常量值都会随之更新。例如，在程序中用符号常量PRICE表示某一商品价格，某商品之前定价100元，后因节假日做活动打折，各个卖场统一调价为70元，此时只需改动定义的符号常量PRICE的值，即#define PRICE 70，就可以做到“一改全改”。

**注意：**

符号常量只是一个临时符号，它本身不占内存空间，在预编译后该临时符号就不存在了。

符号常量与普通变量的区别有以下3点。

① 符号常量一般用大写字母表示，普通常量一般用小写字母表示。

② 符号常量只是一个临时符号，不占内存空间；而变量在使用前要先定义，定义时系统根据变量类型分配对应内存空间。

③ 符号常量属于常量，其值一旦定义后就不能再修改；而变量的值是可以修改的。

下面看一个符号常量使用实例。

**【例题2-3】**符号常量使用实例。

```
#include<stdio.h>
#define PI 3.14            //定义符号常量 PI 值为 3.14
int main( )
{    float r,p,area;
     r=5.0;
     p=2*PI*r;
     area=PI*r*r;
     printf("周长=%f,面积=%f\n",p,area);
     return 0;
}
```

程序的运行结果如图2-4所示。

```
周长=31.400000,面积=78.500000
```

图2-4　例题2-3运行结果

### 2.2.2 变量

在 C 语言中，程序运行期间其值可以改变的量是变量。

#### 1. 变量的基本概念

变量名：每个变量都有自己的名称，称为变量名。变量名的命名规则遵循标识符的命名规则。

变量的数据类型：变量所保存数据的类型称为变量的数据类型。

变量的初值：变量一开始使用的值。

变量的初始化：在定义变量的同时给变量赋初值。

变量的地址：系统为变量分配的内存单元的地址，称为变量的地址。地址运算符为&，例如，变量 x 的地址可以表示为&x。

#### 2. 变量的数据类型及定义

C 语言规定，所有的变量在使用之前都必须先定义。定义变量时，要指明变量的数据类型，变量的数据类型决定了变量所占的内存空间、存储形式、取值范围等。

在 C 语言中，变量的数据类型可以是整型、单精度型、双精度型、字符型等基本数据类型，也可以是结构体类型、共用体类型、指针类型等。

定义变量的一般格式如下。

```
数据类型符 变量名 1,变量名 2,……
```

数据类型符用来说明变量的数据类型，变量名表中可以包括多个变量名，各变量名之间用逗号分隔。

下面是 C 语言中变量的定义语句。

```
int a,b,c;
float x,y;
double m,n;
char c,k;
```

#### 3. 变量的初始化

变量的初始化是指在定义变量的同时给其赋初值。

变量初始化的一般格式如下。

```
数据类型符 变量名 1=初值 1,变量名 2=初值 2,……
```

例如：

```
int a=6,b=9,c=10;
float x=8.0,y=9.5;
```

**注意：**

(1) 定义变量时如果不赋初值，那么系统就会分配给变量一个随机值。如果此时让变量参与运行，那么运算结果将无法确定。

(2) 可以对部分被定义的变量赋初值。例如，int x=6,y,z;，那么变量 y 和 z 就会被赋随机初值。

(3) 如果对几个变量赋同样的值。例如，给变量 a,b,c 都赋值为 5，可以写成如下形式。

```
int a=5,b=5,c=5;
```

或者：

```
int a,b,c;
a=b=c=5;
```

但不能写成“int a=b=c=5;”。此语句既不是定义语句，也不是赋值语句。

## 2.3 C 语言的运算符与表达式

变量用来存放数据，运算符则用来处理数据。用运算符把运算对象连接起来就构成了表达式，每个表达式都有值。

C 语言中的运算符十分丰富，可以分为以下几种类型。

(1) 算术运算符：用于各种算术运算。算术运算符有+(加)、−(减)、*(乘)、/(除)、%(取余数)、++(自增)、−−(自减)7 种。

(2) 关系运算符：用于比较两个数的大小关系。关系运算符有>(大于)、<(小于)、==(等于)、>=(大于等于)、<=(小于等于)、!=(不等于) 6 种。

(3) 逻辑运算符：用于逻辑运算。逻辑运算符有&&(逻辑与)、||(逻辑或)、!(逻辑非) 3 种。

(4) 赋值运算符：用于赋值运算。赋值运算符有=、+=、−=、*=、/=、%=、&=、|=、^=、>>=、<<= 11 种。

(5) 条件运算符(?:)：用于条件求值，是 C 语言中唯一的三目运算符。

(6) 位运算符：按照二进制的位进行运算。位运算符有&(位与)、|(位或)、~(位非)、^(位异或)、<<(左移)、>>(右移) 6 种。

(7) 逗号运算符(,)：多个表达式可以用逗号隔开，最后一个表达式的值为所求结果。

(8) 指针运算符：有*(取内容)和&(取地址)两种。

(9) 特殊运算符：有括号( )、下标[]、成员.等。

(10) 求字节长度运算符 sizeof：用于求不同类型的数据所占的字节数。

根据运算符操作数的数量分类，C 语言中的运算符又可以分为以下 3 种类型。

(1) 单目运算符：运算符只有一个操作数，如++、−−、+(正)、−(负)等都是单目运算符。

(2) 双目运算符：运算符有两个操作数。在 C 语言中，大多数运算符都是双目运算符，如+(加)、−(减)、*、/、%、||、&&、=等都是双目运算符。

(3) 三目运算符：运算符有三个操作数，如条件运算符?:就是三目运算符。

### 2.3.1　算术运算符及表达式

算术运算符用于实现各种数值的运算。常用的算术运算符如表 2-1 所示。

表 2-2 常用的算术运算符

| 运算符分类 | 运算符 | 含义 | 举例 | 功能 | 结合性 |
| --- | --- | --- | --- | --- | --- |
| 单目运算符 | + | 取正值 | +a | 取 a 的值 | 从右到左 |
| | − | 取负值 | −a | 取 a 的负值 | |
| 双目运算符 | + | 加 | a+b | 求 a 与 b 的和 | 从左到右 |
| | − | 减 | a−b | 求 a 与 b 的差 | |
| | * | 乘 | a*b | 求 a 与 b 的积 | |
| | / | 除 | a/b | 求 a 与 b 的商 | |
| | % | 取余数 | a%b | 求 a 除以 b 的余数 | |

使用算术运算符时应注意以下几点。

(1) C 语言的乘法运算中，乘法运算符“*”不能省略。例如，在数学中表示 a 乘以 b 可以写成 ab 的形式，但在 C 语言表达式中必须写成 a*b。

(2) 在 C 语言中，要注意除法运算符“/”的运用。例如，在数学中表示 a 除以 b 可以写成 a÷b 的形式，但在 C 语言表达式中要写成 a/b 的形式。

(3) 在 C 语言中，“%”运算符是求余数运算符，也称为模运算。要求%左右两边的操作数必须都为整数。

例如：7%3 的结果为 1；
　　−9%2 的结果为−1；
　　9%(−2)的结果为 1；
　　−9%(−2)的结果为−1；
　　9.0%2 表达式错误，因为%左边的操作数不是整数。

**注意：**
求余数表达式结果的正负号取决于被除数的正负号(不同的 C 语言编译系统可能稍有差异)。

(4) 不同类型的数在一起进行算术运算时，低类型自动向高类型转换。

例如：5+3.0 结果为 8.0；
　　6/3 的结果为 2；
　　6.0/3 的结果为 2.0；
　　−6.0/3 的结果为−2.0；
　　6.0/(−3)的结果为 2.0。

为加深读者对算术运算符的理解，下面看两个例题。

**【例题 2-4】**下面的算术表达式中，正确的是(　　)。

A. 9.6%3　　B. (a+b)++　　C. $b^2$−4ac　　D. (x−y)*(x+y)

答案：D。

分析过程如下。

(1) A 选项错误。在 C 语言中，取余数(取模)运算符%左右两边的操作数必须是整数类型，且结果的符号与被除数的符号一致。

(2) B 选项错误。因为自增(++)、自减(−−)运算符只能作用于变量，不能作用于常量或表达式，而 a+b 是表达式，对其增加 1 后的值无处存放，所以(a+b)++表达形式错误。

(3) C 选项错误。在 C 语言的算术表达式中，乘法运算符*是不能省略的。此外，在 C 语言中，没有乘方运算，例如，$b^2$ 应该写成 b*b 的形式；$b^2-4ac$ 应写成 b*b−4*a*c 的形式。

(4) D 选项正确。

**【例题 2-5】**表达式 6+1/2 的值为(　　)，类型为(　　)；表达式 6+1.0/2 的值为(　　)，类型为(　　)。

答案：6，int；6.5，double。

分析：1/2 的值为 0，int 型。因为 1 是 int 类型，2 是 int 类型，所以 1/2 结果为整数 0。1.0/2 的值为 0.5，double 型。因为 1.0 是 double 类型，2 是 int 类型，所以 1.0/2 结果是 0.5，double 型，不同类型的数在一起运算时，低类型自动向高类型转换。

## 2.3.2　自增、自减运算符及表达式

自增(++)、自减(−−)运算符的作用是使变量的值增 1 或减 1，自增(++)、自减(−−)运算符属于单目运算符。

(1) ++a;表示在使用变量 a 之前，先使 a 值增加 1。

(2) −−a;表示在使用变量 a 之前，先使 a 值减去 1。

(3) a++;表示在使用变量 a 之后，再使 a 值增加 1。

(4) a−−;表示在使用变量 a 之后，再使 a 值减去 1。

自增(++)、自减(−−)运算符的用法如表 2-3 所示。

表 2-3　自增(++)、自减(−−)运算符的用法

| 运算符 | 语句 | 等价形式 | 说明 |
|---|---|---|---|
| 自增(++) | y=++x; | x=x+1;<br>y=x; | 首先将 x 的值增加 1，然后将 x 的值赋值给 y |
| | y=x++; | y=x;<br>x=x+1; | 先将 x 的值赋值给 y，然后再将 x 的值增加 1 |
| 自减(−−) | y=−−x; | x=x−1;<br>y=x; | 首先将 x 的值减去 1，然后将 x 的值赋值给 y |
| | y=x−−; | y=x;<br>x=x−1; | 先将 x 的值赋值给 y，然后再将 x 的值减去 1。 |

**注意：**

自增运算符“++”、自减运算符“−−”只能作用于变量，不能作用于常量或表达式。例如，++x 和−−y 是正确的表达式，但++10 是错误的表达形式，因 10 是常量，常量的值不能改变；−−(x+y)也是错误的，假设 x+y 的值是 8，那么自减后 x+y 的值 7 存放在什么地方呢？此时无变量存放表达式的值。

下面看一个自增(++)、自减(−−)运算符的应用示例。

【例题 2-6】自增(++)、自减(--)运算符的应用一。

```
#include<stdio.h> int main( )
{   int i,j,m,n;
    i=9;
    j=12;
    m=++i;                              //先执行 i=i+1;，i 值为 10，再将 i 值赋值给 m，m 值为 10
    n=j--;                              //先将 j 值赋值给 n，n 值为 12，然后执行 j=j-1;，j 值为 11
    printf("%d,%d,%d,%d",i,j,m,n);      //输出结果：10,11,10,12
    return 0;
}
```

程序的运行结果如图 2-5 所示。

```
10,11,10,12
```

图 2-5　例题 2-6 运行结果

为加深读者对自增(++)、自减(--)运算符的理解，下面再看一个示例。

【例题 2-7】自增(++)、自减(--)运算符的应用二。

```
#include<stdio.h> int main( )
{   int x=5,y=7,z;
    z=(++x)*(y--);
    printf("%d,%d,%d\n",x,y,z);
    return 0;
}
```

程序的运行结果如图 2-6 所示。

```
6,6,42
```

图 2-6　例题 2-7 运行结果

程序说明如下：在语句“z=(++x)*(y--);”中，++x 等价于 x=x+1，表示先将 x 的值增加 1，此时 x 的值变为 6；y--表示先取 y 的值 7，然后执行 y=y-1，此时 y 的值变为 6，因此 z=6*7=42。最终程序输出结果：6,6,42。

### 2.3.3　赋值运算符及表达式

赋值运算符用于给变量赋值。在 C 语言中，赋值运算符共 11 种，分三类：简单赋值运算符(=)、复合算术赋值运算符(+=、-=、*=、/=、%=)和复合位运算赋值符(&=、|=、^=、>>=、<<=)。

简单赋值运算符用“=”表示，它的功能是将“=”右边的值或表达式赋值给左边的变量，例如，a=10 是赋值表达式，表示将整数 10 赋值给变量 a。

复合算术赋值运算符是赋值运算符与其他运算符的复合使用形式。

复合位运算赋值符是赋值运算符与位运算符的复合使用形式。

常用的 11 种赋值运算符如表 2-4 所示。

表 2-4　常用的 11 种赋值运算符

<table>
<tr><th>运算符</th><th>含义</th><th>举例</th><th>等价形式</th></tr>
<tr><td>=</td><td>赋值</td><td>a=b</td><td>a=b</td></tr>
<tr><td>+=</td><td>加后赋值</td><td>a+=b</td><td>a=a+b</td></tr>
<tr><td>−=</td><td>减后赋值</td><td>a−=b</td><td>a=a−b</td></tr>
<tr><td>*=</td><td>乘后赋值</td><td>a*=b</td><td>a=a*b</td></tr>
<tr><td>/=</td><td>除后赋值</td><td>a/=b</td><td>a=a/b</td></tr>
<tr><td>%=</td><td>取余后赋值</td><td>a%=b</td><td>a=a%b</td></tr>
<tr><td><<=</td><td>左移后赋值</td><td>a<<=b</td><td>a=a<<b</td></tr>
<tr><td>>>=</td><td>右移后赋值</td><td>a>>=b</td><td>a=a>>b</td></tr>
<tr><td>&=</td><td>按位与后赋值</td><td>a&=b</td><td>a=a&b</td></tr>
<tr><td>|=</td><td>按位或后赋值</td><td>a|=b</td><td>a=a|b</td></tr>
<tr><td>^=</td><td>按位异或后赋值</td><td>a^=b</td><td>a=a^b</td></tr>
</table>

使用赋值运算符时注意以下几个问题。

(1) 所有的赋值运算符均为双目运算符，且优先级相同，结合性为从右向左。

赋值运算符与其操作数连接起来构成的表达式为赋值表达式。

例如：

```
a+=k(相当于 a=a+k)
x=a+b
```

以上两个表达式都是赋值表达式。赋值表达式可以出现在程序的任何地方。

(2) 对于赋值表达式来说，赋值号左边变量的类型就是赋值表达式的类型。在赋值表达式中，当赋值号左边的变量类型与右边表达式的类型不一致时，C 编译系统会自动将右边表达式的类型转换为与左边变量类型相同后再赋值。

例如：

```
int x;
x=9.4;
```

则此时变量 x 获得的值是整数 9。

又如：

```
double a;
a=10;
```

则此时变量 a 实际获得的值是 10.0。

(3) 可以将几个赋值运算符连用。

例如：

```
a=b=c=10(等价于 a=10,b=10,c=10)
a*=a+=a*a (等价于 a=a+a*a,a=a*a)
```

为加深读者对赋值运算符和赋值表达式的理解，下面看两个例题。

【例题 2-8】执行以下程序段后，变量 a 的值为(　　)。

```
int a=7,b=8;
a*=b+6;
```

A. 62　　B. 98　　C. 50　　D. 72

答案：B。

分析：使用复合赋值运算符时，应把赋值号右边的表达式当作一个整体。因此 a*=b+6 等价于 a=a*(b+6)，故 a 的值为 7*(8+6)=98。

【例题 2-9】分析程序，写出程序的运行结果。

```
#include<stdio.h> int main( )
{   int a=5,b=6,c=10;
    a*=a+=a*a;
    printf("a=%d\n",a);
    b+=b-=b*b;
    a=b+c;
    printf("a=%d,b=%d,c=%d\n",a,b,c);
    return 0;
}
```

程序的运行结果如图 2-7 所示。

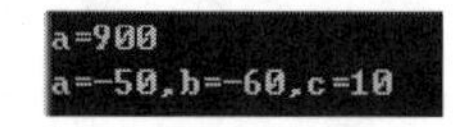


图 2-7　例题 2-9 运行结果

程序说明如下。

(1) 语句 a*=a+=a*a;的执行过程：先计算 a+=a*a;，再计算 a*=a;。a+=a*a 等价于 a=a+a*a，计算后 a 的值为 30，再计算 a*=a;(等价于 a=a*a;)，计算后 a 的值为 900。

(2) 语句 b+=b-=b*b;的执行过程：先计算 b-=b*b;，再计算 b+=b;。b-=b*b 等价于 b=b-b*b，计算后 b 的值为-30，再计算 b+=b;(等价于 b=b+b;)，计算后 b 的值为-60。

(3) 语句 a=b+c;执行后，a 的值为-50。

### 2.3.4　逗号运算符及表达式

逗号运算符为“,”，用逗号运算符将表达式连接起来就构成了逗号表达式。

逗号表达式的一般形式如下。

```
表达式 1,表达式 2,表达式 3……表达式 n
```

逗号表达式的求值规则如下。

按照表达式 1、表达式 2、表达式 3……表达式 n 的顺序求解，表达式 n 的值就是整个逗号表达式的值。

逗号运算符是所有运算符中优先级最低的。

下面看两个例题，以加深读者对逗号运算符和逗号表达式的理解。

**【例题 2-10】** 执行下面程序中的输出语句，a 的值是(　　)，程序的运行结果为(　　)。

```
#include<stdio.h>
int main( )
{   int a;
    printf("%d\n",(a=4*3,a+10,a*3));
    return 0;
}
```

A. 66　　　　B. 12　　　　C. 36　　　　D. 39

答案：B，C。

分析：(a=4*3,a+10,a*3)是一个逗号表达式，逗号表达式的值是最后一个表达式 a*3 的值，即 36；变量 a 的值为 12。

下面再看一个逗号运算符和逗号表达式应用的例子。

**【例题 2-11】** 执行下面程序段后，变量 x 的值为(　　)。

```
int x=10;
x=(4*8,x+10,x*5)
```

A. 10　　　　B. 32　　　　C. 50　　　　D. 210

答案：C。

分析：(4*8,x+10,x*5)是一个逗号表达式，逗号表达式的值是最后一个表达式 x*5 的值，即 50，将 50 赋值给变量 x，故 x 的值为 50。此处特别说明一下，变量的值在程序中是可以改变的，变量 x 的初值是 10，后来 x 的值改变为 50。

### 2.3.5　sizeof 运算符及表达式

sizeof( )是一个判断数据类型或表达式长度的运算符。

sizeof 运算符一般形式如下。

```
sizeof(数据类型)或 sizeof(表达式)
```

下面看一个 sizeof 运算符和表达式的应用示例。

**【例题 2-12】** sizeof 运算符和表达式的应用。

```
#include<stdio.h>
int main( )
{   int a=10;
    printf("%d\n",sizeof(int));        //结果为 4，一个整数在内存中占 4 个字节
    printf("%d\n",sizeof(8.6));        //结果为 8，一个 double 实数在内存中占 8 个字节
    printf("%d\n",sizeof(a));          //结果为 4，一个整数在内存中占 4 个字节
    return 0;
}
```

程序的运行结果如图 2-8 所示。

图 2-8　例题 2-12 运行结果

### 2.3.6 位运算

在正式学习位运算符之前，首先介绍一下字节和位的概念。

#### 1. 字节与位的概念

计算机系统的内存是由许多称为字节的单元组成的。一个字节由 8 个二进制位(比特)构成，每位的取值为 0 或 1。最右边的一位为最低位，编号为 0；最左边的一位为最高位，按从最低位到最高位的顺序依次编号。内存中的每一个字节都有一个地址。当存储、传送和操作数据时，常常同时处理由若干个字节组成的一个存储单元，将其称为“字”，每个字存放一个数据或一条指令。位运算符只能处理整型数据，如整型和字符型的数据，且参与位运算时，操作数都必须先转换成二进制形式，再执行相应的按位运算。下面介绍整型数据的 3 种表示方式——原码、反码和补码。

(1) 整型数据的原码表示。整型数据的原码表示是指将最高位作为符号位(0 表示正数，1 表示负数)，其余各位代表数值本身的绝对值(以二进制形式表示)的表现形式。为简化描述，我们只用一个字节存放一个整数。

例如：+3 的原码为 00000011，而-3 的原码为 10000011。
+0 的原码为 00000000，而-0 的原码为 10000000。

(2) 整型数据的反码表示。正数的反码：与原码相同。负数的反码：符号位为 1，其余各位就是对原码按位取反(1 变 0，0 变 1)。

例如：+3 的原码为 00000011，+3 的反码为 00000011。
-3 的原码为 10000011，-3 的反码为 11111100。
+0 的原码为 00000000，+0 的反码为 00000000。
-0 的原码为 10000000，-0 的反码为 11111111。

我们看到，0 的反码不唯一。假设用一个字节表示一个数，用反码表示的最大值为 127，最小值为-127。

(3) 整型数据的补码表示。正数的补码：与原码相同。负数的补码：符号位为 1，其余各位就是对原码按位取反(1 变 0，0 变 1)，然后将整个数加 1。

例如：+3 的原码为 00000011，+3 的补码为 00000011。
-3 的原码为 10000011，-3 的补码为 11111101。
+0 的原码为 00000000，+0 的补码为 00000000。
-0 的原码为 10000000，-0 的补码为 00000000。

在计算机系统中，整型数据一律用补码进行存储，其原因在于，使用补码时，可以将符号位和其他位统一处理；同时，减法也可按加法来处理。

#### 2. 位运算符

C 语言提供了按位取反、与、或、异或、左移、右移 6 种常见的位运算符，参与位运算时，操作数都必须先转换成二进制形式，再执行相应的按位运算。特别地，如果参加运算的是负数，则要以补码形式表示为二进制数，然后按位进行位运算。常见的位运算符及运算规则如表 2-5 所示。

表 2-5　常见的位运算符及运算规则

| 位运算符 | 描述 | 运算规则 |
| --- | --- | --- |
| ~ | 按位取反 | 各二进位 0 变 1，1 变 0 |
| & | 按位与 | 两个位都为 1 时，结果才为 1 |
| \| | 按位或 | 两个位都为 0 时，结果才为 0 |
| ^ | 按位异或 | 两个位相同为 0，相异为 1 |
| << | 左移 | 各二进位全部左移若干位，左侧高位丢弃，右侧低位补 0 |
| >> | 右移 | 各二进位全部右移若干位，对于无符号数，左侧高位补 0；对于有符号数，有的补符号位 1(算术右移)，有的补 0(逻辑右移) |

(1) 按位取反运算符。按位取反运算符(~)是单目运算符，具有右结合性，其功能是将参与运算的操作数的各对应的二进位按位求“反”。

按位取反运算格式：~操作数 a

按位取反运算规则：对一个二进制数按位取反，即将 0 变为 1，1 变为 0。

以一个字节(8 位二进制位)举例如下。

a：11101010

~a：00010101

(2) 按位与运算符。按位与运算符(&)是双目运算符，其功能是将参与运算的两个操作数的各对应的二进位按位相“与”。

按位与运算格式：操作数 a&操作数 b

按位与运算规则：参加运算的两个操作数只要有一个为 0，则该位的结果为 0。

例如：0&0=0，0&1=0，1&0=0，1&1=1

例如：3&5=1　3&4=0

3 的二进制位：　00000011　　3 的二进制位：　00000011

5 的二进制位：　00000101　　4 的二进制位：　00000100

3&5 的二进制位：00000001　　3&4 的二进制位：00000000

(3) 按位或运算符。按位或运算符(|)是双目运算符，其功能是将参与运算的两个操作数的各对应的二进位按位相“或”。

按位或运算格式：操作数 a|操作数 b

按位或运算规则：参加运算的两个操作数只要有一个为 1，则该位的结果为 1。

例如：0|0=0，0|1=1，1|0=1，1|1=1

例如：3|5=7　3|4=7

3 的二进制位：　00000011　　3 的二进制位：　00000011

5 的二进制位：　00000101　　4 的二进制位：　00000100

3| 5 的二进制位　00000111　　3|4 的二进制位　00000111

(4) 按位异或运算符。按位异或运算符(^)是双目运算符，其功能是将参与运算的两个操作数的各对应的二进位按位相“异或”。

按位异或运算格式：操作数 a^操作数 b

按位异或运算规则：参加运算的两个操作数的对应位相同，则该位的结果为 0，否则为 1。

例如：0∧0=0，0∧1=1，1∧0=1，1∧1=0

例如：3∧5=6　3∧4=7

| | | | |
|---|---|---|---|
| 3 的二进制位： | 0 0 0 0 0 0 1 1 | 3 的二进制位： | 0 0 0 0 0 0 1 1 |
| 5 的二进制位： | 0 0 0 0 0 1 0 1 | 4 的二进制位： | 0 0 0 0 0 1 0 0 |
| 3∧5 的二进制位： | 0 0 0 0 0 1 1 0 | 3∧4 的二进制位： | 0 0 0 0 0 1 1 1 |

(5) 按位左移运算符。按位左移运算符(<<)是将其操作对象向左移动指定位数，相当于对操作数做乘法运算，即将一个操作数乘以 $2^n$ 的运算处理为左移 n 位的按位左移运算。

按位左移运算格式：操作数 a<<移位数 b

按位左移运算规则：将一个操作数先转换成二进制数，然后将二进制数各位左移若干位，并在右侧低位补若干个 0，高位左移后溢出，舍弃不起作用。

例如：以两个字节(16 位二进制位)为例，在 7<<2 运算中，二进制(0000000000000111)按位左移两位后的二进制为 0000000000011100(十进制 28)，其运算过程如图 2-19 所示。

7的二进制位：| 00 | 00 | 00 | 00 | 00 | 00 | 01 | 11 |

整体左移两位　　后补两位 0

7<<2后的二进制位：| 00 | 00 00 00 00 00 01 11 00 |

图 2-19　7<<2 的运算过程

(6) 按位右移运算符。按位右移运算符(>>)是将其操作对象向右移动指定位数，相当于对操作数做除法运算，即将一个操作数除以 $2^n$ 的运算处理为右移 n 位的按位右移运算。

按位右移运算格式：操作数 a>>移位数值 b

按位右移运算规则：将一个操作数先转换成二进制数，然后将二进制数各位右移若干位，移出的右侧低位舍弃；并在左侧高位补位，补位分以下两种情况。

① 若为无符号数，右移时左边高位补 0。

例如：unsigned int　　b=28;　　0000000000011100

　　　　　　　　　　　b>>2=7; 0000000000000111

② 若为有符号数，如果原来符号位为 0(正数)，则左边补若干个 0；如果原来符号位为 1(负数)，则左边补若干个 0 的称为“逻辑右移”，左边补若干个 1 的称为“算术右移”。

例如：　　　　　c:　　1001011111101101

　　逻辑右移　　c>>1: 0100101111110110

　　算术右移　　c>>1: 1100101111110110

例如：　　int　　a1=28;　　0000000000011100

　　　　　　　　a1>>2=7;　0000000000000111

### 3. 位运算的程序示例

对于位运算的 6 种运算符，其优先级与结合性如表 2-6 所示。

表 2-6　位运算符的优先级与结合性

<table>
<tr><th>优先级</th><th>位运算符</th><th colspan="2">类型</th><th>结合顺序</th></tr>
<tr><td>2</td><td>~</td><td>按位取反</td><td>单目运算符</td><td>自右向左</td></tr>
<tr><td>5</td><td><<、>></td><td>按位左移、按位右移</td><td rowspan="4">双目运算符</td><td rowspan="4">自左向右</td></tr>
<tr><td>8</td><td>&</td><td>按位与</td></tr>
<tr><td>9</td><td>^</td><td>按位异或</td></tr>
<tr><td>10</td><td>|</td><td>按位或</td></tr>
</table>

**【例题 2-13】**按位与、或、异或运算的应用示例。

```
#include<stdio.h>
int main( )
{    int x,y;
     x=3; y=5;
     printf("x&y:%d\n", x&y);
     printf("3&5=%d,3&4=%d\n",3&5,3&4);
     printf("3|5=%d,3|4=%d\n", 3|5,3|4);
     printf("3^5=%d,3^4=%d\n", 3^5,3^4);
     return 0;
}
```

程序的运行结果如图 2-10 所示。

```
x&y:1
3&5=1,3&4=0
3|5=7,3|4=7
3^5=6,3^4=7

--------------------------------
Process exited after 1.288 seconds with return value 0
请按任意键继续. . .
```

图 2-10　例题 2-13 的运行结果

**【例题 2-14】**左移位运算的应用示例。

```
#include <stdio.h>
int main( )
{
     int a=5,b=1,t;
     t=a<<2|b;
     printf("5<<2|1=%d\n",t);
     return 0;
}
```

程序的运行结果如图 2-11 所示。

```
5<<2|1=21
```

图 2-11　例题 2-14 运行结果

程序说明如下：左移两位相当于该数乘以 $2^2$，5<<2 相当于 5 乘以 4 等于 20；而 20|1=21，相当于 00010100|00000001=00010101(十进制 21)。

【例题 2-15】右移位运算的应用示例。

```
#include <stdio.h>
int main( )
{
    int a=4,b=2,c=2;
    printf("4/2&2 =%d\n",a/b&c);
    printf("(4>>1)/(4>>2)=%d\n", (a>>1)/(a>>2));
    return 0;
}
```

程序的运行结果如图 2-12 所示。

```
4/2&2 =2
(4>>1)/(4>>2)=2
```

图 2-12　例题 2-15 的运行结果

程序说明如下：算术运算符“/”优先于位运算符“&”，表达式 4/2=2，2&2=2，故 4/2&2=2。右移一位相当于该数除以 2，4>>1 相当于 4 除以 2 等于 2；右移两位相当于该数除以 4，4>>2 相当于 4 除以 4 等于 1；故(4>>1)/(4>>2)=2/1=2。

【课程思政】不同的运算符具有不同的运算规则，因此每个人都要懂得“不以规矩，不能成方圆”的道理。每个人都必须按科学规律做事，怀着实实在在的态度做事，探索事情的客观规律，循序渐进，做到井井有条、有规律地生活、工作。

## 2.4 运算符的优先级和结合性

C 语言的运算符十分丰富，本书涉及的运算符有算术运算符、自增自减运算符、赋值运算符、逗号运算符、sizeof 运算符、强制类型转换运算符和位运算符。这几种运算符的优先级和结合性见附录 C。

**注意：**

单目运算符的优先级高于双目运算符。

上述几种运算符的优先级顺序从高到低排列依次为：自增自减运算符→强制类型转换运算符→sizeof 运算符→算术运算符→位运算符→赋值运算符→逗号运算符。

结合性自右向左的运算符有单目运算符、赋值运算符和条件运算符(后面章节介绍)，其余运算符的结合性都是自左向右的。

【课程思政】运算符的优先级启发我们：事情处理要分轻重缓急，凡事都要有条理，合理安排，优先解决最紧迫的事情，同时要处理好最重要事情和最紧急事情的关系。

## 2.5 数据类型转换

变量的数据类型是可以转换的。转换的方法有两种，一种是自动转换，另一种是强制转换。

### 2.5.1　自动转换

自动类型转换又称为隐式类型转换，是由 C 语言编译系统自动完成的。

在 C 语言中，经常会遇到不同类型的数据进行混合运算，如 8.5+9+'a'，如果一个运算符左右两边的数据类型不一致，则先自动进行类型转换，转换成同一种类型后，再进行运算。

在 C 语言中，整型、实型、字符型之间可以利用各种运算符(+、−、*、/等)进行混合运算，例如，表达式 8.5+'a'+5−4.00*'b'是合法的。如果赋值运算符两侧的数据类型不同，但都是算术运算符，则编译系统自动完成不同数据类型间的转换，转换原则如图 2-13 所示。

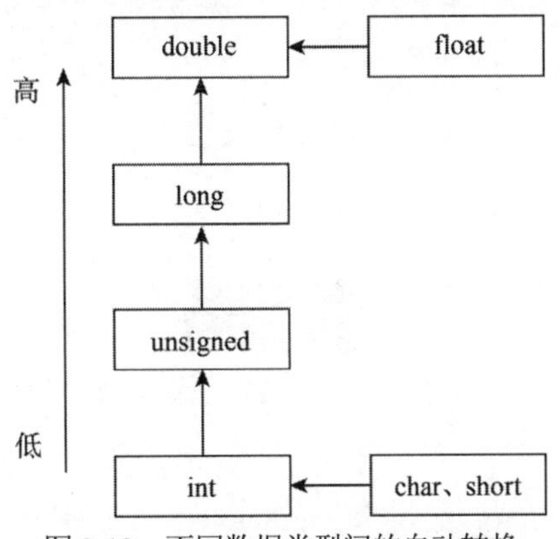

图 2-13　不同数据类型间的自动转换

(1) 如果实型(float 或 double)数据与其他类型数据进行运算，那么结果是 double 型。系统将 float 型数据都先转换为 double 型，然后进行运算。

(2) 如果整型(int)数据与实型(float 或 double)数据进行运算，则先把 int 型和 float 型数据转换为 double 型，然后进行运算，结果是 double 型。

(3) 如果字符型(char)数据与整型(short 或 int)数据进行运算，则把字符的 ASCII 码值与整型数据进行运算，结果是 int 型。

例如，表达式 8.5+'a'+5−4.00*'b'最终运算结果的类型是 double 型。

### 2.5.2　强制转换

强制类型转换又称为显式类型转换，可以使用类型转换运算符来实现。

在 C 语言中，类型转换运算符用圆括号表示。类型转换运算符( )是单目运算符，与其他单目运算符具有相同的优先级和结合性。

强制类型转换运算符用于数据类型间的转换，可将一个表达式从一种数据类型转换成所需的另一种数据类型。

强制类型转换运算符的一般格式如下

```
(类型名)(表达式)
```

例如：(double)(a+b)　　(将表达式 a+b 强制转换成 double 型)
　　　(int)8.7　　　　(将 8.7 的值强制转换成 int 型)
　　　(float)(13%4)　　(将 13%4 的值强制转换成 float 型)

**注意：**

表达式应该用括号括起来，若写成(double)a+b 形式，则表示将变量 a 强制转换成 double 类型后，再与 b 相加求和。表达式(double)(a+b)则是表示将 a+b 的和强制转换成 double 类型。

**【例题 2-16】** 强制类型转换运算符的应用示例。

```
#include<stdio.h> int main( )
{    int a;
     double f=7.58;
     a=(int)f;
     printf("(int)f=%d \n f=%.2lf ", a, f);
     return 0;
}
```

程序的运行结果如图 2-14 所示。

```
(int)f=7
 f=7.58
```

图 2-14　例题 2-16 运行结果

程序说明如下。

(1) 语句 int a;定义了 int 整型变量 a；语句 double f=7.58;定义了 double 双精度实型变量 f，赋初值 f=7.58。

(2) 语句 a=(int)f;中的强制类型转换运算符( )将 double 双精度实型变量 f 强制转换成了 int 整型变量，即去掉变量 f 的小数部分，并将其值 7 赋给 int 整型变量 a，故输出结果为“(int)f=7,f=7.58”，其中 double 双精度实型变量输出保留两位小数。

**【课程思政】** 作为程序设计与系统开发人员，必须具有认真细致、精益求精的工匠精神，必须具有迎难而上和耐得住寂寞的决心。因此，在整个课程教学活动中，要求学生认真学习语法知识，认真编写每一个函数，细致测试每一个程序，并从时间复杂度、空间复杂度两个方面努力提高代码的质量。

## 2.6 本章小结

本章介绍了 C 语言程序设计的基础知识，包括 C 语言的数据类型，常量、变量和标识符，C 语言常用的运算符与表达式，C 语言运算符的优先级和结合性，C 语言数据类型的转换。

计算机处理的基本对象是数据，C 语言的数据类型分四大类：基本类型、构造类型、指针类型和空类型。其中基本类型分为整型、实型和字符型，构造类型分为枚举类型、数组类型、结构体类型和共用体类型。

程序在运行时要处理数据，数据又分为常量和变量，而常量又分为直接常量和符号常量，在程序运行过程中，其值始终不变的量是常量，常量包括整型常量、实型常量、字符型常量和字符串常量。

在 C 语言中，用一个标识符来代表一个常量，称为符号常量。符号常量在使用前必须先定义，其一般定义格式如下。

```
#define 符号常量 常量
```

在 C 语言中，程序运行期间其值可以改变的量是变量。C 语言规定，所有的变量在使用之前都必须先定义。定义变量时，要指明变量的数据类型，变量的数据类型决定了变量所占的内存空间、存储形式、取值范围等。

变量用来存放数据，运算符则用来处理数据。用运算符把运算对象连接起来就构成了表达式。C 语言中的运算符十分丰富，可以分为以下几种类型：算术运算符、关系运算符、逻辑运算符、赋值运算符、条件运算符、位运算符、逗号运算符、指针运算符、特殊运算符、sizeof 运算符。

根据运算符操作数的数量分类，分为单目运算符、双目运算符和三目运算符。一般地，单目运算符优先于双目运算符；双目运算符中，算术运算符优先于关系运算符，关系运算符优先于逻辑运算符，逻辑运算符优先于赋值运算符，赋值运算符优先于逗号运算符。运算符的优先级具体见附录 C。

对于运算符的结合性，除了单目运算符、赋值运算符和条件运算符是自右向左外，其余运算符都是自左向右。

在 C 语言中，如果参与运算符的数据类型不同，则数据自动由低类型向高类型转换。

## 2.7 习题

### 一、选择题

1. 以下 C 语言常量中，错误的是(　　)。

   A. 0xFF　　B. 1.2e0.5　　C. 2L　　D. '\72'

2. 以下选项中，合法的整数是(　　)。

   A. 10110B　　B. 0386　　C. 0Xffa　　D. x2a2

3. 以下选项中，合法的实型常数是(　　)。

   A. 5E2.0　　B. E-3　　C. 2E0　　D. 1.3E

4. 以下选项中，合法的转义字符是(　　)。

   A. '\\'　　B. '\018'　　C. 'xab'　　D. '\abc'

5. 以下选项中，正确的字符常量是(　　)。

   A. "F"　　B. "\\"　　C. 'W'　　D. '\de'

6. 已知大写字母 A 的 ASCII 码值是 65，小写字母 a 的 ASCII 码值是 97，则用八进制表示的字符常量'\101'是(　　)。

   A. 字符 A　　B. 字符 a　　C. 字符 c　　D. 非法的常量

7. 若有代数式 $\frac{3ab}{cd}$，则不正确的 C 语言表达式是(　　)。

   A. a/c/d*b*3　　B. 3*a*b/c/d　　C. 3*a*b/c*d　　D. a*b/d/c*3

8. 已知字母 A 的 ASCII 码值为十进制数 65，且 S 为字符型，则执行语句 S='A'+'6'−'3';后，S 的值为(　　)。

A. 'D'　　B. 68　　C. 不确定的值　　D. 'C'

9. 在 C 语言中，要求运算数必须是整型的运算符是(　　)。

A. /　　B. ++　　C. *=　　D. %

10. 已知各变量的类型说明如下。

```
int m=8,n, a, b;
unsigned long w=10;
double x=3.14, y=0.12;
```

则以下符合 C 语言语法的表达式是(　　)。

A. a+=a−=(b=2)*(a=8)　　B. n=n*3=18

C. x%3　　D. y=float(m)

11. 以下符合 C 语言语法的赋值表达式是(　　)。

A. a=9+b+c=d+9　　B. a=(9+b, c=d+9)　　C. a=9+b, b++, c+9　　D. a=9+b++=c+9

12. 若有定义：int m=7; float x=2.5, y=4.7;，则表达式 x+m%3*(int)(x+y)%2/4 的值是(　　)。

A. 2.500000　　B. 2.750000　　C. 3.500000　　D. 0.000000

13. 设以下变量均为 int 类型，则值不等于 7 的表达式是(　　)。

A. (m=n=6, m+n, m+1)　　B. (m=n=6, m+n, n+1)

C. (m=6, m+1, n=6, m+n)　　D. (m=6, m+1, n=m, n+1)

14. 假设所有变量均为整型，则表达式(x=2, y=5, y++, x+y)的值是(　　)。

A. 7　　B. 8　　C. 6　　D. 2

15. 已知 s 是字符型变量，下面不正确的赋值语句是(　　)。

A. s='\012';　　B. s='u+v';　　C. s='1'+'2';　　D. s=1+2;

16. 若有以下定义，则正确的赋值语句是(　　)。

```
int x,y; float z;
```

A. x=1,y=2,　　B. x=y=100　　C. x++;　　D. x=int (z);

17. 设 x,y 均为 float 型变量，则不正确的赋值语句是(　　)。

A. ++x;　　B. x*=y−2;　　C. y=(x%3)/10;　　D. x=y=0;

18. 若有定义语句：int a=10;double b=3.14;，则表达式'A'+a+b 的值的类型是(　　)。

A. char　　B. int　　C. double　　D. float

19. 若有定义语句：int x=12, y=8,z;，在其后执行语句 z=0.9+x/y，则 z 的值为(　　)。

A. 1.9　　B. 1　　C. 2　　D. 2.4

20. 下面程序的输出结果是(　　)。

```
int main( )
{ int x=10,y=3;
printf("%d\n", y=x/y);}
```

A. 0　　B. 1　　C. 3　　D. 不确定的值

21. 设有如下定义：int x=10,y=3,z;，则语句 printf("%d\n", z=(x%y,x/y));的输出结果是(　　)。
A. 1　　B. 0　　C. 4　　D. 3

22. 表达式 a+=a−=a=9 的值是(　　)。
A. 9　　B. −9　　C. 18　　D. 0

## 二、填空题

1. 已知字母 B 的 ASCII 码值为十进制的 66，以下程序的输出结果为________。

```
int main( )
{    char  ch1,ch2;
     ch1='B'+'6'−'2';
     ch2='C'+'7'−'4';
     printf("%d,%c\n",ch1,ch2);
     return 0; }
```

2. 以下程序的输出结果是________。

```
int main( )
{    int x=10, y=10;
     printf("%d %d\n", x−−,−−y);
     return 0; }
```

3. 以下程序的输出结果是________。

```
int main( )
{    char c1='b',c2='e';
     printf("%d,%c\n",c2−c1,c2−'a'+'c');
     return 0;
}
```

4. 以下程序的输出结果是________。

```
int main( )
{    int x=023;
     printf("%d\n",−−x);
     return 0;
}
```

5. 执行下面程序中的输出语句，a 的值是________，程序的输出结果是________。

```
int main( )
{    inta;
     printf("%d\n",(a=5*6,a*8,a+10));
     return 0;
}
```

6. 以下程序的输出结果是________。

```
int main( )
{    inti, j, m, n;
     i=10;
     j=15;
```

```
        m=i++;
        n=--j;
        printf("%d,%d,%d,%d",i,j,m,n);
        return 0;
}
```

7. 以下程序的输出结果是________。

```
#include <stdio.h>
        int  main( )
{       int s,t,m=100;
        double n=6.7;
        s=sizeof(m);
        t=sizeof(n);
        printf("%d,%d\n",s,t);
        return 0;
}
```

## 三、计算题

(1) 设 x=2.5,a=7,y=4.7;，计算表达式 x+a%3*(int)(x+y)%2/4 的值。

(2) 设 a=2,b=3,x=3.5,y=2.5;，计算表达式(float)(a+b)/2+(int)x%(int)y 的值。

(3) 设 int a=5,b=3,c; float x=2.5; double y=5.0;，计算下面表达式的值。

① 6*4/7+8%3　　② (a++)+(--b)

③ a%=(b%=2)　　④ a+=a*=4

⑤ (float)a/y　　⑥ (x+y)*(++b)

## 四、编程题

1. 编写程序，从键盘输入圆的半径，计算并输出圆的周长和面积。
2. 编写程序，输入大写字母，输出其对应的小写字母。

## ꧁ 第 3 章 ꧂

# 顺序结构程序设计

C 语言的基本程序控制结构有顺序结构、选择结构和循环结构 3 种。本章主要介绍顺序结构程序设计。

**本章教学内容**

- 基本 C 语言语句
- 标准输入输出函数
- 字符输入输出函数
- 顺序程序设计案例

**本章教学目标**

- 了解不同类型的 C 语句。
- 掌握常用的输入输出方式。
- 掌握标准输入输出函数、字符输入输出函数。
- 掌握顺序结构程序的编写方法。

## 3.1 C 语句类型

C 语言程序的基本单位是函数，而函数是由一个个 C 语句构成的。C 语言的基本语句主要有以下几种。

### 1. 说明语句

说明语句是指定义变量与数据类型等的语句，举例如下。

```
int x=3,y;
float a;
char c;
```

### 2. 表达式语句

表达式语句由表达式及其末尾的分号组成，举例如下。

```
b=a+3       /*不加分号是一个赋值表达式*/
b=a+3;      /*加了分号后是表达式语句，表示把变量 a 的值加 3 赋给变量 b*/
n++;        /*表示把变量 n 的值加 1*/
```

#### 3. 函数调用语句

函数调用语句由一个函数调用语句及其末尾的分号组成。函数分为标准函数和用户自定义函数，举例如下。

```
printf ("hello!");    /*printf 是格式输出函数，输出结果是在屏幕上显示：hello!*/
min (9,7);            /*若用户自定义函数 min( )是求两数中最小值的函数，则结果为 7*/
```

#### 4. 空语句

空语句只由一个分号构成，空语句不执行任何实际操作运算，举例如下。

```
;
```

#### 5. 复合语句

用{ }括起来的一组语句称为复合语句，举例如下。

```
{
    a=3;
    b=2;
    c=a+b;
}
```

#### 6. 控制语句

控制语句能实现程序流程的跳转，共有以下几种类型。

```
if-else
for
while
do-while
switch
goto
break
continue
return
```

## 3.2 标准输入和输出函数

C 语言数据的输入和输出是由系统提供的库函数实现的，即标准输出函数 printf( )和标准输入函数 scanf( )。这两个函数的定义在头文件“stdio.h”中，因而在源文件开头应加上预处理命令#include<stdio.h>或#include"stdio.h"。

### 3.2.1 格式输出函数 printf( )

printf( )函数的功能是按指定的输出格式将各种类型的数据输出到终端设备上。printf( )函数的调用形式如下。

```
printf("格式控制字符串",输出项列表);
```

### 1. 格式控制说明

格式控制说明包括普通字符、转义字符和输出格式说明符。

(1) 普通字符：这类字符需要原样输出，包括文本字符或其他字符(一下□表示空格)。

例如，printf("x=%d,□y=%d",x,y);，该语句中的“x=”“y=”“,□”为原样输出字符。假设x的值为3，y的值为5，则显示结果为“x=3,□y=5”。

例如，printf("%d+%d=%d□%d",x,y,z,w);，该语句中的“+”“=”“□”为原样输出字符。假设x的值为3，y的值为5，w的值为2，则显示结果为“3+5=8□2”。

(2) 转义字符：这类字符是以\开头的字符，用于控制输出结果的显示格式。

例如，printf("$ \t@ \n");，该语句中的'\t'为水平制表符，'\n'为换行符，则显示结果为“$　@”。

例如，printf("1 2 3 \n4 5 6 \n7 8 9\n");，该语句中的'\n'为换行符，则该语句的输出结果为3行，如下所示。

```
123
456
789
```

(3) 输出格式说明符：由%与不同的格式字符组成，用于将输出的数据转换为指定格式(数据类型、长度、小数点位数等)输出。输出格式说明符及其含义如表3-1所示。附加输出格式说明符及其含义如表3-2所示。

表 3-1　输出格式说明符及其含义

| 格式说明符 | 含义 |
|---|---|
| d | 表示输出十进制带符号整数 |
| o | 表示输出八进制无符号整数 |
| x | 表示输出十六进制无符号整数 |
| u | 表示输出十进制无符号整数 |
| f | 表示以小数形式输出单精度或双精度数 |
| e | 表示以指数形式输出单精度或双精度数 |
| c | 表示输出一个字符 |
| s | 表示输出一个字符串 |

表 3-2　附加输出格式说明符及其含义

| 格式说明符 | 含义 |
|---|---|
| l | 可加在 d、f、e 等格式说明符前，用于输出长整型或长双精度实型数 |
| m | 用于指定数据的输出宽度 |
| .n | 若是实型数据，表示输出 n 位小数；<br>若是字符串，表示输出字符串前 n 个字符 |
| - | 表示输出结果左对齐，右边补空格 |
| # | 表示当以八进制形式输出整数时，加前缀 0；以十六进制形式输出整数时，加前缀 0x |

### 2. 输出项列表

输出项列表表示要输出的数据项(常量、变量、表达式等)，各数据项之间用逗号隔开。

使用 printf( )函数时应注意以下问题。

(1) 格式符与输出项的类型要一一对应，不同类型的数据所使用的格式符不同。

例如，int x=3;char y='$';float t=2.8;printf("x=%d,y=%c,t=%f",x,y,t);，该句中输出项列表的变量 x 与格式符%d 对应，变量 y 与格式符%c 对应，变量 t 与格式符%f 对应，则输出显示结果为“x=3,y=$,t=2.800000”。

(2) 一般情况下，格式符与输出项的个数应相同。若格式符的个数比输出项的个数少，则不能输出多余的输出项。若格式符的个数比输出项的个数多，则多余的格式符的位置将输出不确定的值(以下□表示空格)。

例如，定义整型变量 int a=3,b=2,c=5;，若有输出语句 printf("%d□%d",a,b,c);，则输出显示结果为“3□2”。若有输出语句 printf("%d□%d□%d",a,b);，则输出显示结果为“2□3□76”，其中 76 为多余格式符输出的值。

(3) 输出项列表可以省略，此时输出字符串。

例如，printf("Hello，我是中国人！");，该句没有输出项列表，输出格式中包含中英文等字符，输出显示结果为“Hello，我是中国人！”。

**【课程思政】**讲解输入输出函数严格的格式要求，并演示在输入前先输出提示信息，在输入输出时要设计好输入输出格式，引导学生养成严于律己，宽以待人的良好品德。

## 3.2.2　printf( )函数的应用

### 1. 整型数据的输出

**【例题 3-1】**整型数据的输出示例。

```
#include<stdio.h>
int main( )
{
    int x=1850;
    long int y=39267;
    printf("%d,%o,%x\n",x,x,x);
    printf("%d,%o\n",x);
    printf("%d,%o\n",x,x,x);
    printf("%2d,%-2d\n",x,x);
    printf("%7d,%-7d\n",x,x);
    printf("%+d,%#x\n",x,y);
    printf("%ld,x+y=%ld\n",y,x+y);
    printf("结束!\n");
    return 0;
}
```

程序的运行结果如图 3-1 所示。

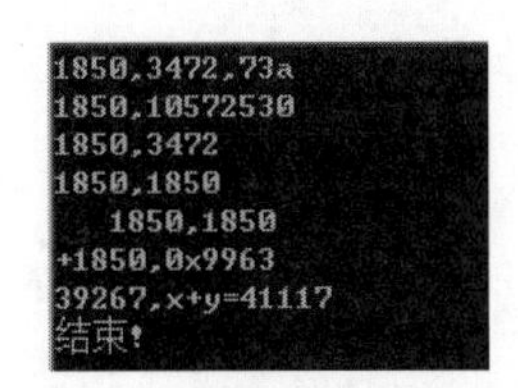


图 3-1　例题 3-1 运行结果

程序说明如下。

(1) 第二行输出结果表明，当格式符的个数多于数据项时，多余格式符的位置将会输出一个不确定的值。

(2) 第三行输出结果表明，当格式符的个数少于数据项时，多余的数据项不会输出。

(3) 格式说明符%md，m 指定输出数据宽度。m 前无-，输出数据右对齐，若需要补空格则补在左边。若 m 前有-，则输出数据左对齐，若需要补空格则补在右边。

(4) 第四行输出结果表明，当数据实际宽度大于指定输出宽度时，按实际位数输出。

(5) 第五行输出结果表明，当数据宽度小于指定输出宽度时，按指定格式输出，若位数不够则在相应位置补空格。

(6) 第六行输出结果表明，在“%”和格式符之间的字符“+”，表示输出数据的符号(正号)。在“%”和格式符之间的字符“#”，表示在输出的十六进制整数前加前缀 0x。

(7) 格式说明符%ld 表示输出长整型数据。

**【课程思政】**引导学生在学习本章内容时注意各种不同格式控制符的应用。引导学生注重在学习过程中储备知识，提升素养，提高能力，这些在祖国建设中终有用武之地。

### 2. 实型数据的输出

输出实型数据所使用的格式说明符及其含义如表 3-3 所示。

表 3-3　输出实型数据所使用的格式说明符及其含义

<table>
<tr><th>格式说明符</th><th>含义</th></tr>
<tr><td>f</td><td>表示以小数形式输出单精度或双精度数</td></tr>
<tr><td>e</td><td>表示以指数形式输出单精度或双精度数</td></tr>
<tr><td>g</td><td>选择%f、%e 中输出宽度较短的格式输出数据</td></tr>
<tr><td>m.n f</td><td rowspan="4">无-，右对齐；有-，左对齐；<br>规定输出的实型数据宽度为 m 位，其中小数位数为 n 位；<br>若数据实际宽度超过 m 位，则按实际宽度输出；若不足 m 位，则补空格</td></tr>
<tr><td>-m.n f</td></tr>
<tr><td>m.n e</td></tr>
<tr><td>-m.n e</td></tr>
</table>

**【例题 3-2】**实型数据的输出示例。

```
#include<stdio.h>
int main( )
{   float x=357.243,y=27.830;
    printf("%f,%e,%g\n",x,x,x);
    printf("%f,%e,%g\n",y,y,y);
```

```
    printf("%13f,%-13f\n",x,x);
    printf("%5f,%-3f\n",y,y);
    printf("%6.2f,%-6.1f\n",x,y);
    printf("%12.5f,%8.1f\n",x,x);
    printf("%3.4e,%8.2e\n",x,y);
    return 0;
}
```

程序的运行结果如图 3-2 所示。

```
357.243011,3.572430e+002,357.243
27.830000,2.783000e+001,27.83
   357.243011,357.243011
27.830000,27.830000
357.24,27.8
   357.24301,     357.2
3.5724e+002,2.78e+001
```

图 3-2　例题 3-2 运行结果

程序说明如下。

(1) 第一、二行输出结果表明，格式说明符%f 表示输出全部整数，并输出 6 位小数；格式说明符%e 表示输出小数部分为 6 位，指数部分为 3 位；格式说明符%g 表示不输出数据尾数中的 0，以尽可能少地占用输出宽度。

(2) 第三、四行输出结果表明，格式说明符%mf 规定输出的数据占 m 位，若 m 大于数据的实际宽度，则在数据左端补空格；若 m 小于数据的实际宽度，则按数据实际位数输出。%-mf 与%mf 基本相同，只是输出数据左对齐，若需要补空格则补在右端。

(3) 第五至七行输出结果表明，%m.nf、%-m.nf、%m.ne、%-m.ne 等格式说明符指定输出的数据共占 m 位，其中有 n 位小数。若 n 比实际小数位数大，则补足小数位数；若 n 比实际小数位数小，则只输出指定的 n 位小数。

### 3. 字符型数据的输出

printf( )函数可以用于单个字符或字符串的输出。

**【例题 3-3】**字符型数据的输出示例。

```
#include<stdio.h>
int main( )
{
    char x='A', y='$';
    int z=98;
    printf("%c,%d\n",x,x);
    printf("%c,%d\n",y,y);
    printf("%c,%d\n",z,z);
    printf("x=%3c,y=%-3c,z=%-2c\n",x,y,z);
    printf("%s,%6.3s,%3.4s\n","Chinese","Chinese","Chinese");
    printf("hello!\n");
    return 0;
}
```

程序的运行结果如图 3-3 所示。

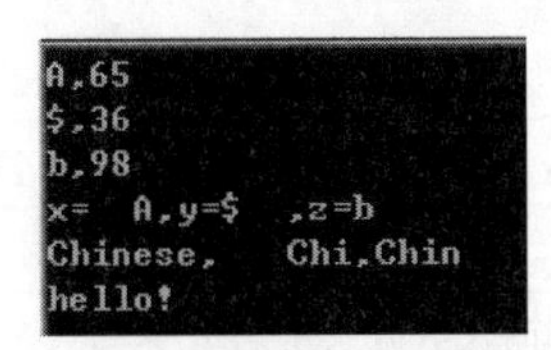


图 3-3　例题 3-3 运行结果

程序说明如下。

(1) 第一至三行输出结果表明，一个字符可以用格式说明符%c 输出。另外，一个字符也能以整数形式输出。

(2) 第四行输出结果表明，%mc 表示以右对齐且宽度占 m 列的方式输出单个字符，当 m 大于 1 时在左端补空格，故%3c 输出结果为“□□A”(□表示空格)；%-mc 表示以左对齐且宽度占 m 列的方式输出单个字符，当 m 大于 1 时在右端补空格，故%-3c 输出结果为“$□□”。

(3) 第五行输出结果表明，%s 表示直接按原样输出字符串；%m.ns 表示输出字符串宽度为 m 位，截取所给字符串的前 n 个字符放在输出字符串的最右侧，左侧补空格，故%6.3s 输出结果为“□□□Chi”。若 m<n，则自动截取字符串的前 n 个字符输出，故%3.4s 输出结果为“Chin”。

(4) 第六行输出结果表明，字符串可以直接输出。

### 3.2.3　格式输入函数 scanf( )及其应用

scanf( )函数的功能是按指定的输入格式将各种类型的数据通过标准输入设备输入计算机。scanf( )函数的调用形式如下。

```
scanf("格式控制字符串",输入项地址列表);
```

#### 1. 格式控制说明

scanf( )函数中的格式控制字符串包括普通字符和输入格式说明符。普通字符按原样输入，输入格式说明符由%和不同的格式字符组成，用于将输入数据转换成指定格式输入。scanf( )函数中用到的格式说明符及其含义如表 3-4 所示。scanf( )函数中用到的附加格式说明符及其含义如表 3-5 所示。

表 3-4　scanf( )函数中用到的格式说明符及其含义

| 格式说明符 | 含义 |
|---|---|
| d | 以十进制形式输入带符号整数 |
| o | 以八进制形式输入无符号整数 |
| x | 以十六进制形式输入无符号整数 |
| u | 以十进制形式输入无符号整数 |
| f | 以小数形式输入实数 |
| e | 以指数形式输入实数 |
| c | 输入单个字符 |
| s | 输入字符串 |

表 3-5　scanf( )函数中用到的附加格式说明符及其含义

| 格式说明符 | 含义 |
| --- | --- |
| l | 可加在 d、f、e 等格式说明符前，用于输入长整型或长双精度实型数据 |
| m | 用于指定输入数据所占的宽度 |
| * | 表示本输入项不会赋值给相应的变量 |

## 2. 输入项地址列表

与 printf( )函数输出项参数不同的是，scanf( )函数输入项参数必须是变量的地址，不能是变量名。

**【例题 3-4】** 整型数据的输入输出示例。

```
#include<stdio.h>
int main( )
{     int x,y,z,w,a,b,c,d;
      printf("请输入数据：\n");
      scanf("%d,%d",&x,&y);
      scanf("%2d%3d",&z,&w);
      scanf("%d%2d+d,%4d%5d",&a,&b,&c,&d);
      printf("输出结果如下：\n");
      printf("x=%d,y=%d,z=%d,w=%d\n",x,y,z,w);
      printf("a=%d,b=%d,c=%d,d=%d\n",a,b,c,d);
      return 0;
}
```

程序的运行结果如图 3-4 所示。

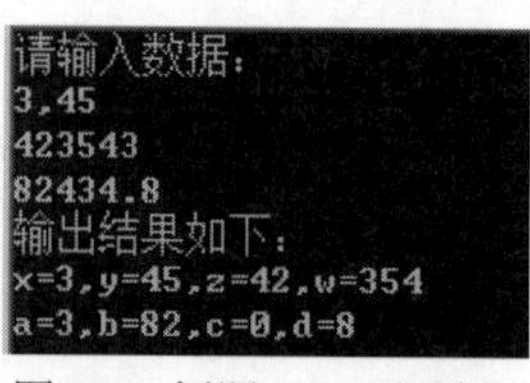


图 3-4　例题 3-4 运行结果

程序说明如下。

(1) 若在格式控制字符串中有除了格式说明符以外的需要原样输入的普通字符，则在输入数据时要在对应位置输入与这些字符相同的字符。

在例题 3-4 的第一条输入语句中，若两个格式说明符之间有逗号，则在输入数据时要在两个数之间输入逗号，例如："3,45"。在输入第二个数据后按 Enter 键，则系统认为第一条输入语句的数据输入结束。

(2) 在输入数据时遇到以下情况，则系统认为数据输入结束：空格、Tab 键、Enter 键、非法字符、指定宽度。

在例题 3-4 的第二条输入语句"scanf("%2d%3d",&z,&w);"中，两个格式说明符分别指定字宽为两列和三列，在输入一串字符"423543"后，截取"42"作为第一个输入的数，截取"42"后的"354"作为第二个输入的数。

在例题 3-4 的第三条输入语句"scanf("%d%2d+d,%4d%5d",&a,&b,&c,&d);"中，输入的第

一个数为第二条输入语句中输入字符被截取相应字宽后剩余的字符'3'，随即按 Enter 键，则系统认为第一个数输入完成，第二个数为下一个输入字符串中截取的前两个字符'3'和'2'，而后应输入字符'+d'，但是实际输入了非法字符(在本例中输入的是数字字符)，则系统认为数据输入结束，故结果为“c=0,d=0”。

**【例题 3-5】**实型数据的输入输出示例。

```
#include<stdio.h>
int main( )
{   float x;
    double y;
    printf("请输入数据：\n");
    scanf("%f%lf",&x,&y);
    printf("输出结果如下：\n");
    printf("x=%f,y=%f\n",x,y);
    printf("x=%e,y=%e\n",x,y);
    printf("x=%5.3f,y=%.2f\n",x,y);
    return 0;
}
```

程序的运行结果如图 3-5 所示。

```
请输入数据：
32.57
657.675689
输出结果如下：
x=32.570000,y=657.675689
x=3.257000e+001,y=6.576757e+002
x=32.570,y=657.68
```

图 3-5　例题 3-5 运行结果

程序说明如下。

使用 scanf( )函数输入数据时不能指明精度，即“%.nf”格式是错误的。

**【例题 3-6】**字符型数据的输入输出示例。

```
#include<stdio.h>
int main( )
{   char a,b,c;
    printf("请输入数据：\n");
    scanf("%c%c%c",&a,&b,&c);
    printf("输出结果如下：\n");
    printf("a=%3c,b=%c,c=%-4c\n",a,b,c);
    return 0;
}
```

程序的运行结果如图 3-6 所示。

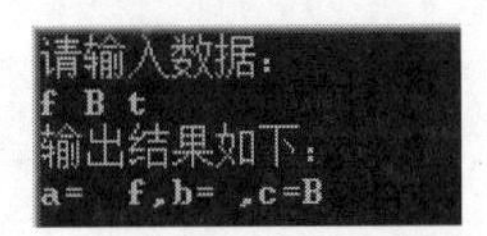


图 3-6　例题 3-6 运行结果 1

在输入不同数据时，程序的运行结果如图 3-7 所示。

图 3-7　例题 3-6 运行结果 2

程序说明如下(以下□表示空格)。

(1) 在以%c 格式输入字符时，空格字符和转义字符都作为有效字符输入。

(2) 若第一次运行时输入字符“f□B□t”，则第一个有效字符是'f'，第二个有效字符是空格字符，第三个有效字符是'B'，输出结果为“a=□□f,b=□,c=B□□□”。

(3) 若第二次运行时输入字符“fBt”，则第一个有效字符是'f'，第二个有效字符是'B'，第三个有效字符是't'，输出结果为“a=□□f,b=B,c=t□□□”。

## 3.3 字符型数据的输入和输出

字符型数据的输入输出除了可以由函数 printf( )和 scanf( )实现以外，还可以由函数 putchar( )和 getchar( )实现，并且这两个函数的定义也在头文件“stdio.h”中。

### 3.3.1 字符输出函数 putchar( )

函数 putchar( )用于向输出设备(显示器)输出一个字符，其一般调用格式如下。

```
putchar(输出参数);
```

putchar( )函数的输出参数可以是字符型或整型的常量、变量或表达式，也可以是一个转义字符。

**【例题 3-7】** putchar( )函数的应用示例。

```
#include<stdio.h>
int main( )
{    char a='A',b='C';
     int c=70;
     putchar(a);
     putchar(b);
     putchar(a+1);
     putchar('W');
     putchar('M'+1);
     putchar(c);
     putchar(c+1);
     putchar('\n');
     putchar('\t');
     putchar(69);
     putchar('\110');
     putchar('\x42');
     return 0;
}
```

程序的运行结果如图 3-8 所示。

图3-8　例题3-7运行结果

程序说明如下。

(1) putchar( )函数的输出参数可以为字符型变量或表达式。例如："char b='C';putchar(b);"输出显示字母C。

(2) putchar( )函数的输出参数可以为字符型常量或表达式。例如："putchar('W');"输出显示字母W。

(3) putchar( )函数的输出参数可以为整型变量、常量或表达式，但其值被视为ASCII码值，最终输出相应ASCII码值对应的字符。例如："int c=70; putchar(c);"输出显示字母F。再如"putchar(69);"，ASCII码值69对应的字符为E，故输出字母E。

(4) putchar( )函数的输出参数可以为转义字符。例如："putchar('\n');"输出换行符，从下一行开始输出。又如："putchar('\x42');"ASCII码值为十六进制数42，其对应的字符为B，故输出字母B。

### 3.3.2　字符输入函数getchar( )

函数getchar( )是字符输入函数，没有参数，用于从键盘读取一个字符。

函数getchar( )的一般调用格式如下。

```
getchar( );
```

函数getchar( )只能接收一个字符。当执行getchar( )语句时，系统等待用户输入字符并按Enter键结束。若用户多输入了几个字符，则只取第一个字符。多余的字符(包括回车符)被存放于键盘缓冲区中，如果再执行getchar( )语句，则继续读入下一个字符。

**【例题3-8】** getchar( )函数的应用示例。

```
#include<stdio.h>
int main( )
{
    char a,b;
    int x;
    printf("请输入数据：\n");
    a=getchar( );
    b=getchar( );
    scanf("%d",&x);
    printf("输出结果如下：\n");
    putchar(a);
    putchar('\n');
    printf("%c,%d\n",b,x);
    return 0;
}
```

程序的运行结果如图3-9所示。

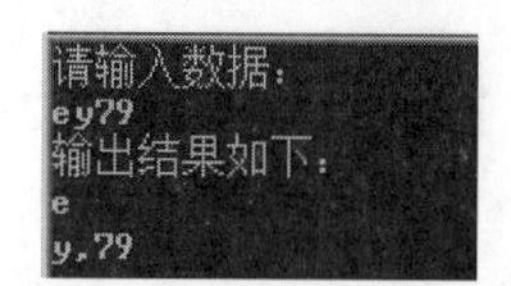


图 3-9　例题 3-8 运行结果 1

程序说明如下。

(1) 若只有一个 getchar( )函数，则输入一个字符并按 Enter 键后，字符被接收。若有两个连续的 getchar( )函数，则两个字符必须连续输完并按 Enter 键或继续输入其他数据。

(2) 在输入不同数据时，程序的运行结果如图 3-10 所示。

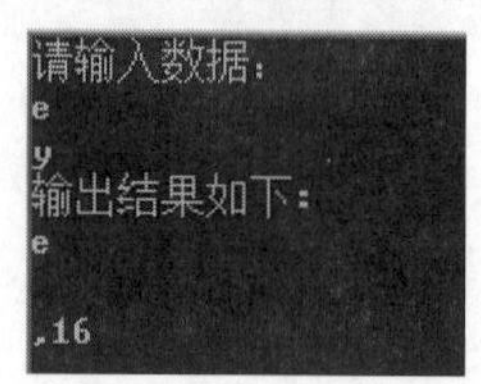


图 3-10　例题 3-8 运行结果 2

因为变量 a 接收了第一个字符'e'，变量 b 接收了'e'后的回车符，'y'作为整型变量 x 的值，但是为非法数据，所以结束了数据输入。

## 3.4 顺序结构程序案例

顺序结构是指程序按照语句出现的先后顺序一条一条地执行直到结束，每条语句只执行一遍。

本节通过若干个程序案例来学习 C 语言的顺序结构程序设计。

**【例题 3-9】**从键盘输入圆的半径，分别计算其面积和周长并输出。

分析：根据输入的半径 r 值，利用数学公式，可以分别计算出圆的面积 s=π*r*r 和圆的周长 l=2*π*r。π 的值在计算过程中保持不变，因此可以定义为符号常量。π 的值为实数，半径 r 可取不同的值，可定义为实型数据，由公式计算出的面积和周长也是实型数据，最后将计算出的面积和周长输出。

程序如下。

```
#include<stdio.h>
#define PI 3.14
int main( )
{    float r,s,p;
     printf("半径 r 为：");
     scanf("%f",&r);
     s=PI*r*r;
     p=2*PI*r;
     printf("圆的面积为：%.2f\n",s);
     printf("圆的周长为：%.2f\n",p);
     return 0;
}
```

程序的运行结果如图 3-11 所示。

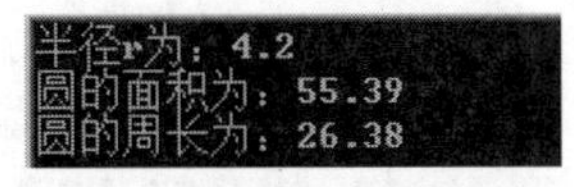


图 3-11　例题 3-9 运行结果

**【例题 3-10】**从键盘输入 5 个学生的语文成绩，求这几个学生语文成绩的平均值。

分析：将输入的 5 个学生的语文成绩依次进行累加，最后根据累加的和求平均值。需要注意的是，这些数可能都是实数。

程序如下。

```
#include<stdio.h>
int main( )
{   float n1,n2,n3,n4,n5,sum,avg;
    printf("请输入语文成绩：");
    scanf("%f %f %f %f %f",&n1,&n2,&n3,&n4,&n5);
    sum=n1+n2+n3+n4+n5;
    avg=sum/5.0;
    printf("平均成绩为：%.1f\n",avg);
    return 0;
}
```

程序的运行结果如图 3-12 所示。

```
请输入语文成绩：76 87 88 66 90
平均成绩为：81.4
```

图 3-12　例题 3-10 运行结果

**【例题 3-11】**从键盘输入任意一个四位整数，将该数的个位、十位、百位、千位数分离出来并输出。

分析：可以通过除法和取余数的方法取得输入数据的各位数字，例如，若输入 456，则输出 4、5、6。个位数可以通过对 10 求余的方法得到，如 456%10=6。最高位可以通过对 100 整除的方法得到，如 456/100=4。中间位的数字可以通过将其变为最高位再整除的方法得到，如(456−4*100)/10=5，也可以通过将其变为最低位再求余的方法得到，如(456/10)%10=5。

程序如下。

```
#include<stdio.h>
int main( )
{   int x,n1,n2,n3,n4;
    printf("请输入一个四位整数：");
    scanf("%d",&x);
    n4=x/1000;
    n3=(x-1000*n4)/100;
    n2=x/10%10;
    n1=x%10;
    printf("个位数为：%d\n",n1);
    printf("十位数为：%d\n",n2);
    printf("百位数为：%d\n",n3);
    printf("千位数为：%d\n",n4);
```

```
    return 0;
}
```

程序的运行结果如图 3-13 所示。

```
请输入一个四位整数：6789
个位数为：9
十位数为：8
百位数为：7
千位数为：6
```

图 3-13　例题 3-11 运行结果

**【课程思政】**掌握顺序结构化程序的设计方法，感受程序设计在解决日常生活问题中的作用，逐步养成规范的程序设计习惯。由此总结出程序的编写步骤，让学生明白生活中的任何事情都有先后顺序，事物的发展通常按照一定的顺序进行。当我们能把先后顺序搞清楚，做事的条理就非常清晰了，能够达到事半功倍的效果。凡事预则立，不预则废，对一个成功者而言，计划做得越周详、精细，则进展得越顺利。

**【例题 3-12】**设有一元二次方程 $ax^2+bx+c=0$，由键盘输入 a,b,c 的值，求此方程的两个根(假设方程有实根)。

分析：一元二次方程有两个实根的前提是 $a \neq 0, b^2-4ac>0$。由一元二次方程的求根公式可知方程的两个根如下。

$$x_1=\frac{-b+\sqrt{b^2-4ac}}{2a} \quad x_2=\frac{-b+\sqrt{b^2-4ac}}{2a}$$

用 C 语言表达这两个数学表达式如下。

$$x_1=(-b+sqrt(b*b-4*a*c))/(2*a)$$

$$x_2=(-b+sqrt(b*b-4*a*c))/(2*a)$$

其中开方函数 sqrt( )属于数学库函数，要调用数学库函数，一定要在程序开头加上 #include<math.h>。

程序如下。

```
#include<stdio.h>
#include<math.h>
int main( )
{    float a,b,c,x1,x2;
     printf("请输入 a、b、c：");
     scanf("%f%f%f",&a,&b,&c);
     x1=(-b+sqrt(b*b-4*a*c))/(2*a);
     x2=(-b-sqrt(b*b-4*a*c))/(2*a);
     printf("x1=%.1f,x2=%.1f\n",x1,x2);
     return 0;
}
```

程序的运行结果如图 3-14 所示。

```
请输入a、b、c: 2 6 3
x1=-0.6,x2=-2.4
```

图 3-14　例题 3-12 运行结果

**【例题 3-13】**从键盘输入一个字符，依次输出其前导字符和后续字符，以及这两个字符对应的 ASCII 码值。

分析：字符是按其 ASCII 码(整数)形式存储的。若定义了字符变量 c，则 c+1、c+2 分别表示其前导字符和后续字符。

程序如下。

```
#include<stdio.h>
int main( )
{    char x;
     printf("请输入字符：");
     x=getchar( );
     putchar(x-1);
     putchar('\t');
     printf("%d\n",x-1);
     putchar(x+1);
     putchar('\t');
     printf("%d\n",x+1);
     return 0;
}
```

程序的运行结果如图 3-15 所示。

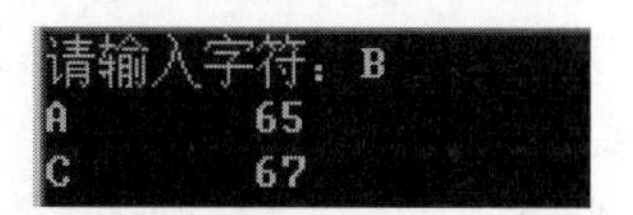


图 3-15　例题 3-13 运行结果

**【课程思政】**了解顺序结构是学习 C 语言编程的基础。引导学生思考，若想为国家和社会贡献自己的一份力量，就要先在专业学习上下足功夫，为自己将来能走上程序设计技术相关工作岗位奠定基础，夯实知识，精技强能，而后才能为国家和社会的发展添砖加瓦。

## 3.5 本章小结

本章主要介绍了 C 语言程序设计的基础知识，包括 C 语言的基本语句和输入输出函数，为读者深入学习 C 语言做好准备工作。本章主要有以下知识点。

(1) C 语言基本语句包括说明语句、表达式语句、函数调用语句、空语句、复合语句、程序流程控制语句 6 种。

(2) 程序控制结构包含了顺序结构、选择结构和循环结构。顺序结构就是按照程序代码的书写顺序，自上而下逐条执行。

(3) C 语言中没有提供专门的输入输出语句，所有的输入输出都是由调用标准库函数中的输入输出函数来实现的。

scanf( )是标准格式输入函数，可按指定的格式输入任意类型数据。

getchar( )是字符输入函数，只能接收单个字符。

printf( )是标准格式输出函数，可按指定的格式显示任意类型的数据。

putchar( )是字符输出函数，只能输出单个字符。

## 3.6 习题

### 一、选择题

1. 以下正确的scanf输入语句为(　　)。

A. scanf("%f",6.8);　B. scanf("%d");　C. scanf("%d",&a);　D. scanf("%5.3f",&b);

2. 执行以下语句后输出结果为(　　)。

```
unsigned int a=65535;
printf("%d\n",a);
```

A. 65535　B. 1　C. 0　D. −1

3. 若a为double型变量，则以下语句的输出结果为(　　)。

```
double a=157.83751;
printf("%−5.3e\n",a);
```

A. 1.578e+002　B. 15.783e+01　C. 157.838　D. −1.578e2

4. 若a和b均定义为int型，c定义为double型，则以下scanf( )函数调用语句不合法的是(　　)。

A. scanf("%d%lx,%le",&a,&b,&c);　B. scanf("%2d*%d%lf",&a,&b,&c);

C. scanf("%x%*d%o",&a,&b);　D. scanf("%x%o%6.2f",&a,&b,&c);

5. 若a,b,c均定义为int型，要给它们输入数据，则正确的输入语句是(　　)。

A. read(a,b,c);　B. scanf("%d%d%d",a,b,c);

C. scanf("%D%D%D",a,b,c);　D. scanf("%d%d%d",&a,&b,&c);

6. 以下语句的输出结果为(　　)。

```
int n=10;
printf("\n",n);
```

A. 输出10　B. 输出一空行　C. 没有输出　D. 编译不通过

7. 有如下程序，对应正确的数据输入为(　　)。

```
float a,b;
scanf("%f%f",&a,&b);
printf("%f,%f\n",a,b);
```

A. 3.14　B. 3.14,5.67　C. a=3.14,b=5.67　D. 3.14　5.67

8. 有如下程序，为了给变量a和b分别赋值5和8.3，正确的输入为(　　)。

```
int a;
float b;
```

```
scanf("a=%d,b=%f",&a,&b);
```

A. 5,8.3　　B. 5　　C. a=5,b=8.3　　D. a=5　8.3

9. 有如下程序，输入数据 456.789 后，a 和 b 的值分别为(　　)。

```
int a;
float b;
scanf("%2d%f",&a,&b);
printf("%d,%f\n",a,b);
```

A. 456<br>0.789000　　B. 45<br>6.789000　　C. 0<br>456.789000　　D. 45<br>789.000

10. 字母 d 的 ASCII 码值为 100，则下列语句的运行结果为(　　)。

```
char ch='d';
ch++;
printf("%d,%c\n",ch+3-'0',ch-'3'+'1');
```

A. 103,c　　B. 56,c

C. 语法有错，不能输出　　D. 输出无定值

11. 若 a,b,c,d 均为 int 型变量，要求给它们分别赋值 3、5、3、5，则对应以下 scanf( )函数调用语句的正确输入方式是(　　)。(以下□表示空格)

```
scanf("%d%d",&a,&b);
scanf("%d,%d",&c,&d);
```

A. 35<br>3,5　　B. 3□5<br>3□5　　C. 3,5<br>3,5　　D. 3□5<br>3,5

12. 有如下程序，若输入 m<Enter>n12<Enter>，则输出结果为(　　)。

```
char a,b,c,d;
scanf("%c%c",&a,&b);
c=getchar( );
d=getchar( );
printf("%c%c%c%c",a,b,c,d);
```

A. mn12　　B. m　　C. mn　　D. mn　n1　12

## 二、填空题

1. 以下程序的输出结果为____________。

```
#include<stdio.h>
int main( )
{    int x=28;
     char ch='t';
     printf("%x,%o,",ch,ch,x);
     printf("x=%%d\n",x);
     return 0;
}
```

2. 有如下程序，输入数据 1234567 后，输出结果为___________。

```
#include<stdio.h>
int main( )
{
    int x;
    float a,b;
    scanf("%2d%3f%4f",&x,&a,&b);
    printf("x=%x,%.2f,%3.1f",x,a,b);
    return 0;
}
```

3. 有如下程序，输出结果为___________。

```
#include<stdio.h>
int main( )
{   float f=23.4056789;
    printf("%f,%-8.2e,%5.3f",f,f,f);
    return 0;
}
```

4. 有如下程序，若输入 12,15，则输出结果为___________。

```
#include<stdio.h>
int main( )
{   int x,y;
    scanf("%o,%x",&x,&y);
    printf("%d,%d,%d",x++,--y,x+y);
    return 0;
}
```

5. 有如下程序，若输入 123，则输出结果为___________。

```
#include<stdio.h>
int main( )
{
    char x;
    scanf("%3c",&x);
    printf("x=%c\n",x);
    return 0;
}
```

6. 有如下程序，要给整型变量 a 赋值 6，给实型变量 b 赋值 8.6，给字符型变量 c 赋值'f'，则正确的数据输入形式是___________。

```
#include<stdio.h>
int main( )
{   int a;
    float b;
    char c;
    scanf("a=%d,b=%f %c",&a,&b,&c);
    printf("%d,%f,%c\n",a,b,c);
```

```
    return 0;
}
```

## 三、编程题

1. 从键盘读入两个字符数据给 a,b，然后交换它们的值，并打印。

2. 从键盘输入字母 a 和 E，将小写字母 a 转换为大写字母 A 并输出，将大写字母 E 转换为小写字母 e 并输出。

3. 设长方形的高为 2.5，宽为 1.6，编程求该长方形的周长和面积并输出。

4. 输入一个华氏温度 F，要求输出摄氏温度 C。公式为 C=5/9(F−32)。输出结果取两位小数。

5. 从键盘输入分钟数，将其换算成小时和分钟表示并输出。

6. 从键盘输入一个三位的正整数，计算个位、十位、百位的和并输出。

7. 已知三角形的三个边长，计算三角形的面积(数学公式：面积 area=$\sqrt{s(s-a)(s-b)(s-c)}$；其中 $s=\frac{1}{2}(a+b+c)$；$a, b, c$ 分别为三角形的三边长)。

# ꕤ 第 4 章 ꕤ

# 选择结构程序设计

C 语言的基本程序控制结构有顺序结构、选择结构和循环结构 3 种。本章主要介绍选择结构程序设计。

**本章教学内容**

- 关系运算符与关系表达式
- 逻辑运算符与逻辑表达式
- 条件运算符与条件表达式
- if 语句
- switch 语句

**本章教学目标**

- 能熟练地使用关系运算符和关系表达式。
- 掌握 C 语言的逻辑运算符和逻辑表达式，学会表示逻辑值的方法。
- 熟练掌握 if 语句的 3 种形式，掌握选择结构程序设计的方法及应用。
- 熟悉 switch 语句的执行过程。
- 能熟练地运用 if 语句和 switch 语句进行选择结构综合编程。

## 4.1 关系运算符与关系表达式

在程序中经常需要比较两个量的大小关系，即将两个数据进行比较，判定两个数据是否符合给定的关系。在 C 语言中，“比较运算”就是“关系运算”，关系运算就是比较两个量的大小关系。例如，x<7 是一个关系表达式，其中的“<”是一个关系运算符，若 x 的值是 5，则表达式 5<7 成立，表达式的值为“真”。若 x 的值是 9，则表达式 9<7 不成立，表达式的值为“假”。

### 4.1.1 关系运算符及其优先级

C 语言提供了如表 4-1 所示的 6 种关系运算符。

在表 4-1 中，前 4 个关系运算符的优先级相同，后 2 个关系运算符的优先级相同，前 4 个关系运算符的优先级高于后 2 个关系运算符的优先级。例如，>=的优先级高于==的优先级，表达式 8>=7==1 应理解为(8>=7)==1(该表达式的值为 1)。

表 4-1　C 语言中的关系运算符及其优先级

| 运算符 | 含义 | 优先级 |
| --- | --- | --- |
| > | 大于 | 高 |
| < | 小于 | |
| >= | 大于等于 | 高 |
| <= | 小于等于 | |
| == | 等于 | 低 |
| != | 不等于 | |

关系运算符都是双目运算符，其运算方向自左向右(即左结合性)。关系运算符与前面学过的算术运算符和赋值运算符相比：关系运算符的优先级低于算术运算符，但高于赋值运算符。

例如：

a+b>c+d 等价于(a+b)>(c+d)　(关系运算符的优先级低于算术运算符)

a==b>=c 等价于 a==(b>=c)　(运算符>=的优先级高于运算符==)

a=b!=c 等价于 a=(b!=c)　(关系运算符的优先级高于赋值运算符)

### 4.1.2　关系表达式

关系表达式是用关系运算符将两个表达式连接起来，进行关系运算的式子。被连接的表达式可以是算术表达式、关系表达式、逻辑表达式、赋值表达式或字符表达式。

合法的关系表达式如下。

a==b<c

a>b!=c

(a>b)<(c>d)

关系运算的结果是整数值 0 或 1。在 C 语言中，没有专门的“逻辑值”，而是用 0 代表“假”，用 1 代表“真”。

例如：

7<9 (关系表达式成立，故关系表达式值为 1)

9==7(关系表达式不成立，故关系表达式值为 0)

5>4<2 (先计算关系表达式 5>4，结果为 1，再计算关系表达式 1<2，结果为 1，故整个关系表达式结果为 1)

上述关系表达式看上去像数学中的不等式，但实际上它们与数学中的不等式完全不同。

说明：从本质上讲，关系运算的结果不是数值，而是逻辑值，但由于 C 语言追求精炼、灵活，没有提供逻辑型数据(C99 增加了逻辑型数据，用关键字 bool 定义逻辑型变量)，为了处理关系运算和逻辑运算的结果，C 语言指定 1 代表真，0 代表假。用 1 和 0 代表真和假，而 1 和 0 又是数值，所以在 C 程序中还允许把关系运算的结果看成和其他数值型数据一样，可以参加数值运算，或者把它赋值给数值型变量。

例如：

f=6>3(先计算关系表达式 6>3，得到 1，再将 1 赋值给变量 f，故 f 的值为 1)

f=5>4>3(先计算关系表达式 5>4，得到 1，再计算关系表达式 1>3，得到 0，再将 0 赋值给

变量 f，故 f 的值为 0)

f=5!=6 (先计算关系表达式 5!=6，得到 1，再将 1 赋值给变量 f，故 f 的值为 1)

# 4.2 逻辑运算符与逻辑表达式

通过对关系表达式的学习，我们知道关系表达式常用来比较两个量的大小关系。关系表达式往往只能表示单一的条件，但在编程过程中，常常需要表示由几个简单条件组成的复合条件。例如，参加本次奥林匹克数学竞赛的学生的年龄必须在 13 岁到 16 岁之间，要表示满足条件的参赛学生的年龄，用数学表达式可以写成 13<=age<=16，该数学表达式在 C 语言中该如何表示呢？如何将关系表达式 age>=13 和 age<=16 组合在一起呢？这就要用到逻辑运算符。

## 4.2.1 逻辑运算符及其优先级

C 语言提供了&&(逻辑与)、||(逻辑或)、!(逻辑非) 3 种逻辑运算符。C 语言没有逻辑类型的数据，在进行逻辑判断时，认为非 0 的值即为真，0 即为假。C 语言依据数据的值是否为 0 来判断真假，因此逻辑运算的操作数可以是整型、字符型或浮点型等任意类型。

### 1. 逻辑与(&&)

逻辑与的运算符是&&，属于双目运算符(即运算符的左右两边均有操作数)，其运算规则为：当&&左右两边的操作数均为非 0(逻辑真)时，结果才为 1(逻辑真)，否则为 0(逻辑假)。

例如，(5>3)&&(6<7)是逻辑表达式，运算结果是 1(逻辑真)。因为该表达式中&&左右两边的操作数算出来都是 1(逻辑真)，所以整个表达式的结果为 1(逻辑真)。

又如，"abc"&&(4>7)是逻辑表达式，运算结果是 0(逻辑假)。因为该表达式中&&左右两边的操作数中有一个是 0(4>7 运算结果是 0，表示逻辑假)，所以整个表达式的结果为 0(逻辑假)。

### 2. 逻辑或(||)

逻辑或的运算符是||，属于双目运算符，其运算规则为：当||左右两边的操作数有一个为非 0(逻辑真)时，运算结果就为 1(逻辑真)，否则为 0(逻辑假)。

例如，5>4||4<3 逻辑表达式的结果是 1(逻辑真)。因为该表达式中||左边的操作数(5>4)算出来是 1，为真，所以整个表达式的结果为 1(逻辑真)。

又如，6<5||5>8 逻辑表达式的结果是 0(逻辑假)。因为该表达式中||左右两边的操作数算出来都是 0，为假，所以整个表达式的结果为 0(逻辑假)。

### 3. 逻辑非(!)

逻辑非的运算符是!，属于单目运算符(!运算符只有右边有一个操作数)，其运算规则为：当!右边的操作数为 1(逻辑真)时，逻辑非运算的结果为 0(逻辑假)；当!右边的操作数为 0(逻辑假)时，逻辑非运算的结果为 1(逻辑真)。

例如，!(5<6)逻辑表达式的结果为 0(逻辑假)；

若 a=8，则!a 的值为 0(逻辑假)。

逻辑运算符的运算规则如表 4-2 所示。

表 4-2　逻辑运算符的运算规则

| a | b | !a | !b | a&&b | a\|\|b |
|---|---|---|---|---|---|
| 非 0 | 非 0 | 0 | 0 | 1 | 1 |
| 非 0 | 0 | 0 | 1 | 0 | 1 |
| 0 | 非 0 | 1 | 0 | 0 | 1 |
| 0 | 0 | 1 | 1 | 0 | 0 |

上述 3 种逻辑运算符的优先级次序是：!(逻辑非)级别最高，&&(逻辑与)次之，||(逻辑或)最低。

逻辑运算符与赋值运算符、算术运算符、关系运算符之间从低到高的运算优先次序如下。

!(逻辑非)　　▲ 高
算术运算符
关系运算符
&&(逻辑与)
||(逻辑或)
赋值运算符　　低

### 4.2.2　逻辑表达式

用逻辑运算符将表达式连接起来就构成了逻辑表达式，逻辑表达式的运算结果为 1(逻辑真)或 0(逻辑假)，举例如下。

(1) 若 a=5, b=2，则逻辑表达式!a&&b<7 的值为 0。

(2) 逻辑表达式!7.3&&8 的结果为 0。

(3) 逻辑表达式!5||4.5 的结果为 1。

(4) "abc"&&"defg"的结果为 1。

从上述逻辑表达式的运算结果可以看出，逻辑表达式的运算结果只可能是 0 或 1，不可能是除 0 或 1 以外的其他数。C 语言在进行逻辑运算时，把所有参加逻辑运算的非 0 对象当成 1(逻辑真)处理，而不考虑数据类型；把所有参加逻辑运算的 0 当成逻辑假处理。

在实际编程过程中，有时也需要把数学表达式转换成 C 语言的逻辑表达式形式，举例如下。

(1) 数学表达式 a<b<c 写成合法的 C 语言表达式形式为 a<b&&b<c。

(2) 数学表达式|x|>6 写成合法的 C 语言逻辑表达式形式为 x>6||x<-6。

逻辑表达式在使用时，应注意以下几点。

(1) C 语言逻辑运算符的运算方向是自左向右的。

(2) 在用&&运算符相连的表达式中，从左向右进行计算时，若遇到运算符左边的操作数为 0(逻辑假)，则停止运算。因为此时已经可以判定逻辑表达式结果为假。

例如：若 x=0,y=5，求逻辑表达式 x&&(y=7)的值及最终的 y 值。

分析：在该逻辑表达式中，因为 x 的值为 0，当&&运算符的左边为 0 时，就已经可以判定逻辑表达式结果为 0(逻辑假)，所以逻辑表达式运算停止，&&运算符右边的(y=7)没有参与运算，因此最终 y 的值为 5。

(3) 在用||运算符相连的表达式中，从左至右进行计算时，若遇到运算符左边的操作数为 1(逻

辑真)，则停止运算。因为已经可以断定逻辑表达式结果为真。

例如：int a=3,b=4,m=0,n=0,k;

k=(n=b>a)||(m=a);

求变量 m,n,k 的最终值。

分析：在表达式 k=(n=b>a)||(m=a)中，因为逻辑运算符的优先级高于赋值运算符，所以先算(n=b>a)||(m=a)部分，最后将结果赋值给变量 k。先看||运算符左边部分，先算出 b>a 的值为 1，将 1 赋值给变量 n，所以 n 的值为 1。对于逻辑运算符||来说，当||左边的操作数为 1(逻辑真)时，就已经可以判定整个表达式结果为 1(逻辑真)，所以逻辑表达式运算停止，||运算符右边的(m=a)没有参与运算，所以 m 的值依然是最初的值 0。最后将逻辑表达式(n=b>a)||(m=a)的值赋值给变量 k，所以 k 的值为 1。

## 4.3 条件运算符与条件表达式

在 C 语言中有一个唯一的三目运算符——条件运算符，条件运算符用“?”和“:”来表示。条件运算符有 3 个运算对象，用条件运算符“?”和“:”把 3 个运算对象连接起来就构成了条件表达式。条件表达式的一般形式如下。

```
表达式 1?表达式 2:表达式 3
```

条件表达式的运算规则：先求解表达式 1 的值，若表达式 1 的值为真(非 0 的值)，则求表达式 2 的值，并把表达式 2 的值作为整个表达式的值；若表达式 1 的值为假(为 0 值)，则求表达式 3 的值，并把表达式 3 的值作为整个表达式的值。

举例如下。

(1) z=(x>y)?x:y 就是将变量 x,y 的值进行比较大小，取两者中较大的值赋值给变量 z。

(2) 若 int a=3,b=4;mmx=a>b?a+2:b+3;，则 mmx 的值为 7。

(3) 若 int a=3,b=5,c=2,d=3; mmx=a>b?a:c>d?c:d;，则 mmx 的值为 3(条件运算符具有右结合性)。

使用条件表达式时，应注意以下几点。

(1) 条件运算符中的“?”和“:”是成对出现的，不能单独使用。

(2) 条件运算符的运算方向是自右向左的(即右结合性)。

例如：“d=a>b?a>c?a:c:b”等价于“d=a>b?(a>c?a:c):b)”。

(3) 条件运算符的优先级低于算术运算符和关系运算符，但高于赋值运算符。

**【例题 4-1】** 条件表达式应用示例。

编写程序：从键盘输入 3 个整数 a,b,c，输出其中最大的数(用条件表达式实现)。

程序分析：首先定义 a,b,c,temp,max 5 个变量，接着从键盘输入 a,b,c 3 个变量的值，运用条件表达式求出变量 a 和 b 中的较大值，赋值给变量 temp，再将 temp 值与第 3 个变量 c 进行比较，将比较得到的较大值赋值给变量 max，输出的变量 max 的值即为所求的 3 个数中的最大值。

程序代码如下。

```
#include <stdio.h>
int main( )
```

```
{	int a,b,c,temp,max;
	printf("please input a,b,c:");
	scanf("%d,%d,%d",&a,&b,&c);
	temp=(a>b)?a:b;
	max=(temp>c)?temp:c;
	printf("max=%d\n",max);
	return 0;
}
```

程序的运行结果如图 4-1 所示。

```
please input a,b,c:56,78,34
max=78
Press any key to continue
```

图 4-1　例题 4-1 的运行结果

## 4.4　if 语句

在用 C 语言编程时，有时需要使程序根据条件有选择地执行语句。C 语言有两种选择语句。

(1) if 语句，该语句有单分支 if 语句、双分支 if 语句和多分支 if 语句 3 种形式。

(2) switch 语句，其用来实现多分支的选择结构。

本节先介绍 if 语句的 3 种形式，然后在此基础上介绍 if 语句的嵌套结构。

### 4.4.1　if 语句的 3 种形式

#### 1. 单分支 if 语句

单分支 if 语句的形式如下。

```
if(表达式)　语句;
```

单分支 if 语句的执行过程：当表达式的值为非 0(逻辑真)时，则执行其后的语句；否则不执行该语句。if 语句的执行过程如图 4-2 所示。

例如：if(x<0)　x=-x;

又如：if(x<y)　{t=x; x=y; y=t;}

#### 2. 双分支 if 语句

双分支 if 语句的形式如下。

```
if(表达式 1)　语句 1;
else　语句 2;
```

双分支 if 语句的执行过程：当表达式 1 的值为非 0(逻辑真)时，则执行语句 1；否则执行语句 2。if-else 语句的执行过程如图 4-3 所示。

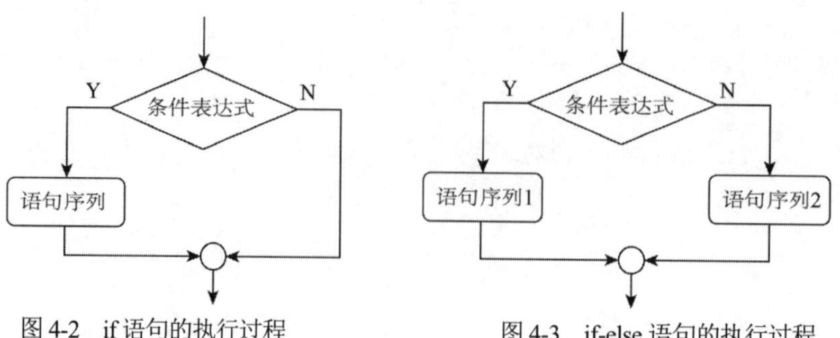


图 4-2　if 语句的执行过程　　　　图 4-3　if-else 语句的执行过程

**【课程思政】**通过对选择结构的学习，引导学生思考：在人生中会遇到很多选择，但“鱼和熊掌不可兼得”，要根据实际情况做出适合自己的选择，而且做事要有条理和计划，按照计划和顺序有条不紊、循序渐进地去做事，懂得统筹规划才能更高效地做事。

**【例题 4-2】**if-else 语句的应用示例。

```
#include <stdio.h>
int main( )
{     float score;
      printf("请输入学生成绩:");
      scanf("%f",&score);
      if(score>=60 &&score<=100)
      printf("成绩合格!\n");
      else
      printf("成绩不合格!\n");
      return 0;
}
```

程序的输出结果如图 4-4 所示。

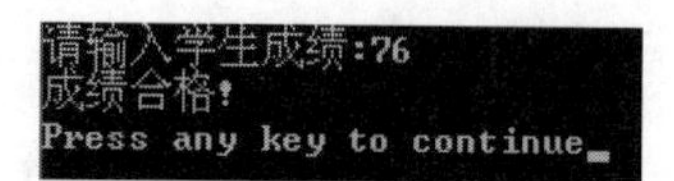


图 4-4　例题 4-2 的运行结果

程序说明如下：从键盘输入学生成绩 score，若 score 的值为 60～100(含 60 和 100)，则输出结果为“成绩合格!”，否则为“成绩不合格!”。

### 3. 多分支 if 语句

多分支 if 语句适用于有 3 个或 3 个以上的分支选择时，一般形式如下。

```
if(表达式 1)        语句 1;
else if(表达式 2)   语句 2;
else if(表达式 3)   语句 3;
……
else if(表达式 n)   语句 n;
else                语句 m;
```

多分支 if 语句的执行过程：当表达式 1 的值为非 0(逻辑真)时，执行语句 1；若表达式 1 的值为 0(逻辑假)，则判断表达式 2 的值是否为非 0(逻辑真)，若表达式 2 的值为真，则执行语句

2；若表达式2的值为假，则判断表达式3是否为真，若表达式3的值为真，则执行语句3；以此类推。若所有表达式的值都为假，则执行语句m。

多分支if语句的执行过程如图4-5所示。

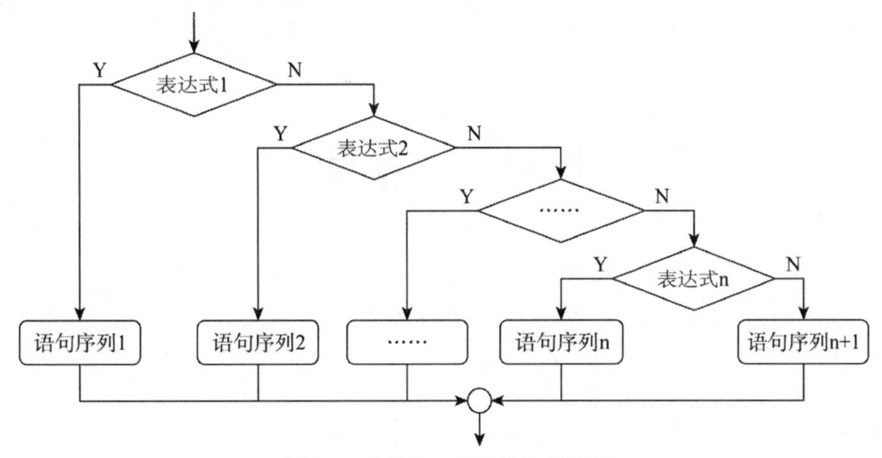


图4-5　多分支if语句的执行过程

在多分支if语句中，每次只能满足其中一个表达式条件，执行其后对应的语句，而不能同时满足多个条件，执行其中的多个语句。正确的多分支if语句的例子如下。

```
if(x<100)       cost=0.1;
else if(x<200)  cost=0.2;
else if(x<300)  cost=0.3;
else if(x<400)  cost=0.4;
else            cost=0.5;
```

而若改写成下列语句则是错误的。

```
if(x>=400)      cost=0.5;
else if(x<400)  cost=0.4;
else if(x<300)  cost=0.3;
else if(x<200)  cost=0.2;
else if(x<100)  cost=0.1;
```

读者请思考一下为什么？

**【例题4-3】**多分支if语句应用示例1。

编写程序：从键盘输入一个字符，判断该字符是数字字符、大写字母、小写字母还是其他字符，并输出相应的信息。

```
#include "stdio.h"
int main( )
{   char ch;
    printf("请输入一个字符: ");
    ch=getchar( );
    if(ch>='0'&&c<ch='9')
        printf("你输入的是一个数字字符!\n");
    else if(ch>='A'&&ch<='Z')
        printf("你输入的是一个大写字母!\n");
```

```
    else if(ch>='a'&&ch<='z')
        printf("你输入的是一个小写字母!\n");
    else
        printf("你输入的是除数字和字母以外的其他字符!\n");
    return 0;
}
```

程序的输出结果如图 4-6 所示。

```
请输入一个字符: R
你输入的是一个大写字母!
```

图 4-6　例题 4-3 的运行结果

程序说明如下：定义一个字符 ch，调用字符输入函数 getchar( )输入 ch 的值。对 ch 字符值进行判断，若满足条件 ch>='0'&&ch<='9'，则该字符为数字字符；否则继续进行判断。若满足条件 ch>='A'&&ch<='Z'，则该字符为大写字母；否则继续进行判断。若满足条件 ch>='a'&&ch<='z'，则该字符为小写字母；否则该字符为其他字符。

**【例题 4-4】**多分支 if 语句应用示例 2。

程序编制：输入一个百分制成绩，要求输出成绩对应等级 A、B、C、D、E。90 分以上为等级 A，80～89 分为等级 B，70～79 分为等级 C，60～69 分为等级 D。

```
#include <stdio.h>
int main( )
{   double score;
    printf("please  input score(0-100):");
    scanf("%lf",&score);
    if(score>=90&&score<=100)   printf("The grade is A\n");
    else if(score>=80)          printf("The grade is B\n");
    else if(score>=70)          printf("The grade is C\n");
    else if(score>=60)          printf("The grade is D\n");
    else                        printf("The grade is E\n");
    return 0;
}
```

程序的运行结果如图 4-7 所示。

```
please input score(0-100):85
The grade is B
```

图 4-7　例题 4-4 的运行结果

### 4.4.2　if 语句的嵌套

在 if 语句中又包含一个或多个 if 语句称为 if 语句的嵌套，其两层嵌套结构一般有两种形式。

(1) 形式一如下。

```
if(表达式 1)
if(表达式 1_1)      语句 1;
else                语句 2;
else
    if(表达式 1_2)  语句 3;
    else            语句 4;
```

(2) 形式二如下。

```
if(表达式 1)
if(表达式 1_1)        语句 1;
else
    if(表达式 1_2)  语句 2;
    else            语句 3;
```

在形式一中，if 语句中嵌套了一个 if-else 结构，与第一个 if 匹配的 else 中又嵌套了一个 if-else 结构。缩进后对齐的 if 与 else 是匹配的。

在形式二中，if 语句中嵌套了一个 if 语句，与第一个 if 匹配的 else 中又嵌套了一个 if-else 结构。缩进后对齐的 if 与 else 是匹配的。

使用 if 语句的嵌套要注意以下几个问题。

(1) 在 if 语句的嵌套结构中，应注意 if 与 else 的配对规则，else 总是与它最近的还没有配对的 if 相匹配。如果忽略了 else 与 if 配对，就会产生逻辑上的错误。

为避免产生逻辑错误，使程序结构更清晰，可以添加{ }来确定配对关系，举例如下。

```
if(表达式 1)
    {if(表达式 2)     语句 1;}
 else     语句 2;
```

添加{ }后可以很清楚地表示 else 与 if 的配对关系。

(2) 在 if 语句的嵌套结构中，if 与 else 匹配后，只能形成嵌套结构，不能形成交叉结构。

假设一个 if 语句的嵌套结构中有两个 if 和两个 else，正确的嵌套关系如图 4-8 所示，错误的嵌套关系如图 4-9 所示。

图 4-8　正确的 if 语句嵌套结构　　图 4-9　错误的 if 语句嵌套结构

**【例题 4-5】** if 嵌套结构示例。

有一函数：$y=\begin{cases}-1 & (x<0)\\ 0 & (x=0)\\ 1 & (x>0)\end{cases}$，用 if 的嵌套结构编写程序，输入 $x$ 值，输出对应的 $y$ 值。用 if 嵌套结构编写的如下几种程序代码都是正确的。

(1) 在 else 中嵌套一个 if-else 结构，程序代码如下。

```
#include<stdio.h>
int main( )
```

```
{   int x,y;
    printf("please input x:");
    scanf("%x", &x);
    if(x<0)     y=-1;
    else
    {   if(x==0)   y=0;
        else    y=1;
    }
    printf("x=%d,y=%d\n",x,y);
    return 0;
}
```

(2) 在 if 中嵌套一个 if-else 结构，程序代码如下。

```
#include<stdio.h>
int main( )
{   int x,y;
    printf("please input x:");
    scanf("%x", &x);
    if(x>=0)
        if(x>0)   y=1;
        else   y=0;
    else   y=-1;
    printf("x=%d,y=%d\n",x,y);
    return 0;
}
```

(3) 将代码(2)稍作改变，程序代码如下。

```
#include<stdio.h>
int main( )
{   int x,y;
    printf("please input x:");
    scanf("%x", &x);
    if(x<=0)
        if(x<0)   y=-1;
        else   y=0;
    else   y=1;
    printf("x=%d,y=%d\n",x,y);
    return 0;
}
```

上述程序(1)、(2)、(3)的运行结果相同，如图 4-10 所示。

```
please input x:8
x=8,y=1
Press any key to continue
```

图 4-10　例题 4-5 的运行结果

# 4.5 switch 语句

通过对前面知识的学习，我们知道多分支选择结构可以用 if 多分支语句或 if 的嵌套结构来实现，但对于分支较多的选择结构，用 if 多分支语句或 if 的嵌套结构表达，会使程序层次较深，降低了可读性。C 语言提供了另一种表达多分支选择结构的语句——switch 语句(又称为开关语句)。switch 语句可根据 switch 后表达式的多种值，对应 case 表示的多个分支。

switch 语句的一般形式如下。

```
switch(表达式)
{    case 常量 1: 语句 1; break;
     case 常量 2: 语句 2; break;
     case 常量 3: 语句 3; break;
     ……
     case 常量 n: 语句 n; break;
     default: 语句 n+1; break;
}
```

switch 语句的执行过程：首先对 switch 后的表达式进行计算，用得到的值依次与下面的常量值进行比较，当表达式的值与某个 case 后面的常量值相等时，就执行此 case 后的语句块，当执行到 break 语句时就跳出 switch 语句，转向执行 switch 语句后面的语句。switch 语句的执行过程如图 4-11 所示。

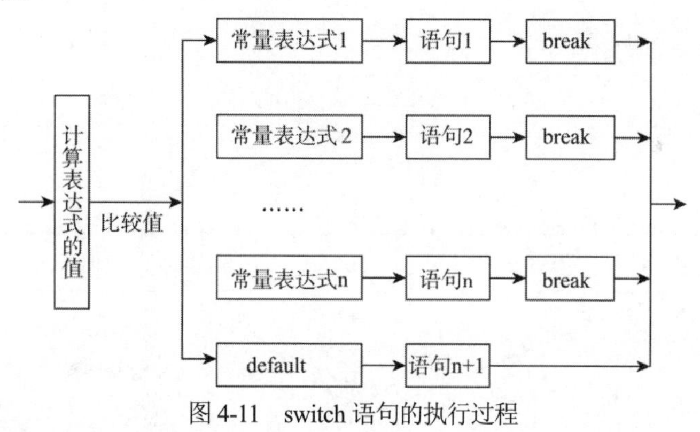


图 4-11　switch 语句的执行过程

使用 switch 语句时应注意以下几点。

(1) switch 后的表达式必须为整型或字符型，不应为关系表达式或逻辑表达式。

(2) 各 case 常量与 switch 后表达式的数据类型应保持一致。

(3) 在同一个 switch 语句中，不允许 case 常量的值有重复，否则会出现矛盾的结果。

(4) switch 以匹配的 case 常量值为入口，当执行完一个 case 语句后，为避免执行后面的 case 语句内容，可以使用 break 语句跳出 switch 结构。若没有与 switch 表达式相匹配的 case 常量，则流程转去执行 default 后的语句。

(5) 可以没有 default，此时若没有与 switch 表达式相匹配的 case 常量，则不执行 switch 结构中的任何语句，流程直接转到 switch 语句的下一个语句执行。

(6) 各个 case 及 default 子句出现的先后次序不影响程序的执行结果。

(7) 多个 case 子句可共同执行一组语句。

举例如下。

```
case 10:
case 9:
case 8:
case 7:
case 6: printf("合格!\n");break;
case 5:
case 4:
case 3:
case 2:
case 1:
case 0: printf("不合格!\n"); break;
default: printf("你输入的成绩不在 0～100 之间!\n");
```

**【例题 4-6】** switch 语句应用示例(用 switch 语句实现例题 4-4)。

程序编制：输入一个百分制成绩，要求输出成绩对应等级 A、B、C、D、E。90 分以上为等级 A，80～89 分为等级 B，70～79 分为等级 C，60～69 分为等级 D。

程序分析：将学生成绩分为 A、B、C、D、E 5 个等级，每个等级对应不同的分数区间。输入不同的成绩，输出其对应的等级，可以用 switch 多分支语句实现，switch 后的表达式应为一个分数区间(此处需要设法把分数区间转换成一个整数)，case 常量则是 switch 表达式可能出现的值。

程序流程如图 4-12 所示。

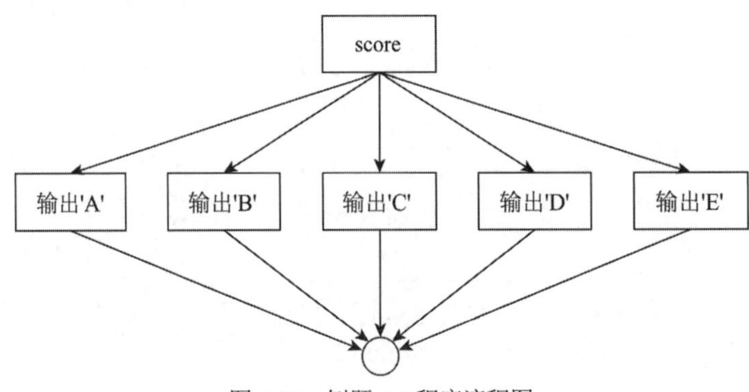


图 4-12　例题 4-6 程序流程图

程序代码如下。

```
#include <stdio.h>
int main( )
{    double score;
     printf("请输入学生成绩:");
     scanf("%lf",&score);
     if(score<0||score>100)   printf("你输入的成绩超出正常范围！\n");
     else
          switch((int)score/10)
     {    case 10:
```

```
            case 9: printf("对应的等级是 A!\n"); break;
            case 8: printf("对应的等级是 B!\n"); break;
            case 7: printf("对应的等级是 C!\n"); break;
            case 6: printf("对应的等级是 D!\n"); break;
            default: printf("对应的等级是 E!\n");
        }
        return 0;
}
```

程序的运行结果如图 4-13 所示。

图 4-13　例题 4-6 的运行结果

程序说明：switch 后的表达式(int)score/10 用于将一个区间转换成一个整数。当 score 的值为 100 时，(int)score/10 的值为 10，对应等级 A；当 90<=score<100 时，(int)score/10 的值为 9，对应等级 A；当 80<=score<90 时，(int)score/10 的值为 8，对应等级 B；当 70<=score<80 时，(int)score/10 的值为 7，对应等级 C；当 60<=score<70 时，(int)score/10 的值为 6，对应等级 D；当 score<60 时，(int)score/10 的值可能为 5、4、3、2、1、0，对应等级 E。

**【课程思政】**通过对选择结构的学习，使学生明白：在人生的道路中，存在择业、择友、择偶等很多选择，要树立正确的世界观、人生观和价值观，养成良好的职业道德，当个人利益与国家利益相冲突时，勇于战胜自我，以国家利益为重，毅然做出正确的选择。

# 4.6 选择结构程序案例

**【例题 4-7】**任意输入三角形的三边长，判断是否能构成三角形，如果能构成三角形，求三角形面积。已知三角形的三边长 a,b,c，三角形的面积公式如下。

$\mathrm{area}=\sqrt{s(s-a)(s-b)(s-c)}$，其中 $s=(a+b+c)/2$。

程序分析：输入三角形的三边长 a,b,c，判断是否能构成三角形，判断的依据是任意两边之和大于第三边。若能构成三角形，则按照题中所给的公式计算三角形的面积。

程序代码如下。

```
#include<stdio.h>
#include<math.h>
int main( )
{     float a,b,c,s,area=0.0f;
      printf("please input a,b,c:");
      scanf("%f,%f,%f",&a,&b,&c);
      if(a+b>c&&a+c>b&&b+c>a)
      {     s=(a+b+c)/2;
            area=sqrt(s*(s-a)*(s-b)*(s-c));
      }
```

```
    else printf("The three sides don't be a tringle!\n");
    printf("area=%f\n",area);
    return 0;
}
```

程序的运行结果如图 4-14 所示。

```
please input a,b,c:6,7,8
area=20.333162
Press any key to continue
```

图 4-14　例题 4-7 的运行结果

**【例题 4-8】**某公司对某一产品按购买数量(n)进行打折促销。该产品的单价为 98.5 元，打折标准如下。

n＜200　　　　不打折

200≤n＜600　　9.5 折

600≤n＜1200　　9.0 折

1200≤n＜2000　　8.5 折

n≥2000　　　　8.0 折

编程按其购买的数量计算应付货款。

程序分析：从题目可以看出，产品购买数量与折扣幅度是相关的，产品购买数量的区间刚好是 200 的整数倍，将购买数量除以 200 用 c 表示，可得到如下关系。

c<1　　　　不打折

1≤c＜3　　9.5 折

3≤c＜6　　9.0 折

6≤c＜10　　9.0 折

c≥10　　　8.0 折

这样便可以使用 switch 语句确定购买数量与实际单价之间的关系。

程序代码如下。

```
#include<stdio.h>
int main( )
{   int n,c;
    float price=98.5,amount;
    scanf("%d",&n);
    if(n>=2000)    c=10;
    else   c=n/200;
    switch(c)
    {   case 1:
        case 2: price=0.95*price; break;
        case 3:
        case 4:
        case 5: price=0.90*price; break;
        case 6:
        case 7:
        case 8:
```

```
            case 9: price=0.85*price; break;
            case 10: price=0.80*price; break;
        }
        amount=price*n;
        printf("amount=%.2f\n",amount);
        return 0;
}
```

程序的运行结果如图 4-15 所示。

```
300
amount=28072.50
Press any key to continue
```

图 4-15　例题 4-8 的运行结果

思考：如果用 if 语句来实现该题，该如何编写程序？

**【例题 4-9】** 输入一元二次方程 $ax^2+bx+c=0$ 的各项系数，计算方程的根并输出。

程序分析：从键盘输入 $a,b,c$ 3 个系数值，根据这 3 个系数值的不同，方程的根可以分为以下几种情况。

(1) 当 $a=0$ 时。

若 $b$ 也为 0，则等式无意义。

若 $b$ 不为 0，则为一元一次方程 $bx+c=0$，得 $x=-c/b$。

(2) 当 $a\neq0$ 时。

若 $b^2-4ac\geqslant0$，则方程有两个实数根。

若 $b^2-4ac<0$，则方程有两个复数根。

本题采用 if 语句的嵌套结构实现。

程序代码如下。

```
#include<stdio.h>
#include<math.h>
int main( )
{    float a,b,c,d,m,n;
     printf("请输入一元二次方程的 3 个系数：a、b、c 的值为");
     scanf("%f,%f,%f",&a,&b,&c);
     printf("\n");
     if(a==0)
     {
          if(b==0)   printf("无意义的等式！\n");
          else   printf("x=%f\n",-c/b);
     }
     else
     {    d=b*b-4*a*c;
          if(d>=0)
          {
               m=-b/(2*a);
               n=sqrt(d)/(2*a);
               printf("x1=%f\n",m+n);
               printf("x2=%f\n",m-n);
```

```
            }
            else
            {
                m=-b/(2*a);
                n=sqrt(-d)/(2*a);
                printf("x1=%f+%f\n",m,n);
                printf("x2=%f-%f\n",m,n);
            }
        }
        return 0;
    }
```

程序的运行结果如图 4-16 所示。

```
请输入一元二次方程的3个系数：a、b、c的值为5、9、3

x1=-0.441742
x2=-1.358258
Press any key to continue
```

图 4-16　例题 4-9 的运行结果

**【课程思政】**通过对选择结构的学习，引导学生思考自身的人生选择，逐渐培养学生细致分析问题、解决问题的能力，激励学生勇敢探索世界，增强学生的学习主动性。

## 4.7 本章小结

选择结构是结构化程序设计的基本结构之一，用于根据不同的条件选择不同的操作。

在表示选择结构条件时，经常需要用到关系运算符和逻辑运算符。关系运算符表示两个操作数的大小关系，其运算结果为 1(当关系成立)或 0(当关系不成立)；逻辑运算符有逻辑与(&&)、逻辑或(||)和逻辑非(!)，逻辑运算的结果为 1(逻辑真)或 0(逻辑假)。在 C 语言中，逻辑真用 1 表示，逻辑假用 0 表示。但当判断一个数的真假时，不管该数的数据类型是什么，非 0 的数即为真，0 即为假。

C 语言提供了两种不同的语句来实现选择结构：if 语句和 switch 语句。

if 语句有单分支 if 语句、双分支 if 语句和多分支 if 语句 3 种形式，可以根据不同的需要选择不同的 if 语句。if 语句可以嵌套，在嵌套的 if 语句中，else 子句总与前面最近的还没有与 else 匹配的 if 配对，并且只能形成嵌套结构，不能形成交叉结构。

switch 语句用于实现多分支结构，其表达式可以是整型、字符型或枚举类型。该语句中的 break 语句用于跳出 switch 语句。

在实际应用中要正确选择 if 语句和 switch 语句，用 switch 语句实现的编程一定可以用 if 语句实现，而用 if 语句实现的编程不一定能用 switch 语句实现。

通过对本章的学习，要求读者能熟练运用 if 语句和 switch 语句进行编程。

# 4.8 习题

## 一、选择题

1. 能正确表示逻辑关系："a≥10 或 a≤0"的 C 语言表达式是(　　)。

   A. a>=10 or a<=0　　B. a>=0|a<=10　　C. a>=10 &&a<=0　　D. a>=10 || a<=0

2. 设 int x=1, y=1;，表达式(!x||y--)的值是(　　)。

   A. 0　　B. 1　　C. 2　　D. -1

3. 执行以下程序，x 的值为(　　)。

```
int a=14,b=15,x;
char c='A';
x=(a&&b)&&(c<'B');
```

   A. ture　　B. false　　C. 0　　D. 1

4. 以下程序的输出结果是(　　)。

```
int main( )
{    float   x=2.0,y;
     if(x<0.0)   y=0.0;
     else if(x<10.0)   y=1.0/x;
     else   y=1.0;
     printf("%f\n",y);
     return 0;
}
```

   A. 0.000000　　B. 0.250000　　C. 0.500000　　D. 1.000000

5. 以下程序的输出结果是(　　)。

```
int main( )
{    int a=4,b=5,c=0,d;
     d=!a&&!b||!c;
     printf("%d\n",d);
     return 0;
}
```

   A. 1　　B. 0　　C. 非 0 的数　　D. -1

6. 设 x,y,t 均为 int 型变量，执行语句 x=y=3;t=++x||++y;后，y 的值为(　　)。

   A. 不定值　　B. 4　　C. 3　　D. 1

7. 执行以下程序，若从键盘上输入 5，则输出的结果是(　　)。

```
int main( )
{    int x;
     scanf("%d",&x);
     if(x--<5)   printf("%d",x);
     else   printf("%d",x++);
     return 0;
}
```

   A. 3　　B. 4　　C. 5　　D. 6

8. 若执行以下程序时，从键盘输入 60，则输出的结果是(　　)。

```
int main( )
{   int a;
    scanf("%d",&a);
    if(a>40) printf("%d",a);
    if(a>30) printf("%d",a);
    if(a>20) printf("%d",a);
    return 0;
}
```

A. 60　　B. 606060　　C. 6060　　D. 以上都不对

9. 若执行以下程序时，从键盘上输入 9，则输出结果是(　　)。

```
int main( )
{   int n;
    scanf("%d",&n);
    if(n++<10)   printf("%d\n",n);
    else   printf("%d\n",n--);
    return 0;
}
```

A. 11　　B. 10　　C. 9　　D. 8

10. 以下程序的输出结果是(　　)。

```
int main( )
{   int a=1,b=2,m=0,n=0,k;
    k=(n=b>a)||(m=a);
    printf("%d,%d\n",k,m);
    return 0;
}
```

A. 0,0　　B. 0,1　　C. 1,0　　D. 1,1

11. 以下程序的输出结果是(　　)。

```
int main( )
{   int x=1,a=0,b=0;
    switch(x){
        case 0: b++;
        case 1: a++;
        case 2: a++;b++;
    }
    printf("a=%d,b=%d\n",a,b);
    return 0;
}
```

A. a=2,b=1　　B. a=1,b=1　　C. a=1,b=0　　D. a=2,b=2

12. 以下程序的输出结果是(　　)。

```
int main( )
{   int a=15,b=21,m=0;
```

```
        switch(a%3)
        {    case 0:m++;break;
             case 1:m++;
             switch(b%2)
             {    default:m++;
                  case 0:m++;break;
             }
        }
        printf("%d\n",m);
}
```

A. 1　　B. 2　　C. 3　　D. 4

13. 假定 w,x,y,z,m 均为 int 型变量，运行如下程序段后，m 的值是(　　)。

```
w=1; x=2; y=3; z=4;
m=(w<x)?w; x;
m=(m<y)?m;y;
m=(m<z)?m; z;
```

A. 4　　B. 3　　C. 2　　D. 1

14. 以下程序的输出结果是(　　)。

```
int main( )
{    int a=5,b=4,c=6,d;
     printf("%d\n",d=a>b?(a>c?a:c):b);
     return 0;
}
```

A. 5　　B. 4　　C. 6　　D. 不确定

15. 设 a,b,c,d,m,n 均为 int 型变量，且 a=5、b=6、c=7、d=8、m=2、n=2，则逻辑表达式(m=a>b)&&(n=c>d)运算后，n 的值为(　　)。

A. 0　　B. 1　　C. 2　　D. 3

## 二、填空题

1. 设 y 是 int 型变量，判断 y 为奇数的关系表达式是____________________。

2. 表示“整数 x 的绝对值大于 5”时值为“真”的 C 语言表达式是____________________。

3. 若 int a=1,b=4,c=5;，则逻辑表达式!a+b>c&&b!=c 的值是____________________。

4. 若 int a=3,b=4,c=5;，则表达式!(a>b)&&!c||1 的值是____________________。

5. 以下程序运行后的输出结果是________________。

```
int main( )
{    int x=10,y=20,t=0;
     if(x==y)t=x;x=y;y=t;
     printf("%d,%d\n",x,y);
     return 0;
}
```

6. 以下程序运行后的输出结果是________________。

```
int main( )
{    int a=1,b=3,c=5;
     if (c=a+b) printf("yes\n");
     else printf("no\n");
     return 0;
}
```

7. 以下程序运行后的输出结果是________________。

```
int main( )
{    int n=0,m=1,x=2;
     if(!n)     x-=1;
     if(m)      x-=2;
     if(x)      x-=3;
     printf("%d\n",x);
     return 0;
}
```

8. 以下程序运行后的输出结果是________________。

```
int main( )
{    int p,a=5;
     if(p=a!=0)
     printf("%d\n",p);
     else
     printf("%d\n",p+2);
     return 0;
}
```

9. 以下程序运行后的输出结果是________________。

```
int main( )
{    int x=1,y=0,a=0,b=0;
     switch(x)
     {    case 1:
          switch(y)
          {    case 0:a++;break;
               case 1:b++;break;
          }
          case 2:a++;b++;break;
     }
     printf("%d%d\n",a,b);
     return 0;
}
```

10. 以下程序运行后的输出结果是________________。

```
int main( )
{    int p=30;
     printf("%d\n",(p/3>0 ? p/10 : p%3));
```

```
    return 0;
}
```

11. 以下程序运行后的输出结果是________________。

```
int main( )
{   int  a=3,b=4,c=5,t=99;
     if(b<a&&a<c)   t=a; a=c; c=t;
     if(a<c&&b<c)   t=b; b=a; a=t;
    printf("%d%d%d\n",a,b,c);
    return 0;
}
```

## 三、编程题

1. 从键盘输入一个整数，判断其能否既被 3 整除又被 5 整除。

2. 输入 3 个整数，按由大到小的顺序输出这 3 个数。

3. 编写一个程序实现以下功能，商店卖软盘，每片定价 3.5 元，按购买的数量可给予如下优惠：购买 100 片，优惠 5%；购买 200 片，优惠 6%；购买 300 片，优惠 8%；购买 400 片，优惠 10%；购买 500 片以上，优惠 15%。根据不同的购买量，打印应付货款。

可以用多分支 if 语句或 switch 语句实现。

4. 在某商场购物时，当顾客消费到一定的费用时，便可以打折。

假设消费量 S 与打折的关系如下。

S≥100 元时，打 9.5 折；

S≥300 元时，打 9.0 折；

S≥500 元时，打 8.0 折；

S≥1000 元时，打 7.5 折；

S≥3000 元时，打 7.0 折。

编写一个程序，输入顾客的消费金额，计算实际应支付的费用。

5. 给定一个不多于 5 位的正整数，要求如下。

(1) 求出它是几位数。

(2) 分别输出每一位数字。

(3) 按逆序输出各位数字，例如，原数为 543，输出 345。

6. 输入一个正整数 n，再输入 n 个学生的成绩，计算平均分，并统计各等级成绩的人数。成绩分为 5 个等级，分别为 A(90～100)、B(80～89)、C(70～79)、D(60～69)和 E(0～59)。

# 第5章
# 循环结构程序设计

循环结构是结构化程序设计的另一种基本结构。本章介绍了C语言提供的3种基本循环语句：while语句、do-while语句和for语句，这3种语句还可以组合构成循环的嵌套。本章还介绍了break语句和continue语句在循环结构中的应用。

**本章教学内容**

- while语句
- do-while语句
- for语句
- 循环的嵌套
- break与continue语句
- 循环结构的综合编程

**本章教学目标**

- 理解并掌握程序设计中构成循环的方法。
- 掌握for、while、do-while语句的用法。
- 掌握break、continue在循环语句中的作用。
- 能熟练运用循环的嵌套编程。
- 在实际应用中，能熟练地运用循环结构编程。

在实际应用中经常会遇到许多具有规律性的重复性操作，这些重复执行的操作可以采用循环结构来完成。C语言提供了3种循环结构：while循环、do-while循环和for循环。

## 5.1 while循环

while循环的一般形式如下。

```
while(表达式)
    {
        循环语句;
    }
```

while 后的表达式是逻辑表达式，又称为循环控制条件；循环语句又称为循环体。

while 循环的执行过程：先计算 while 后表达式的值，若值为真(非 0)，则执行循环语句，执行完循环语句后再次判断 while 后的表达式，若表达式值依然为真，再次执行循环语句，依次执行下去，直到某次 while 后的表达式的值为假(为 0)时，循环结束，执行循环体后面的语句。若第一次计算 while 后的表达式就为假，则直接跳过循环语句，执行循环体后的语句。

使用 while 语句时应注意以下几点。

(1) while 后的表达式一般为关系表达式或逻辑表达式，也可以是其他类型的表达式。

(2) “循环语句”可以是一条空语句、一条简单的语句或复合语句。如果循环语句是一条简单的语句，则循环语句的{ }可以省略不写；如果循环语句是由几个语句组成的复合语句，那么复合语句必须用{ }括起来。

(3) 循环体内一般要有改变循环控制变量值的语句，使循环条件有为假的情况，否则会使程序陷入“死循环”，循环无法停止。

while 循环的执行过程如图 5-1 所示。

while 语句的特点：只要 while 后的表达式条件为真，就执行循环体语句。

下面通过一个例子，介绍如何利用 while 语句进行循环程序设计。

**【例题 5-1】**从键盘输入 50 个学生的成绩，输出其总分。

程序分析：这是一个累加问题，要先后将 50 个学生的成绩相加求和，程序需要进行 50 次加法运算，可以用循环结构来实现。程序中定义 3 个变量，分别是 score、i、sum，其中 score 表示不同学生的成绩，i 表示循环变量，用来控制循环次数，本题中 i 可以取 50 个值，表示循环进行 50 次，sum 用来存放成绩之和，sum 的初值为 0，每输入一个学生的成绩，就将该成绩加到变量 sum 中。

为便于读者理解，给出该程序的流程图，如图 5-2 所示。

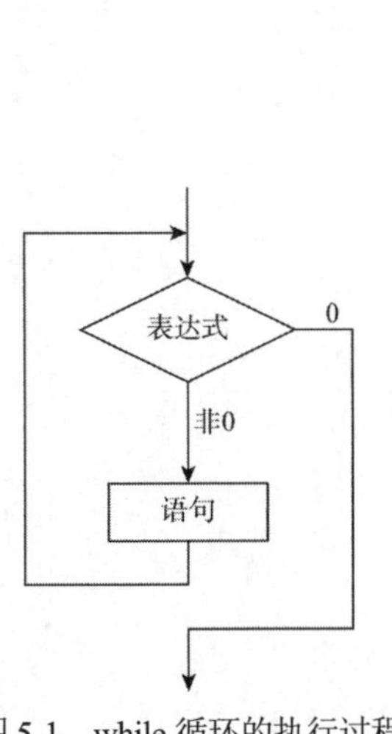


图 5-1　while 循环的执行过程

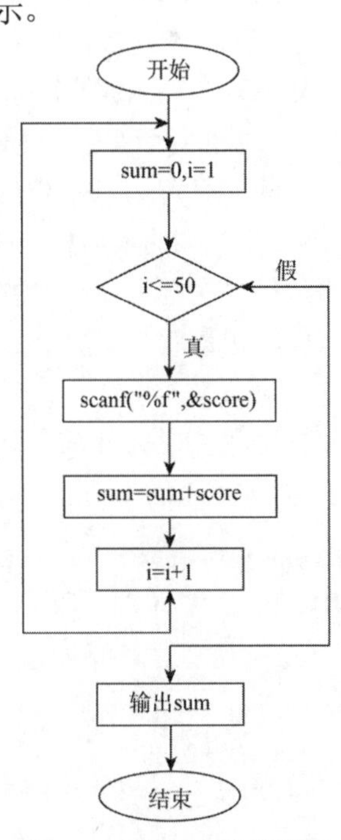


图 5-2　例题 5-1 的流程图

程序代码如下。

```
#include <stdio.h>
int main( )                                      //主函数
{    int i;                                      //定义循环控制变量 i，i 控制循环的次数
     float score, sum;                           //定义变量 score 表示学生成绩，sum 表示成绩之和
     i=1;   sum=0;                               //给变量赋初值
     printf("请输入学生成绩: ");                  //提示信息，提示输入学生成绩
     while(i<=50)                                //当 i<=50 时执行下面的循环语句
     {    scanf("%f", &score);                   //每循环一次，输入一个学生的成绩
          sum=sum+score;                         //把每个学生的成绩加到变量 sum 中
          i=i+1;                                 //每执行一次循环体，i 值就增加 1
     }                                           //循环体结束
     printf("50 个学生的成绩之和为:%f\n "+sum);  //输出 50 个学生的成绩之和
     return 0;
}
```

该程序的输出结果与输入的数据有关，在此不给出运行结果。

程序说明：该程序求 50 个学生成绩之和，是典型的循环结构的应用。程序中定义了 score、i、sum 3 个变量，每个变量各自代表不同的含义。每个变量的含义在上面的程序分析中已有说明，在程序注释中也给出了解释。需要注意，必须在循环进行前给变量 i 和变量 sum 赋初值，i 是循环变量，i 取值的个数代表循环进行的次数，所以在循环进行前，i 的初值为 1；变量 sum 用来存放学生成绩之和，在没有求和之前，sum 的初值为 0。

为加深读者对 while 循环的理解，下面再列举一个例子。

**【例题 5-2】** 用 while 语句求 sum=1+3+5+7+…+99 的和。

程序分析：这是一个求 1～99 中奇数累加和的问题，相邻两个数之间相差 2，属于有规律数的累加问题，可以用循环结构来实现。在程序中定义 i、sum 两个变量，变量 i 是循环控制变量，用来控制循环的次数，i 的初值为 1，i 取值的个数代表循环进行的次数；变量 sum 表示各个数相加的累加和，在进行累加求和前，sum 的初值为 0，循环每进行一次，就加一个数到变量 sum 中，依次循环下去，直到循环结束，输出最后的变量 sum 的值，即为所求的 1+3+5+7+…+99 的和。

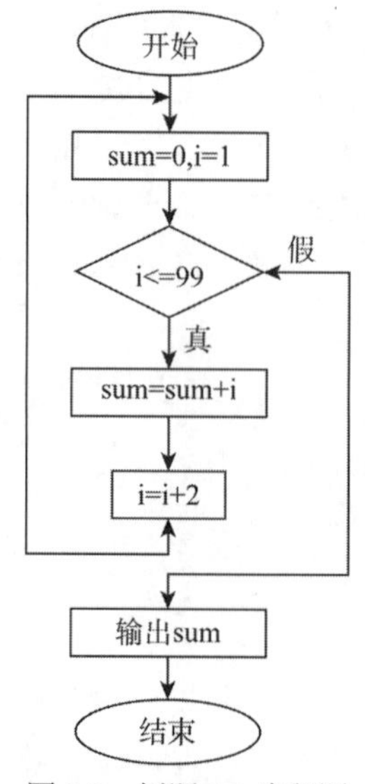

图 5-3　例题 5-2 流程图

该程序的流程图如图 5-3 所示。

程序代码如下。

```
#include <stdio.h>                 //包含头文件
int main( )
{    int i, sum;
     i=1, sum=0;                   //给变量赋初值
     while(i<=99)                  //循环控制条件
     {    sum=sum+i;               //循环体语句
          i=i+2;                   //循环每进行一次，变量 i 的值增加 2
     }
     printf("sum=%d\n",sum);
```

```
    return 0;
}
```

程序的运行结果如图 5-4 所示。

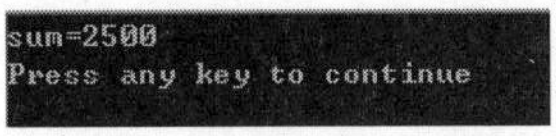

sum=2500
Press any key to continue

图 5-4　例题 5-2 的运行结果

明白了例题 5-2，可尝试通过改写上面的程序求 sum=1+1/4+1/7+1/10+…+1/100 的值，程序的改写过程由读者自行完成。

以上两个例子都是用循环求累加和的范例，同样，用 while 循环结构也可以求有规律数的累乘积。

例如：求 s=n!(n 值从键盘输入)；求 s=1*4*7*10*…*100；求 s=1*1/4*1/7*1/10*…*1/100 等之类的累乘积问题。这些问题在此就不一一解释了，留给读者自己去思考。

下面介绍一个用循环实现的求累乘与累加的综合题。

**【例题 5-3】** 编写程序求 sum=1!+2!+3!+…+10!的值。

程序分析：本题求的是阶乘的累加和，由上面的例题知道，求累乘和累加都可以用循环实现。在该题中可以定义 sum、s、i 3 个变量，其中 i 是循环控制变量，用来控制循环进行的次数，本题中 i 的值取 1～10，循环进行 10 次；s 用来存放阶乘积，循环每进行一次，求出一个数的阶乘积，s 的初值应为 1；sum 用来存放各个数阶乘的和，sum 的初值应为 0，循环每进行一次，将一个数的阶乘积加到 sum 中。循环依次进行 10 次，循环结束后，所求的 sum 值即为程序所求的结果。

开始
sum=0,s=1,i=1
i<=10
假
真
s=s*i
sum=sum+s
i=i+1
输出sum
结束

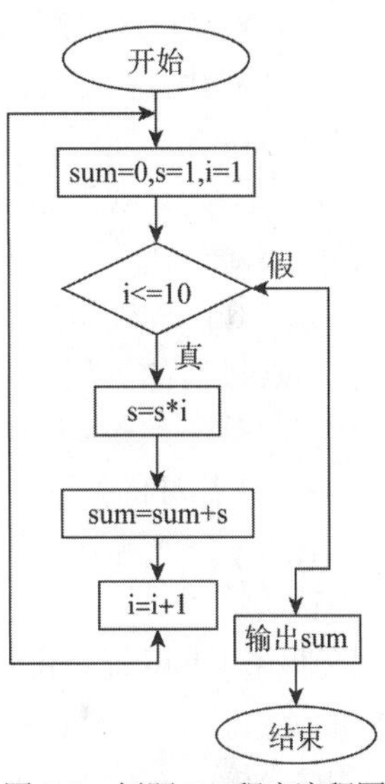

图 5-5　例题 5-3 程序流程图

程序的流程图如图 5-5 所示。

程序代码如下。

```
#include <stdio.h>
int main( )
{    long sum=0,s=1;
     int i=1;
     while(i<=10)
     {    s=s*i;
          sum=sum+s;
          i=i+1;
     }
     printf("1!+2!+3!+…+10!=%ld\n",sum);
     return 0;
}
```

程序的运行结果如图 5-6 所示。

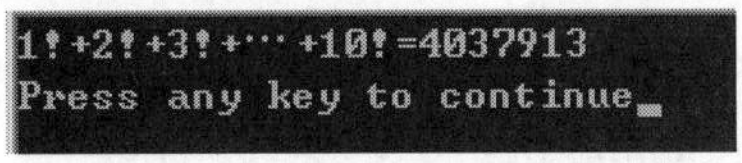

1!+2!+3!+…+10!=4037913
Press any key to continue

图 5-6　例题 5-3 的运行结果

## 5.2 do-while 循环

do-while 循环的一般形式如下。

```
do
    {
        循环体语句;
    }while(表达式);
```

do-while 循环的执行过程：先执行循环体语句，再判断 while 后表达式的值，若表达式的值为真，再回头执行循环体语句，执行完循环体语句后再次判断 while 后表达式的值，若表达式的值为真，再次回去执行循环体语句，依次循环下去，直到 while 后表达式的值为假时循环结束，程序接着执行循环体后的语句。

使用 do-while 循环语句时应注意以下几点。

(1) while 表达式后必须加分号，表示该语句结束。

(2) do-while 循环先执行循环体语句，然后判断表达式的值，所以 do-while 循环至少执行一次。

(3) while 后的表达式常常是关系表达式或逻辑表达式，也可以是任意类型的表达式。

do-while 循环的执行过程如图 5-7 所示。

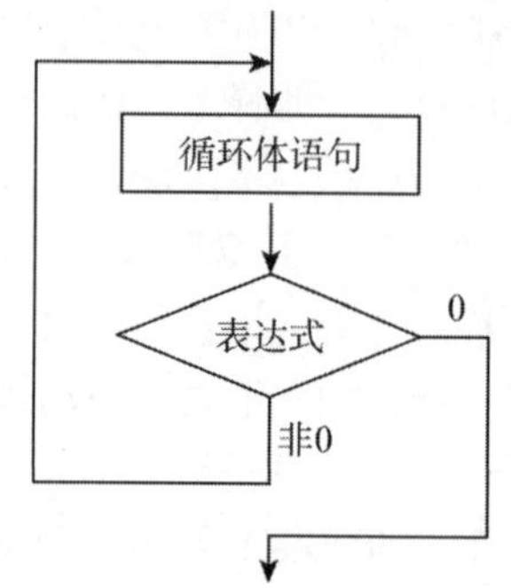

图 5-7 do-while 循环的执行过程

下面通过一个例子，介绍如何利用 do-while 语句进行程序设计。

**【例题 5-4】** 用 do-while 循环编程，求 sum=2+4+6+8+…+100 的值。

程序分析：该题求 100 以内偶数的累加和，程序实现的思路与例题 5-2 相同，在此就不展开分析。

该程序的流程图如图 5-8 所示。

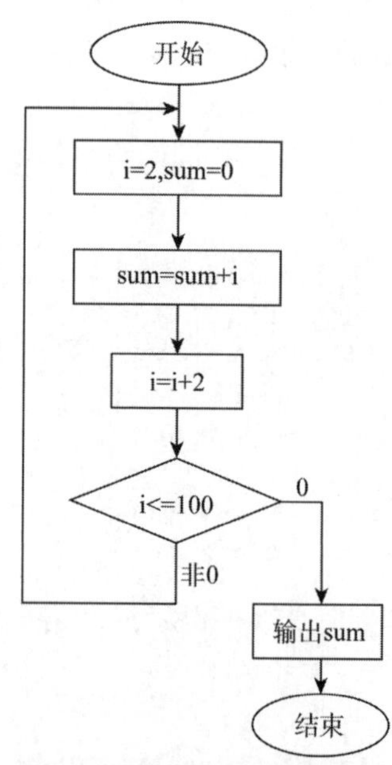

图 5-8 例题 5-4 的程序流程图

程序代码如下。

```
#include <stdio.h>
int main( )
{   int i,sum;
    i=2;  sum=0;
    do
    {   sum=sum+i;
        i=i+2;
    }while(i<=100);
    printf("sum=%d\n",sum);
    return 0;
}
```

程序的运行结果如图 5-9 所示。

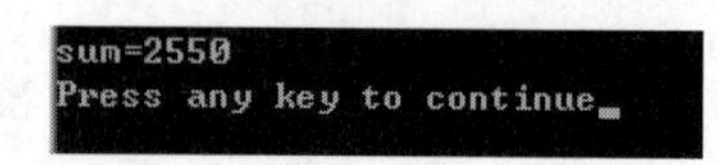

图 5-9 例题 5-4 的运行结果

前面学习了 while 循环和 do-while 循环，一般来说，while

循环和 do-while 循环可以相互改写，但两者也有区别，主要表现在：当第一次循环条件为真时，两者的运行结果相同；当第一次循环条件为假时，两者的运行结果不同。当第一次循环条件为假时，while 循环的循环体执行 0 次，而 do-while 循环的循环体会执行 1 次。

## 5.3 for 循环

在程序中，对于需要重复执行的操作可以用循环结构来实现，C 语言提供了 3 种循环结构，前面介绍了 while 循环和 do-while 循环，本节将介绍 for 循环结构。

C 语言中的 for 循环语句使用最灵活，for 循环语句既可以用于循环次数已知的情况，又可以用于循环次数未知而只给出了循环结束条件的情况，它可以取代前面学过的 while 循环和 do…while 循环。

for 循环语句的一般形式如下。

```
for(表达式 1; 表达式 2; 表达式 3)
    { 循环体语句;}
```

for 循环语句中 3 个表达式的作用如下。

表达式 1：给循环变量赋初值，在整个循环过程中只执行一次。

表达式 2：循环控制条件表达式，满足该条件，循环继续，否则循环终止。

表达式 3：循环每进行一次，循环变量的改变值。

结合上述 3 个表达式的含义，可以将 for 循环语句进行如下理解。

```
for(循环变量赋初值;循环进行的条件;循环变量的变化)
    { 循环体语句; }
```

例如：

```
sum=0;
for(i=5;i<=100;i=i+5)
sum=sum+i;
```

其中，“i=5”是给循环变量 i 赋初值 5；“i<=100”是循环进行的条件，当满足该条件时，循环进行，否则循环终止；“i=i+5”是循环每执行一次，循环变量 i 的变化(增加 5)。

for 循环语句的执行过程：先求表达式 1 的值，再判断表达式 2 的条件，若表达式 2 的值为真，则执行循环体语句，执行完循环体语句后，再执行表达式 3。然后判断表达式 2 的条件，若为真，再执行循环体语句，依次循环下去，直到某次表达式 2 的值为假时，循环结束。

下面给 for 循环语句的 3 个表达式及循环体语句编号。

```
for(循环变量赋初值;循环进行的条件;循环变量的变化)
         ①             ②            ④
             { 循环体语句; }
                   ③
```

这样，for 循环语句的执行过程可以用图 5-10 表示。

从 for 循环语句的执行过程可以看出，在 for 循环执行过程中，循环变量赋初值语句只被执行一次，另外的 3 个语句会按图中箭头的方向依次反复执行多次，直到循环执行条件为假，循环终止。

为加深读者对 for 循环语句的理解，给出 for 循环语句的流程图，如图 5-11 所示。

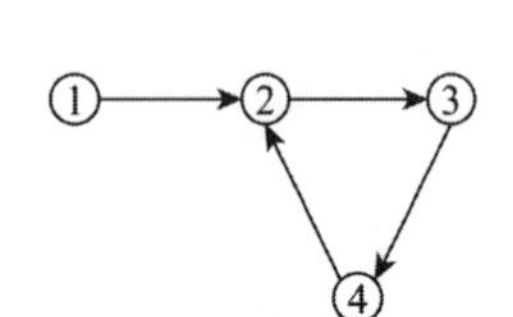


图 5-10　for 循环语句的执行过程

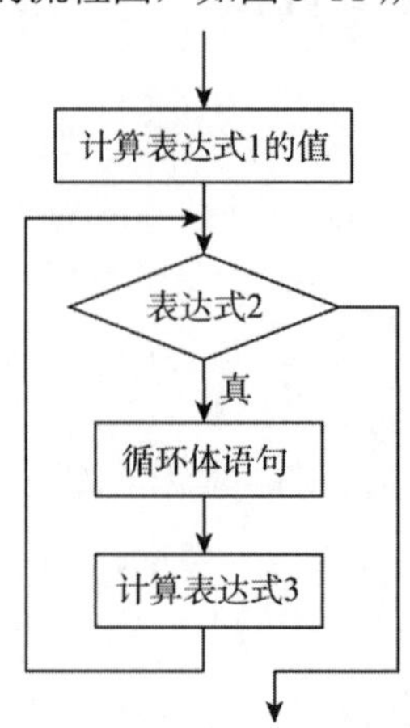


图 5-11　for 循环语句的流程图

下面看一个 for 循环的例子。

**【例题 5-5】**将例题 5-4 改为用 for 循环实现。

用 for 循环编程，求 sum=2+4+6+8+…+100 的值。

程序分析：该题是求 100 以内的偶数之和，可以用 for 循环实现。定义 i 和 sum 两个变量，i 是循环控制变量，初值是 2，最大值是 100，即循环控制条件为 i<=100，循环每进行一次，i 值增加 2，即 i=i+2。

程序代码如下。

```
#include <stdio.h>
int main( )
{    int i,sum;
     sum=0;
     for(i=2;i<=100;i=i+2)
     sum=sum+i;
     printf("2+4+6+8+…+100=%d\n",sum);
     return 0;
}
```

程序的运行结果如图 5-12 所示。

```
2+4+6+8+…+100=2550
Press any key to continue
```

图 5-12　例题 5-5 的运行结果

for 循环语句的书写格式灵活，在使用时应注意以下几点。

(1) 可以省略表达式 1，例如上例中的语句：

```
sum=0;
for(i=2;i<=100;i=i+2)
sum=sum+i;
```

也可以写成如下形式：

```
sum=0; i=2
for(;i<=100;i=i+2)
sum=sum+i;
```

for 循环语句中可以省略表达式 1，但是表达式 1 后的分号不能省略，此时应该在 for 语句的前面给循环变量赋初值。在整个 for 循环的执行过程中，赋初值的语句只被执行一次。

(2) 可省略表达式 2，但表达式 2 后的分号不能省，当省略 for 循环语句中的表达式 2 时，认为循环条件恒为真，此时循环会无限进行下去，永远不会终止。

例如上例若写成如下形式：

```
sum=0;
for(i=2;;i=i+2)
sum=sum+i;
```

则变量 i 的初值是 2，每循环一次，i 的值增加 2，变量 sum 的值会不断增加，循环会无限进行下去，永远不会终止。

(3) 可以省略表达式 3，当省略表达式 3 时，可将表达式 3 放在 for 循环的循环体语句中。

例如上例也可写成如下形式：

```
sum=0;
for(i=2;i<=100; )
{    sum=sum+i;
     i=i+2;
}
```

(4) 可以同时省略表达式 1 和表达式 3，例如上例也可写成如下形式：

```
sum=0,i=2;
for( ;i<=100; )
{    sum=sum+i;
     i=i+2;
}
```

(5) 可以同时省略表达式 1、表达式 2 和表达式 3，例如上例也可写成如下形式：

```
sum=0,i=2;
for( ; ; )
{    sum=sum+i;
     i=i+2;
     if(i>100)   break; //如果 i>100，执行 break 语句，循环跳出 for 循环结构
}
```

(6) 表达式 1 和表达式 3 可以是一个简单表达式，也可以是一个逗号表达式，即包含多个表达式，中间用逗号隔开。

例如：

```
for(sum=0,i=2;i<=100;i=i+2,j=j+2)
{ sum=sum+i; }
```

需要注意的是，在 for 循环语句中，不管省略哪个表达式，分号都不能省略。

**【课程思政】** 循环的本质是一直重复，但并不是无条件地重复，量变才能引起质变。成功也是如此，成功是日复一日地坚持，培养学生持之以恒，百折不挠的精神，不断打磨专业能力的品质是十分有必要的。

## 5.4 break 语句和 continue 语句

循环程序一般会按照程序给定的循环条件正常执行，但有时需要提前结束循环，即中途改变循环执行的状态，这时需要用到 break 语句和 continue 语句。下面将对 break 语句和 continue 语句进行介绍。

### 5.4.1 break 语句

第 4 章中介绍了 break 语句的用法，break 语句可使流程跳出 switch 结构，继续执行 switch 结构后面的语句。break 语句除了上述用法外，还可用于从循环体内跳出，提前结束循环。

break 语句的一般形式如下。

```
break;
```

break 语句的功能：从循环体内跳到循环体外，提前终止循环，接着执行循环体后的语句。

**【例题 5-6】** 用 for 循环语句编程，从键盘输入若干个数，当输入零时结束，分别统计其中输入正数和负数的个数。

程序分析：该题要反复从键盘输入数字，应该用循环实现，但循环次数不确定，循环次数取决于输入数字的个数，循环结束的条件是输入零。

在程序中定义如下 3 个变量。

(1) x：存放从键盘输入的数字。

(2) n1：统计输入正数的个数。

(3) n2：统计输入负数的个数。

程序代码如下。

```
#include<stdio.h>
int main( )
{   int x,n1,n2;
    n1=n2=0;
    printf("请输入若干个数:");
    while(1)
    {   scanf("%d",&x);
        if(x>0)   n1=n1+1;
        else if(x<0)   n2=n2+1;
```

```
            else break;
        }
        printf("正数的个数=%d,负数的个数=%d\n",n1,n2);
        return 0;
}
```

程序的运行结果如图 5-13 所示。

```
请输入若干个数:34 -98 65 -76 54 -74 -53 98 72 -63 0
正数的个数=5,负数的个数=5
Press any key to continue
```

图 5-13 例题 5-6 的运行结果

使用 break 语句时应注意以下两点。

(1) break 语句不能用于循环语句和 switch 语句之外的任何其他语句。

(2) break 语句用在循环语句中时，通常与 if 搭配使用，形式如下(以 while 循环为例)。

```
while(条件表达式 1)
    {   ……
        if(条件表达式 2)   break;
        ……
    }
```

在循环体中，当满足条件表达式 2 时，执行 break 语句，循环终止。

### 5.4.2 continue 语句

在程序中，有时需要提前结束本次循环，接着进行下一次循环条件的判断，而不终止整个循环的进行，这种情况下可以使用 continue 语句。

continue 语句的一般形式如下。

```
continue;
```

continue 语句的功能：提前结束本次循环，即跳过循环体中 continue 语句后面尚未执行的循环体语句，接着进行下一次循环条件的判断。

**【例题 5-7】**输出 100 以内(不含 100)能被 3 整除且个位数为 6 的所有整数。

程序分析：首先表示出 100 以内个位数为 6 的所有整数，然后判断每个 100 以内个位数为 6 的整数是否能被 3 整除。若不能被 3 整除，则本次循环结束，继续进行下一次循环条件的判断，若能被 3 整除，则输出该整数。

因该程序思路较简单，在此省略流程图。

程序代码如下。

```
#include<stdio.h>
int main( )
{   int i,j;
    for(i=0;i<=9;i++)
    {   j=i*10+6;
        if(j%3!=0) continue;
        printf("%d   ",j);
    }
```

```
    return 0;
}
```

程序的运行结果如图 5-14 所示。

```
6   36   66   96   Press any key to continue
```

图 5-14　例题 5-7 的运行结果

continue 语句和 break 语句的区别：continue 语句用于提前结束本次循环，接着进行下一次循环条件的判断，并不终止整个循环的进行；break 语句则终止整个循环过程。

这两个语句都常与 if 搭配使用，但各自的执行流程有所不同。

## 5.5 循环的嵌套

### 5.5.1 循环嵌套的定义

在编程时，有时需要在一个循环中嵌套另一个循环。在一个循环体内嵌套另一个完整的循环结构，称为循环的嵌套，其中外层循环称为外循环，内层循环称为内循环。如果内循环中又嵌套有循环结构的语句，则构成多重循环结构。

前面学过的 while、do-while 和 for 3 种循环可以两两嵌套，形成如下 6 种嵌套形式。

```
(1) while( )            (2) do                 (3) for( ; ;)
    {…                      {…                     {
        while( )                do                     for( ; ; )
        {…}                     {…}                    {…}
    }                           while( );
                            } while( );            }
(4) while( )            (5) for( ; ;)          (6) do
    {…                      {…                     {…
        do{…}                   while( )               for( ; ;)
        while( );               {  }                   {  }
    } while( );             }                      }while( );
```

### 5.5.2 循环嵌套的应用

下面以双重循环为例，来看一看嵌套循环的执行过程。

(1) 外层判断循环条件，若满足则进入外层循环体。

(2) 内层判断循环条件。

(3) 内层循环体执行。

(4) 内层循环变量累加，回到步骤(2)执行，直到不满足内层条件，内循环退出。

(5) 外层循环变量累加，回到步骤(1)执行，依次循环下去，直到不满足外层循环条件，循环彻底退出。

下面通过实例加深读者对循环嵌套的理解。

**【例题 5-8】**用循环的嵌套编程，输出如下所示的九九乘法表。

1*1=1

1*2=2　2*2=4

1*3=3　2*3=6　3*3=9

1*4=4　2*4=8　3*4=12　4*4=16

1*5=5　2*5=10　3*5=15　4*5=20　5*5=25

1*6=6　2*6=12　3*6=18　4*6=24　5*6=30　6*6=36

1*7=7　2*7=14　3*7=21　4*7=28　5*7=35　6*7=42　7*7=49

1*8=8　2*8=16　3*8=24　4*8=32　5*8=40　6*8=48　7*8=56　8*8=64

1*9=9　2*9=18　3*9=27　4*9=36　5*9=45　6*9=54　7*9=63　8*9=72　9*9=81

程序分析：九九乘法表共 9 行，可以考虑让循环进行 9 次，每循环 1 次，输出一行。每行的式子个数不同，第一行 1 个，第二行 2 个，第三行 3 个……第九行 9 个。可以考虑在行循环(外循环)中嵌套列循环(内循环)，内循环的次数取决于位于第几行，在第 n(1<=n<=9)行里内循环进行 n 次，输出 n 个式子。

在程序中定义如下两个变量。

(1) i：外循环的循环变量，i 取值 1～9，表示 1～9 行，i 的取值代表行数。外循环变量 i 是用来控制行的。

(2) j：内循环的循环变量，变量 j 的取值个数取决于 i 值。j 的取值代表列数，j 能取几个值，代表该行有几列。内循环变量 j 是用来控制列的。

主要程序段实现如下。

```
for(i=1;i<=9;i++)                         //外循环控制行
{   for(j=1;j<=i;j++)                     //内循环控制列
    printf("%d*%d=%5d",j,i,i*j);
    printf("\n");                         //每输出一行后换行
}
```

完整的程序代码如下。

```
#include<stdio.h>
int main( )
{   int i,j;
    for(i=1;i<=9;i++)                     //外循环控制行
    {   for(j=1;j<=i;j++)                 //内循环控制列
        printf("%d*%d=%5d",j,i,i*j);
        printf( "\n");                    //每输出一行后换行
    }
    return 0;
}
```

程序的运行结果如图 5-15 所示。

程序说明：该例实际上是打印一个乘法表，从 1*1 开始，一直到 9*9 结束。

```
1*1=1
1*2=2    2*2=4
1*3=3    2*3=6    3*3=9
1*4=4    2*4=8    3*4=12   4*4=16
1*5=5    2*5=10   3*5=15   4*5=20   5*5=25
1*6=6    2*6=12   3*6=18   4*6=24   5*6=30   6*6=36
1*7=7    2*7=14   3*7=21   4*7=28   5*7=35   6*7=42   7*7=49
1*8=8    2*8=16   3*8=24   4*8=32   5*8=40   6*8=48   7*8=56   8*8=64
1*9=9    2*9=18   3*9=27   4*9=36   5*9=45   6*9=54   7*9=63   8*9=72   9*9=81

Press any key to continue
```

图 5-15　例题 5-8 的运行结果

程序的详细执行过程如下。

(1) 首先赋值 i=1，然后判断是否满足循环执行条件 i<=9，满足条件，进入外层循环体。

(2) 赋值 j=1，此时 i 值为 1，判断是否满足 j<=i，满足条件，进入内层循环，输出 1*1=1。执行 j++后，j 值为 2，判断是否满足 j<=i，不满足条件，本次内循环结束，执行换行语句，到此第一次外循环结束。

(3) 执行 i++，也就是 i=2，然后判断是否满足 i<=9，满足条件，再次进入外层循环体。

(4) 赋值 j=1，此时 i=2，判断是否满足 j<=i，满足条件，进入内层循环体，输出 1*2=2。执行 j++后，j 值为 2，判断是否满足 j<=i，满足条件，继续执行内循环体，输出 2*2=4。再次执行 j++后，j 值为 3，判断是否满足 j<=i，不满足条件，本次内循环结束，执行换行语句，到此第二次外循环结束。

(5) 由此重复下去，当 i =3 时，打印“1*3=3　2*3=6　3*3=9”；当 i=4 时，打印“1*4=4　2*4=8　3*4=12　4*4=16”……当 i=9 时，执行最后一轮循环，打印“1*9=9…8*9=72　9*9=81”，之后累加 i =10，不满足外循环条件，循环彻底退出。

**【课程思政】**通过演示“九九乘法表”的编程过程，要求学生对程序进行改写，编写出类似程序，对学生进行创新思想的教育，激发学生的创新意识。

**【例题 5-9】**“百鸡百钱”问题：用 100 元钱，买 100 只鸡，已知公鸡每只 5 元，母鸡每只 3 元，小鸡三只 1 元，现用 100 元钱买 100 只鸡，公鸡、母鸡、小鸡各可以买多少只？

程序分析：假设要买 x 只公鸡，y 只母鸡，z 只小鸡，可以列出下列方程。

```
x+y+z=100
5x+3y+z/3=100
```

从方程中可以大概确定变量 x,y,z 的取值范围：0<=x<=20，0<=y<=33，0<=z<=100。这样各个变量在取值范围内不断变化各自的取值，就可以得到问题的全部解。实际上就是要在 x,y,z 的所有可能的组合中找出合适的解，可以用循环的嵌套来实现。

程序代码如下。

```
#include<stdio.h>
int main( )
{   int x,y,z;
    for(x=0;x<=20;x++)
    for(y=0;y<=33;y++)
    for(z=0;z<=100;z++)
```

```
        if(x+y+z==100&&5*x+3*y+z/3.0==100)
        printf("公鸡%d 只，母鸡%d 只，小鸡%d 只\n", x,y,z);
        return 0;
}
```

程序的运行结果如图 5-16 所示。

程序说明：该例实际上用的是穷举法，穷举法是最简单、最常见的一种程序设计方法。穷举法的基本思想：对问题的所有可能状态一一测试，直到找到合适的解或将全部可能状态都测试过为止。

图 5-16　例题 5-9 的运行结果

使用穷举法的关键是确定正确的穷举范围，穷举的范围不能过分扩大，以免影响程序的运行效率；也不能过分缩小，以免遗漏正确的结果而产生错误。以上程序中采用的三重循环实际上穷举了 x,y,z 的全部可能组合。

**【课程思政】**“百鸡百钱”问题如果用手工计算，计算量无异于愚公移山。但采用循环的嵌套编程能立即得到正确的结果。通过此案例让学生感受计算机编程的惊人力量，开拓计算思维。引导学生学会利用先进的手段解决问题，做事要有恒心、有毅力，敢于勇往直前。同时要开拓思维，有创新意识，做事才能高效，事半功倍。

## 5.6　循环结构程序案例

**【例题 5-10】**输出 3～100 中的所有素数。

程序分析：素数是只能被 1 和自身整除的大于 1 的整数。根据定义，对于任意一个大于 1 的整数 n，如果不能被 2 到 n−1 中的任一数整除，则该数 n 就为素数。

判断 n 是否为素数可以用一个循环来表示，求 3～100 中的素数再用一个循环来表示，因此，程序的结构为两层循环，即循环的嵌套。

程序的算法描述如下。

(1) 定义循环控制计数器 n，n 的初值为 3。

(2) 定义循环变量 i。

(3) 判断 n<=100 是否成立，如果成立，i=2，执行步骤(4)，否则执行步骤(8)。

(4) 判断 i<=n−1 是否成立，如果成立，执行步骤(5)，否则执行步骤(6)。

(5) 判断 n%i 是否等于 0，如果等于 0，执行步骤(6)，否则将 i 的值增加 1，转向步骤(4)。

(6) 判断 i 是否大于等于 n，如果是，则 n 为素数，输出 n，执行步骤(7)，否则直接转向步骤(7)。

(7) 将 n 的值加 1，转向步骤(3)。

(8) 程序结束。

程序代码如下。

```
#include<stdio.h>
int main( )
{    int i,n;
```

```
    printf("3～100 中的素数为:\n");
    for(n=3;n<=100;n++)
    {   for(i=2;i<=n-1;i++)
        if( n%i==0)
        break;
        if(i>=n)
        printf("%d\t",n);
    }
    printf("\n");
    return 0;
}
```

程序的运行结果如图 5-17 所示。

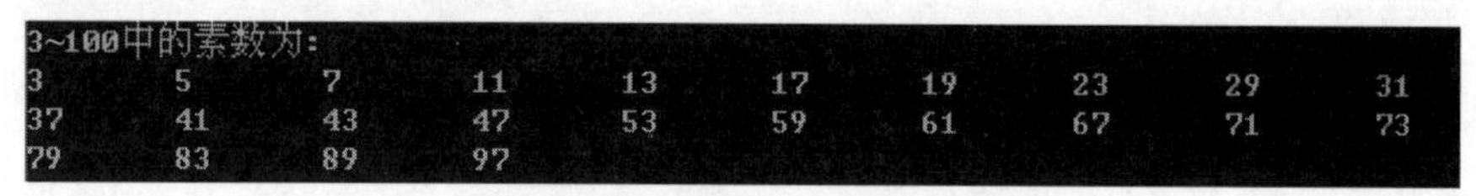


图 5-17　例题 5-10 的运行结果

**【例题 5-11】**输入一行字符串，分别统计出其中英文字母、空格、数字和其他字符的个数。

程序分析：本题通过循环方式输入一个字符串，每循环一次，输入一个字符，直到输入回车键时结束，表示回车键的转义字符是'\n'。可定义一个字符变量 c，通过 c=getchar( )输入第一个字符，循环的控制条件表示为 c!= '\n'。

程序代码如下。

```
#include<stdio.h>
int main( )
{   int letter,space,number,other;
    char c;
    letter=space=number=other=0;
    while((c=getchar( ))!='\n')
    {   if(c>='a'&&c<='z'||c>='A '&&c<='Z')
        letter++;
        else if(c=='')
        space++;
        else if(c>='0'&&c<='9')
        number++;
        else
        other++;
    }
    printf("字母%d 个，空格%d 个，数字%d 个，其他字符%d 个\n",letter,space,
    number,other);
    return 0;
}
```

程序的运行结果如图 5-18 所示。

```
wr34 ty &* 54er
字母6个，空格3个，数字4个，其他字符2个
Press any key to continue_
```

图 5-18　例题 5-11 的运行结果

程序说明：定义 letter、space、number、other 4 个变量分别表示输入的字符中字母、空格、数字及其他字符的个数。在没有输入字符前，这 4 个变量的初值均为 0。用循环方式输入字符，每输入一个字母，变量 letter 加 1；每输入一个空格，变量 space 加 1；每输入一个数字，变量 number 加 1；每输入一个其他字符，变量 other 加 1。

**【例题 5-12】**打印如下图形。

```
  *
 ***
*****
 ***
  *
```

程序分析：该图形在输出时可分成上下两部分，上部分输出 3 行，下部分输出 2 行。

用次数为 n 的循环控制输出图形的 n 行(外层循环)，外层循环的循环体如下。

- 用次数型循环输出该行的前导空格(内层循环)；
- 用次数型循环输出该行的字符(内层循环)。
- 输出回车换行符。

每行的前导空格数和字符数的公式推导如下。

| 行数 | 1 | 2 | 3 | 4 | 5 | i 行(i≤3) | i 行(i>3) |
|---|---|---|---|---|---|---|---|
| 前导空格数 | 2 | 1 | 0 | 1 | 2 | 3−i | i−3 |
| 符号*数 | 1 | 3 | 5 | 3 | 1 | 2i−1 | 2(5−i)+1 |

程序代码如下。

```
#include<stdio.h>
int main( )
{    int i,j;
     for(i=1;i<=3;i++)                              /*控制输出前 3 行 */
     {    for(j=1;j<=3-i;j++)    printf(" ");        /*控制输出前 3 行的前导空格数*/
          for(j=1;j<=2*i-1;j++)    printf("*");      /*控制输出前 3 行的“*”符号数*/
          printf("\n");                             /*输出第 i 行的回车换行符 */
     }
     for(i=4;i<=5;i++)                              /*控制输出后 2 行 */
     {    for(j=1;j<=i-3;j++)    printf(" ");        /*控制输出后 2 行的前导空格数*/
          for(j=1;j<=2*(5-i)+1;j++)    printf("*");  /*控制输出后 2 行的“*”符号数*/
          printf("\n");                             /*输出第 i 行的回车换行符 */
     }
     return 0;
}
```

程序的运行结果如图 5-19 所示。

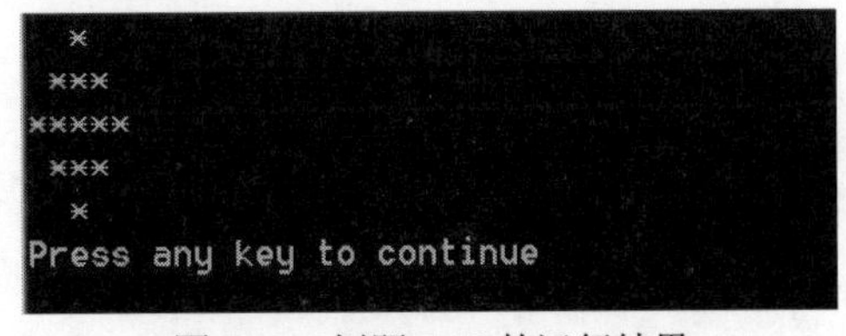


图 5-19　例题 5-12 的运行结果

程序说明：对于较简单的图形，就不必分为两部分输出。例如，若要输出如下图形：

```
   **
  ****
 ******
********
```

用次数为4的循环控制输出图形的4行(外层循环)，外层循环的循环体如下。

- 用次数型循环输出该行的前导空格(内层循环)；
- 用次数型循环输出该行的字符(内层循环)；
- 输出回车换行符。

每行的前导空格数和字符数的公式推导如下。

| 行数 | 1 | 2 | 3 | 4 | i(行) |
|---|---|---|---|---|---|
| 前导空格数 | 0 | 1 | 2 | 3 | i-1 |
| 符号*数 | 2 | 4 | 6 | 8 | 2i |

程序代码如下。

```
#indude<stdio.h>
int main( )
{   int i,j;
    for(i=1;i<=4;i++)                                /*控制输出4行 */
    {   for(j=1;j<=i-1;j++)   printf("");           /*控制输出每行的前导空格数*/
        for(j=1;j<=2*i;j++)   printf("*");          /*控制输出每行的“*”符号数*/
        printf("\n");                                /*输出每行的回车换行符 */
    }
    return 0;
}
```

**【例题5-13】** 求Fibonacci数列的前20项。Fibonacci数列的特点如下：前两项的值均为1，从第三项开始，每一项是其前两项之和。

$$Fn=\begin{cases}1 & (n=1,2)\\ F_{n-1}+F_{n-2} & (n\geqslant 3)\end{cases}$$

这是一个有趣的古代数学问题，由意大利的著名数学家Fibonacci提出。

程序分析：Fibonacci数列的前两项均为1，后面任意一项都是其前两项之和。程序在计算中需要用两个变量存储最近生成的两个序列值，且生成新数据后，两个变量的值要更新。题目要求输出20项，循环次数确定，可采用for循环。

假设前两项分别用f1=1和f2=1表示，则新项f3=f1+f2，然后更新f1和f2(f1=f2，f2=f3)，为计算下一个新项f3做准备。

程序代码如下。

```
#include<stdio.h>
int main( )
{   int i;
    long int f1=1,f2=1,f3;
    printf("\n");
```

```
    printf("%-12ld%-12ld",f1,f2);
    for(i=3;i<=20;i++)
    {   f3=f1+f2;
        f1=f2;
        f2=f3;
        printf("%-12ld",f3);
        if(i%5==0)   printf("\n");
    }
    return 0;
}
```

程序的运行结果如图 5-20 所示。

```
1           1           2           3           5
8           13          21          34          55
89          144         233         377         610
987         1597        2584        4181        6765
Press any key to continue
```

图 5-20　例题 5-13 的运行结果

## 5.7 本章小结

循环结构是结构化程序设计的另一种基本结构。在实际应用中常会遇到许多具有规律性的重复性操作，这些重复执行的操作可采用循环结构来完成。C 语言提供了 3 种循环结构：while 循环、do-while 循环和 for 循环。其中 while 循环是当型循环，先判断条件后执行循环体语句；而 do-while 循环是直到型循环，先执行循环体语句然后判断循环条件；for 循环是计数型循环，一般用于循环次数已知的情况。在 3 种循环中，for 循环语句的功能最强，使用也最灵活。

循环结构中的 break 语句用于退出循环结构，break 语句除了用在循环结构中外，还可以用在 switch 语句中，switch 语句中的 break 表示跳出 switch 结构。循环结构中的 continue 语句用于结束本次循环，继续进行下一次循环条件的判断。

循环的嵌套指在一个循环体内嵌套另一个完整的循环体结构，利用循环的嵌套能解决很多实际问题。

通过对本章的学习，要求读者能熟练运用循环结构进行编程。

## 5.8 习题

### 一、选择题

1. 以下程序的输出结果是(　　)。

```
int main( )
{   int n=9;
    while(n>6) {n--;printf("%d",n);
    return 0;}
```

```
}
```

A. 987　　B. 876　　C. 8765　　D. 9876

2. 以下程序段中，while 循环执行的次数是(　　)。

```
int k=0;
while(k=1)  k++;
```

A. 无限次　　B. 有语法错误，不能执行
C. 一次也不执行　　D. 执行 1 次

3. t 为 int 类型，进入下面的循环之前，t 的值为 0。则以下叙述中正确的是(　　)。

```
while( t=l )
{ …… }
```

A. 循环控制表达式的值为 0　　B. 循环控制表达式的值为 1
C. 循环控制表达式不合法　　D. 以上说法都不对

4. 以下程序的输出结果是(　　)。

```
int main( )
{   int num=0;
    while(num<=2)
    {   num++; printf("%d\n",num);}
        return 0;
}
```

A. 1<br>2<br>3<br>4　　B. 1<br>2<br>3　　C. 1<br>2　　D. 1

5. 如果从键盘输入 1298，则以下程序的输出结果是(　　)。

```
int main( )
{   int n1,n2;
    scanf("%d",&n2);
    while(n2!=0)
    {   n1=n2%10;
        n2=n2/10;
        printf("%d",n1);
        return 0; }
}
```

A. 8921　　B. 1298　　C. 892　　D. 以上都不对

6. 以下程序中，while 循环的循环次数是(　　)。

```
int main( )
{   int i=0;
    while(i<10)
    {   if(i<1) continue;
        if(i==5) break;
```

```
        i++;
    }
    ......
    return 0;
}
```

A. 1　　B. 10

C. 6　　D. 死循环，不能确定次数

7. 下面程序的功能是输出以下形式的金字塔图案，在下画线处应填入的是(　　)。

```
       *
      ***
     *****
    *******
int main( )
{   int i,j;
    for(i=1;i<=4;i++)
    {   for(j=1;j<=4-i;j++)printf(" ");
        for(j=1;j<=______;j++)printf("*");
        printf("\n");
    }
    return 0;
}
```

A. I　　B. 2*i−1　　C. 2*i+1　　D. i+2

8. 以下程序的输出结果是(　　)。

```
int main( )
{   int k=5,n=0;
    while(k>0)
    {   switch(k)
        {   default：break;
            case  1：n+=k;
            case  2：
            case  3：n+=k;
        }
        k−−;
    }
    printf("%d\n",n);
    return 0;
}
```

A. 0　　B. 4　　C. 6　　D. 7

9. 以下程序的输出结果是(　　)。

```
int main( )
{   int x=0,y=5,z=3;
    while(z−−>0&&++x<5)     y=y−1;
    printf("%d,%d,%d\n",x,y,z);
    return 0;}
```

A. 3,2,0　　B. 3,2,−1　　C. 4,3,−1　　D. 5,−2,−5

10. 以下叙述正确的是(　　)。

A. do-while 语句构成的循环不能用其他语句构成的循环来代替。

B. do-while 语句构成的循环只能用 break 语句退出。

C. 用 do-while 语句构成的循环，在 while 后的表达式为非零时结束循环。

D. 用 do-while 语句构成的循环，在 while 后的表达式为零时结束循环。

11. 以下程序的输出结果是(　　)。

```
int main( )
{     int x=23;
      do
      {     printf("%d",x--);}
            while(!x);
      }
      return 0;
}
```

A. 321　　B. 23　　C. 不输出任何内容　　D. 陷入死循环

12. 以下程序的输出结果是(　　)。

```
int x=3;
do
{     printf("%d",x-=2); }
      while (!(--x));
```

A. 1　　B. 3 0　　C. 1 -2　　D. 死循环

13. 以下程序运行后的输出结果是(　　)。

```
int main( )
{     int i=10, j=0;
      do
      {     j=j+i; i--; }
      while(i>2);
      printf("%d\n",j);
      return 0;
}
```

A. 52　　B. 25　　C. 50　　D. 以上都不对

14. 有以下程序段，其中 do-while 循环的结束条件是(　　)。

```
int n=0,p;
do
{scanf("%d",&p);n++;}
while(p!=12345&&n<3);
```

A. p 不等于 12345 并且 n 小于 3

B. p 等于 12345 并且 n 大于等于 3

C. p 不等于 12345 或者 n 小于 3

D. p 等于 12345 或者 n 大于等于 3

15. 在以下程序中，要使程序的输出值为 2，则应该从键盘给 n 输入的值是(　　)。

```
int main( )
{    int s=0,a=1,n;
     scanf("%d",&n);
     do
     {    s+=1; a=a-2; }
          while(a!=n);
          printf("%d\n",s);
          return 0;
     }
```

A. −1　　　　B. −3　　　　C. −5　　　　D. 0

16. 以下程序的输出结果是(　　)。

```
int main( )
{    int i,sum;
     for(i=1;i<=3;sum++) sum+=i;
     printf("%d\n",sum);
     return 0;
}
```

A. 6　　　　B. 3　　　　C. 死循环　　　　D. 0

17. 以下程序执行后 sum 的值是(　　)。

```
int main( )
{    int i,sum;
     for(i=1;i<6;i++) sum+=i;
     printf("%d\n",sum);
     return 0;
}
```

A. 15　　　　B. 14　　　　C. 不确定　　　　D. 0

18. 以下程序的输出结果是(　　)。

```
int main( )
{    int y=10;
     while(y--);
     printf("y=%d\n", y);
     return 0;
}
```

A. y=0　　　　B. y=-1　　　　C. y=1　　　　D. while 构成无限循环

19. 以下程序的输出结果是(　　)。

```
#include <stdio.h>
int main( )
{   int i;
    for(i=1;i<=5;i++)
    {    if(i%2 )   printf("*");
         else    continue;
         printf("#");
```

```
    }
    printf("$\n");
    return 0; }
```

A. *#*#*#$　　B. #*#*#*$　　C. *#*#$　　D. #*#*$

20. 以下的 for 循环(　　)。

```
for(x=0,y=0; (y!=123)&&(x<4); x + + );
```

A. 是无限循环　　B. 循环次数不定

C. 执行 4 次　　D. 执行 3 次

21. 以下程序的输出结果是(　　)。

```
int main( )
{   int a,b;
    for(a=1,b=1;a<=100;a++)
    {   if(b>=10) break;
        if(b%3==1)
        {b+=3; continue;}
    }
    printf("%d\n",a);
    return 0;
}
```

A. 101　　B. 6　　C. 5　　D. 4

## 二、填空题

1. 将下面程序补充完整，使其实现以下功能：输出 100 以内(不含 100)能被 3 整除且个位数为 6 的所有整数。

```
int main( )
{   int i,j;
    for(i=0;________;i++)
    {   j=i*10+6;
        if(________)
        continue;
        printf("%d   ",j);}
    return 0;
}
```

2. 将下面程序补充完整，使其能够计算 s=1+12+123+1234+12345 的值。

```
int main( )
{   int t=0,s=0,i;
    for( i=1; i<=5; i++)
    {   t=i+________;
        s=s+t;
    }
    printf("s=%d\n",s);
    return 0;
}
```

3. 执行以下程序后，输出#号的个数是________。

```
#include <stdio.h>
int main( )
{    int i,j;
     for(i=1;i<5;i++)
     for(j=2;j<=i;j++)
     putchar('#');
     }
     return 0;
}
```

## 三、编程题

1. 从键盘输入一个正整数 n，输出它的所有因子。

2. 从键盘输入 10 个数，求总和。

3. 输入数，当输入零时结束，统计其中输入正数和负数的个数。

4. 编写一个程序，输入 15 个整数，统计其中正数、负数和零的个数。

5. 编写一个应用程序，求出 200～300 中满足以下条件的三位数：该三位数的各个数位上的数字之和是 12，该三位数的各个数位上的数字之积是 42。

6. 打印出所有“水仙花数”。“水仙花数”是一个三位数，其各个数位上的数字的立方和等于该数字本身，如 $xyz=x^3+y^3+z^3$。

7. 编写程序：输出以下 4×5 的矩阵。

| | | | | |
|---|---|---|---|---|
| 1 | 2 | 3 | 4 | 5 |
| 2 | 4 | 6 | 8 | 10 |
| 3 | 6 | 9 | 12 | 15 |
| 4 | 8 | 12 | 16 | 20 |

8. 编写程序，求 $s=\frac{1}{1!}+\frac{1}{2!}+\frac{1}{3!}+\frac{1}{4!}+\cdots+\frac{1}{n!}$ (n 是正整数，n 值从键盘输入)的值。

9. 编写程序，求 sum=1!+2!+3!+⋯+10!的值。

10. 一个球从 100 米高度自由落下，每次落地后反弹回原高度的一半，再落下。求它在第 10 次落地时，共经过多少米？第 10 次反弹多高？

11. 有一分数序列：

$$\frac{2}{1},\frac{3}{2},\frac{5}{3},\frac{8}{5},\frac{13}{8},\frac{21}{13}\cdots$$

求出这个数列的前 20 项之和。

12. 从键盘输入一个正整数 n，计算该数的各个数位上的数字之和并输出。例如，输入 5246，则计算 5+2+4+6=17 并输出。

13. 每个苹果 0.8 元，第一天买 2 个苹果，第二天开始，每天买前一天的 2 倍，直到购买的苹果个数是不超过 100 的最大值，编写程序，求每天花多少钱？

14. 用 40 元钱买苹果、西瓜和梨 3 种水果共 100 个。已知苹果 0.4 元一个，西瓜 4 元一个，梨 0.2 元一个。问可以购买苹果、西瓜和梨各多少个？请编写程序输出所有购买方案。

15. 输入一个正整数 n，再输入 n 个学生的成绩，计算平均分，并统计各等级成绩的人数。成绩分为 5 个等级，分别为 A(90～100)、B(80～89)、C(70～79)、D(60～69)和 E(0～59)。

# ꕥ 第6章 ꕥ

# 数　　组

数组是程序设计中常用的数据结构。数组是类型相同的多个数据的有序集合，数组中的每一个元素属于同一种类型。数组用一个统一的数组名和下标来唯一地标识数组中的元素。利用数组可方便地用统一的方式来处理一批具有相同性质的数据。

**本章教学内容**

- 一维数组
- 二维数组
- 字符数组

**本章教学目标**

- 理解和掌握一维数组的定义、引用、初始化，以及在编程中的应用。
- 理解和掌握二维数组的定义、引用、初始化，以及在编程中的应用。
- 理解和掌握字符数组的定义、初始化、存储，以及在编程中的应用。
- 理解和掌握数组的输入、输出方法。
- 理解和掌握字符串处理函数的用法。
- 理解和掌握数组的综合编程。

## 6.1 一维数组

在前面的章节中，我们学习了 C 语言的简单数据类型，如整型、实型、字符型、枚举型等。这些简单的数据类型所处理的数据往往较简单。但在实际应用中，需要处理的数据往往是复杂多样的，一方面，要处理的数据量可能很大，例如，对全校同学的英语四六级成绩进行排序，用简单类型的单个变量来描述大量的数据很不方便。另一方面，数据与数据之间有时存在一定的内在联系，例如，学生的学号和姓名都是学生信息，用单一类型的单个变量无法准确地描述这些数据，难以反映出数据之间的联系。

为了能更方便、简洁地描述较复杂的数据，C 语言提供了一种由若干个简单数据类型按照一定规则构成的复杂数据类型，即构造数据类型(或组合类型)，如数组类型、结构体类型、共用体类型等。C 语言中复杂数据类型的引入，使得 C 语言描述复杂数据的能力更强，为处理实际问题中的复杂数据提供了方便。

### 6.1.1 一维数组的定义

在C语言中要使用数组，必须先定义后使用。

一维数组的定义形式如下。

```
类型标识符  数组名[常量表达式];
```

例如：int a[8];

该例中定义了一个整型的一维数组，该数组的数组名为a，有8个元素，每个元素均为整型，该数组的8个元素分别为a[0]、a[1]、a[2]、a[3]、a[4]、a[5]、a[6]、a[7]。其中0～7称为数组的下标。

定义数组时应注意以下几点。

(1) 类型标识符可以是任意一种基本数据类型或构造数据类型。

(2) 数组名的命名规则需要符合C语言标识符的命名规则。

(3) 常量表达式表示元素个数，即数组长度。

(4) 数组元素的下标是从0开始的。上例int a[8];中数组a的第一个元素是a[0]，数组a的最后一个元素是a[7]。引用数组元素时不能越界。如果越界引用数组元素，VC++编译系统将无法检查出语法错误，因此在编程时应注意数组的越界问题。

(5) 常量表达式可以是整型常量、符号常量，也可以是整型表达式。但不允许是变量，C语言不允许对数组进行动态定义。

例如，下面对数组的定义是正确的。

```
int b[2*3+4];
#define N 10
int a[N];
```

而下面对数组的定义是错误的，C语言不允许对数组进行动态定义。

```
int n=6;
int a[n];
```

(6) 在同一个程序中，数组名不允许与其他变量同名。

例如，下面的表示方法是错误的。

```
int a,a[5];  //错误，数组名与变量同名
```

定义一维数组后，编译系统为数组在内存中分配一段连续的内存单元，按数组元素的顺序线性存储。

例如：int a[10];

编译系统在内存中为数组a分配40个字节(在VC++环境下，每个整型占4个字节空间)的内存单元来顺序存放数组a的各元素。假设数组a的首地址(即第一个元素a[0]的地址)为4000，则第2个元素的地址为4004，第3个元素的地址为4008……第10个元素的地址为4000+(n−1)×4=4036。数组a在内存中的存储形式如图6-1所示。

| a[0] | a[1] | a[2] | a[3] | a[4] | a[5] | a[6] | a[7] | a[8] | a[9] |
|---|---|---|---|---|---|---|---|---|---|
| 4000 | 4004 | 4008 | 4012 | 4016 | 4020 | 4024 | 4028 | 4032 | 4036 |

图 6-1 数组 a 在内存中的存储形式

### 6.1.2 一维数组的引用

数组元素的使用方式与普通变量相似。在 C 语言中，可以对单个数组元素进行输入、输出和计算。C 语言规定，只能引用单个数组元素，而不能一次引用整个数组。

数组元素的引用形式如下。

```
数组名[下标]
```

下标可以是整型常量、符号常量，也可以是整型表达式，举例如下。

```
#define N 6
a[5]=a[4+5]-a[N];
```

**【例题 6-1】**从键盘给数组 a 的 10 个元素依次输入值，然后反序输出。

程序分析：定义整型数组 a[10]，采用循环方式依次给数组 a 的 10 个元素输入值，即依次输入 a[0]、a[1]、a[2]、a[3]、a[4]、a[5]、a[6]、a[7]、a[8]、a[9]共 10 个元素的值。再次使用循环，依次反序输出 10 个元素值。

程序代码如下。

```
#include<stdio.h>
int main( )
{   int i,a[10];
    printf("请依次输入数组 a 的 10 个元素值：\n");
    for(i=0;i<10;i++)
    scanf("%d",&a[i]);
    printf("数组 a 反序输出为：\n");
    for(i=9;i>=0;i--)
    printf("%4d",a[i]);
    printf("\n");
    return 0;
}
```

程序的运行结果如图 6-2 所示。

```
请依次输入数组a的10个元素值:
10 20 30 40 50 60 70 80 90 100
数组a反序输出为:
 100  90  80  70  60  50  40  30  20  10
Press any key to continue
```

图 6-2 例题 6-1 的运行结果

### 6.1.3 一维数组的初始化

给数组赋值的方法常用的有用赋值语句对数组元素逐个赋值、初始化赋值和动态赋值 3 种。数组初始化赋值是指在定义数组时给数组元素赋初值。数组初始化在编译阶段进行，采用数组初始化赋值能缩短程序运行时间，提高程序运行效率。

对数组元素进行初始化有以下几种形式。

(1) 在定义数组时可以对数组的所有元素赋初值，举例如下。

```
int a[10]={10,20,30,40,50,60,70,80,90,100};
```

经过上面的初始化赋值后，数组 a 的每个元素依次对应{}中的一个值，即 a[0]=10，a[1]=20，a[2]=30，a[3]=40，a[4]=50，a[5]=60，a[6]=70，a[7]=80，a[8]=90，a[9]=100。

(2) 可以只给部分元素赋值，举例如下。

```
int a[10]={1,2,3};
```

该例中定义的整型数组 a 有 10 个元素，前 3 个元素的值依次是 1、2、3，后 7 个元素的值为 0(因为是整型数组，当没有给数组元素赋初值时，按默认值处理，整型元素的默认值是 int 类型)。

(3) 当定义数组时，可省略方括号中元素的个数。当省略方括号中元素的个数时，以元素的实际个数为准，举例如下。

```
int a[ ]={1,2,3,4,5};
```

此时方括号[ ]中默认的值是 5，因为在{}中赋了 5 个值。

### 6.1.4 一维数组应用案例

**【例题 6-2】**输入 10 个学生的成绩，求其最高分、最低分和平均分。

程序分析：可以定义一个长度为 10 的 int 型数组，使用循环，依次输入 10 个学生的成绩存放在对应的 10 个元素中。定义 4 个变量 max、min、sum、avg 分别存放 10 个学生的最高分、最低分、总分和平均分。求最高分的方法可以采用打擂台算法，先假设第一个学生的成绩为最高分，将第一个学生成绩赋值给变量 max，然后将后面每个学生成绩依次与最高分 max 进行比较，将两者中的较大值赋给变量 max，依次比较下去，最后变量 max 的值即为 10 个成绩中的最高分，采用同样的方法，可以求得 10 个学生的最低分。要求 10 个学生的平均分，需要先得到总分 sum，先给变量 sum 赋初值为 0，每输入一个学生的成绩，就将该成绩加到 sum 变量中，依次可以得到总分 sum；总分 sum 除以人数 10，即得到平均分 avg。

程序代码如下。

```
#include<stdio.h>
int main( )
{    int score[10],i,max,min,sum;
     float avg;
     sum=0;
     /*输入 10 个学生成绩并计算总分*/
     printf("请输入 10 个学生成绩:\n");
     for(i=0;i<10;i++)
     {    scanf("%d",&score[i]);
          sum=sum+score[i];
     }
     /*求最高分和最低分*/
```

```
    max=min=score[0];
    for(i=0;i<10;i++)
    {   if(score[i]>max)   max=score[i];
        if(score[i]<min)   min=score[i];
    }
    /*求平均分*/
    avg=sum/10.0;
    /*输出最高分、最低分和平均分*/
    printf("10 个学生的最高分=%d,最低分=%d,平均分=%.2f\n",max,min,avg);
    return 0;
}
```

程序的运行结果如图 6-3 所示。

```
请输入10个学生成绩:
87 76 87 97 75 84 65 83 79 81
10个学生的最高分=97,最低分=65,平均分=81.40
Press any key to continue
```

图 6-3　例题 6-2 的运行结果

**【例题 6-3】** 编写程序，定义一个含有 30 个元素的 int 整型数组。依次给数组元素赋偶数值 2,4,6…然后按照每行 10 个数顺序输出，最后按每行 10 个数逆序输出。

程序分析：采用循环方式依次给数组的 30 个元素赋偶数值，再利用循环控制变量，顺序或逆序地逐个引用数组元素。本题示范了在连续输出数组元素值的过程中，如何利用循环控制变量进行换行。

程序代码如下。

```
#include<stdio.h>
#define M 30
int main( )
{   int a[M],i,k=2;
    /*给数组 a 元素依次赋偶数值 2,4,6…*/
    for(i=0;i<M;i++)
    {   a[i]=k;
        k=k+2;
    }
    printf("按每行 10 个数顺序输出：\n");
    for(i=0;i<M;i++)
    {   printf("%4d",a[i]);
        if((i+1)%10==0)     printf("\n");
    }
    printf("按每行 10 个数逆序输出：\n");
    for(i=M-1;i>=0;i--)
    printf("%3d%c",a[i],(i%10==0)?'\n':'  ');
    printf("\n");
    return 0;
}
```

程序的运行结果如图 6-4 所示。

```
按每行10个数顺序输出:
   2   4   6   8  10  12  14  16  18  20
  22  24  26  28  30  32  34  36  38  40
  42  44  46  48  50  52  54  56  58  60
按每行10个数逆序输出:
  60  58  56  54  52  50  48  46  44  42
  40  38  36  34  32  30  28  26  24  22
  20  18  16  14  12  10   8   6   4   2

Press any key to continue_
```

图 6-4　例题 6-3 的运行结果

**【例题 6-4】**用冒泡排序法，将任意 10 个整数按由小到大的顺序排序(假设数据存放在数组 a 中)。

程序分析：冒泡排序法是一种常用的排序方法，将相邻的两个数进行比较，将两者中较小的数移到前面。用冒泡法对 n 个数由小到大排序，排序方法如下。

第 1 轮：先比较第 1 个数和第 2 个数，若第 1 个数大于第 2 个数，则两数交换，使小数在前，大数在后。再比较第 2 个数和第 3 个数，若第 2 个数大于第 3 个数，则两数再交换，使小数在前，大数在后。以此类推，直到比较最后两个数(第 n−1 个数和第 n 个数)，使大数在前，小数在后。到此第 1 轮比较结束，最后一个数为最大值，即最大数已“沉底”。

第 2 轮：在第 1 个数到第 n−1 个数的范围内(除了最后位置的最大数后)，重复第 1 轮的比较过程，第 2 轮比较完毕后，在倒数第 2 的位置上得到一个新的最大值(即整个数组中第 2 大的数)。

……

第 n−1 轮：在第 1 个数到第 2 个数的范围内，重复第 1 轮的比较过程，比较完毕后，在第 2 的位置上得到第 n−1 个最大数。

至此，整个冒泡排序过程结束，依次输出排序后的 10 个元素，即为所求结果。

由上可知，对于任意 n 个整数用冒泡法排序，共需要 n−1 轮排序过程。第 1 轮对 n 个数两两比较，共比较 n−1 次；第 2 轮对 n−1 个数两两比较，共比较 n−2 次…… 第 n−1 轮对 2 个数两两比较，共比较 1 次。至此，全部比较结束。每次比较时，若前面一个数大于后面一个数，就将两数的值进行交换。

图 6-5 为冒泡排序第 1 轮比较的示意图(为简单起见，这里仅演示有 6 个数字的情形)。

| 第1次 | 第2次 | 第3次 | 第4次 | 第5次 | 结果 |
|---|---|---|---|---|---|
| 19 | 18 | 18 | 18 | 18 | 18 |
| 18 | 19 | 15 | 15 | 15 | 15 |
| 15 | 15 | 19 | 12 | 12 | 12 |
| 12 | 12 | 12 | 19 | 9 | 9 |
| 9 | 9 | 9 | 9 | 19 | 7 |
| 7 | 7 | 7 | 7 | 7 | 19 |

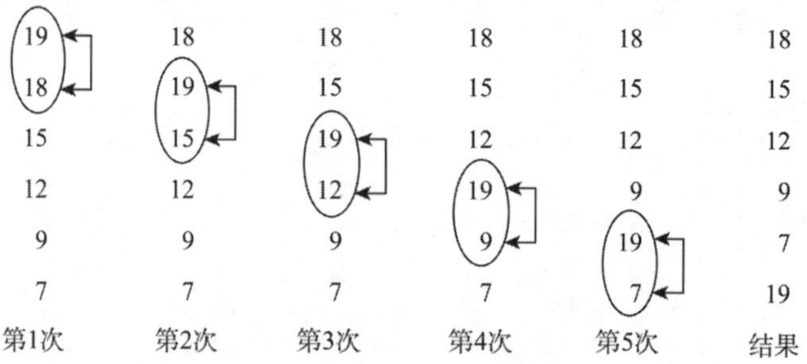

图 6-5　第 1 轮冒泡排序示意图

图 6-6 为完整的冒泡排序示意图(同样仅演示有 6 个数字的情形)。

| 19 | 18 | 15 | 12 | 9 | 7 |
|---|---|---|---|---|---|
| 18 | 15 | 12 | 9 | 7 | 9 |
| 15 | 12 | 9 | 7 | 12 | 12 |
| 12 | 9 | 7 | 15 | 15 | 15 |
| 9 | 7 | 18 | 18 | 18 | 18 |
| 7 | 19 | 19 | 19 | 19 | 19 |
| 初始数 | 第1轮 | 第2轮 | 第3轮 | 第4轮 | 第5轮 |

图 6-6 冒泡排序示意图

根据以上分析，程序代码如下。

```
#include<stdio.h>
#define N 10
int main( )
{    int a[N];
     int i,j,t;
     printf("请输入任意的 10 个整数:\n");
     for(i=0;i<N;i++)
     scanf("%d",&a[i]);              /*输入 10 个整数*/
     printf("\n");
     /*冒泡排序的比较过程*/
     for(i=0;i<N-1;i++)              /*外循环用于控制比较轮数*/
     {    for(j=0;j<N-i-1;j++)       /*内循环用于每轮比较的次数*/
          {    if(a[j]>a[j+1])       /*相邻的两个数进行比较*/
               {    t=a[j];
                    a[j]=a[j+1];
                    a[j+1]=t;
               }
          }
     }
     printf("冒泡排序后的输出结果为:\n");
     for(i=0;i<N;i++)
     printf("%4d",a[i]);
     printf("\n");
     return 0;
}
```

程序的运行结果如图 6-7 所示。

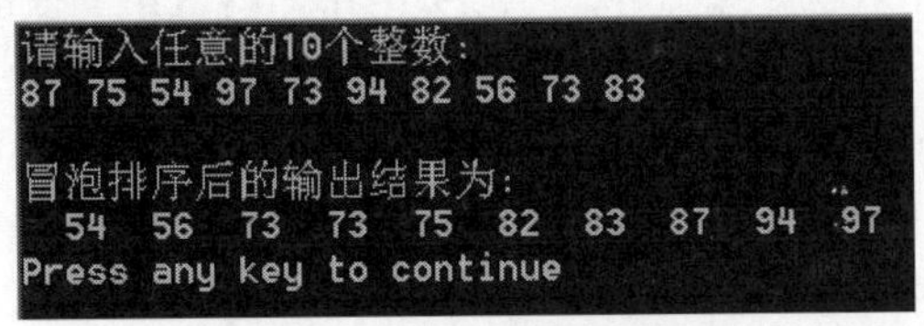


图 6-7 例题 6-4 的运行结果

**【例题 6-5】**已有一个从大到小排好序的数组，现输入一个数，要求按原来的排序规律将它插入数组中。

程序分析：设已排序的数有 10 个，存放在数组 a 中，待插入的数存放在 x 中。要将数 x

按顺序插入数组 a 中，只需要满足：a[i]>=x>=a[i+1]。即要插入的数 x 应该介于数组 a 相邻的两个元素之间，需要找到插入数据 x 的位置，这个位置就是数组的下标 t，然后将插入点后面的数组元素后移一个位置，将数据 x 插入位置 t。

根据以上分析，程序代码如下。

```
#include <stdio.h>
int main( )
{    int i,t,x,a[11];
     printf("为数组 a 由大到小输入值:\n");
     for(i=0;i<10;i++)
     scanf("%d",&a[i]);
     printf("输入 x 值:\n");
     scanf("%d",&x);
     for(i=0,t=10;i<=9;i++)
     {    if(x>a[i])
          {    t=i;
               break;
          }
     }
     for(i=10;i>t;i--)
     a[i]=a[i-1];
     a[t]=x;
     printf("输出插入 x 后的数组:\n");
     for(i=0;i<11;i++)
     printf("%4d",a[i]);
     printf("\n");
     return 0;
}
```

程序的运行结果如图 6-8 所示。

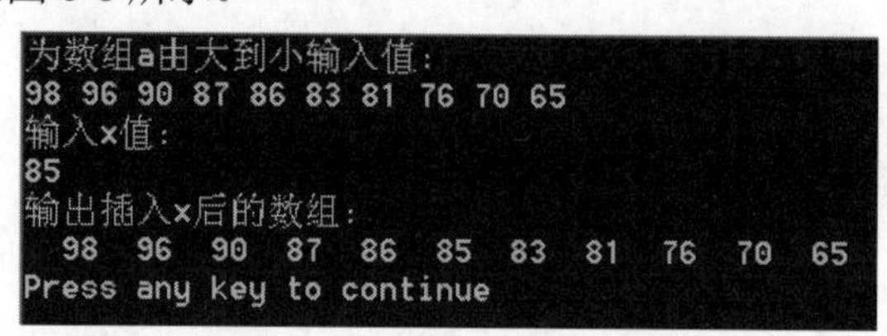


图 6-8　例题 6-5 的运行结果

**【例题 6-6】**从键盘输入 9 个整数存入一维数组中，将数组的值倒置后重新存入该数组并输出。

程序分析：定义一个整型数组 a，用来存放 9 个整数值。前后倒置就是将对应位置的值交换，即 a[0]与 a[8]交换，a[1]与 a[7]交换，a[2]与 a[6]交换，a[3]与 a[5]交换。

根据以上分析，程序代码如下。

```
#include <stdio.h>
int main( )
{    int a[9],i,t;
     printf("请输入 9 个整数:\n");
     for(i=0;i<=8;i++)
```

```
        scanf("%d",&a[i]);
        for(i=0;i<=(int)(9/2);i++)
        {    t=a[i];
             a[i]=a[8-i];
             a[8-i]=t;
        }
        printf("前后倒置后输出为:\n");
        for(i=0;i<=8;i++)
        printf("%4d",a[i]);
        printf("\n");
        return 0;
}
```

程序的运行结果如图 6-9 所示。

```
请输入9个整数:
12 34 56 78 90 98 87 76 65
前后倒置后输出为:
  65  76  87  98  90  78  56  34  12
Press any key to continue
```

图 6-9　例题 6-6 的运行结果

## 6.2 二维数组

前面介绍了一维数组，若一个数组，它的每一个元素也是类型相同的一维数组时，该数组便是二维数组。数组的维数是指数组下标的个数，一维数组只有一个下标，二维数组有两个下标。

### 6.2.1 二维数组的定义

二维数组定义的一般形式如下。

```
类型标识符    数组名[常量表达式 1][常量表达式 2];
```

第一个下标为行下标，第二个下标为列下标。例如：

```
int a[2][3], b[3][4];
```

该例中，定义数组 a 为 2 行 3 列(2×3)6 个元素的整型二维数组，数组 b 为 3 行 4 列(3×4)12 个元素的整型二维数组。

数组的行列编号均从 0 开始，数组元素在内存中以行优先原则存放，即先存放第 0 行、再存放第 1 行……以此类推。按存放顺序，数组 a 的 6 个元素如下。

```
a[0][0]    a[0][1]    a[0][2]
a[1][0]    a[1][1]    a[1][2]
```

数组元素在内存中是连续存放的，它们在内存中占据一段连续的内存空间。现假设数组 a 的第一个元素 a[0][0]在内存中的地址编号是 3000，每个整型元素占 4 个字节的空间，则第 2 个元素 a[0][1]的地址编号是 3004，第 3 个元素 a[0][2]的地址编号是 3008，第 4 个元素 a[0][3]的地址编号是 3012……第 6 个元素 a[1][2]的地址编号是 3000+(n−1)×4=3020。数组 a 在内存中的存储形式如图 6-10 所示。

| a[0][0] | a[0][1] | a[0][2] | a[1][0] | a[1][1] | a[1][2] |
|---|---|---|---|---|---|
| 3000 | 3004 | 3008 | 3012 | 3016 | 3020 |

图 6-10　数组 a 在内存中的存储形式

数组 b 的 12 个元素如下。

```
b[0][0]    b[0][1]    b[0][2]    b[0][3]
b[1][0]    b[1][1]    b[1][2]    b[1][3]
b[2][0]    b[2][1]    b[2][2]    b[2][3]
```

数组 b 的存放方式与数组 a 类似，在此不再赘述。

二维数组的定义应注意以下几个问题。

(1) 不能将二维数组的两个下标写在一个[ ]中，举例如下。

```
int a[2,3];
```

上面这种写法是错误的。

(2) 可将二维数组看成特殊的一维数组，其每一个元素都是一个一维数组。以上面定义的数组 a 为例，数组 a 可以看成由 a[0]、a[1]两个元素组成，这两个元素又各自包含了 3 个整型数组元素，如图 6-11 所示。

| | | | |
|---|---|---|---|
| a[0] | a[0][0] | a[0][1] | a[0][2] |
| a[1] | a[1][0] | a[1][1] | a[1][2] |

图 6-11　将二维数组看成特殊的一维数组

C 语言除了支持一维数组、二维数组外，也支持多维数组，举例如下。

```
int a[2][3][4];
```

在此不详细介绍多维数组，读者可在二维数组知识的基础上，自学多维数组。

### 6.2.2　二维数组的引用

二维数组和一维数组一样，只能逐个引用元素，不能整体性引用。二维数组元素的引用形式如下。

```
数组名[下标 1][下标 2]
```

“下标 1”是第一维下标，也称行下标；“下标 2”是第二维下标，也称列下标。下标 1 和下标 2 的值都从 0 开始，下标 1、下标 2 均为常量。

通过前面的介绍知道，若定义一个如下所示的二维数组。

```
int a[3][4];
```

则数组 a 有 12 个元素，如下所示。

```
a[0][0]    a[0][1]    a[0][2]    a[0][3]
a[1][0]    a[1][1]    a[1][2]    a[1][3]
a[2][0]    a[2][1]    a[2][2]    a[2][3]
```

数组的每一个元素都可以当作一个变量来使用，以下都是数组元素正确的引用形式。

```
scanf("%d",&a[1][1]);
printf("%d",a[1][1]);
a[2][3]=a[0][0]+a[1][2]-a[1][1];
```

可用循环的嵌套给二维数组赋值，或输出数组中的值，举例如下。

```
int i,j,a[3][4];
    for(i=0;i<3;i++)                //外循环控制行
        for(j=0;j<4;j++)            //内循环控制列
scanf("%d",&a[i][j]);               //循环输入元素值

for(i=0;i<3;i++)
for(j=0;j<4;j++)
printf("%d",a[i][j]);               //循环输出元素值
```

下面看一个二维数组元素引用的例子。

**【例题 6-7】**定义一个 3 行 4 列的整型数组，从键盘为数组赋值。求各元素之和，并将数组按照 3×4 矩阵的格式输出。

程序分析：定义一个 3 行 4 列的整型数组 a，用循环的嵌套给数组 a 的元素赋值。每输入一个元素值就存放到变量 sum 中(sum 的初值为 0)。输出二维数组时要注意，每输出一行就要换行。

程序代码如下。

```
#include<stdio.h>
int main( )
{   int a[3][4],i,j,sum;
    sum=0;
    printf("请输入数组 a 的 12 个元素值:\n");
    for(i=0;i<3;i++)                        //外循环控制行
        for(j=0;j<4;j++)                    //内循环控制列
            {   scanf("%d",&a[i][j]);       //循环输入元素值
                sum=sum+a[i][j];            //数组元素求和
            }
    printf("输出数组 a:\n");
    for(i=0;i<3;i++)
    {   for(j=0;j<4;j++)
        printf("%4d",a[i][j]);              //循环输出元素值
        printf("\n");                       //每输出一行后换行
    }
    printf("\n");
    return 0;
}
```

程序的运行结果如图 6-12 所示。

```
请输入数组a的12个元素值:
1 2 3 4 5 6 7 8 9 10 11 12
输出数组a:
   1   2   3   4
   5   6   7   8
   9  10  11  12

Press any key to continue
```

图 6-12　例题 6-7 的运行结果

### 6.2.3　二维数组的初始化

二维数组的初始化是指在定义二维数组时给二维数组元素赋值。二维数组的初始化有以下几种形式。

(1) 将二维数组各元素按顺序写在一个花括号里，按顺序给数组的各个元素赋初值，举例如下。

```
int a[3][4]={1,2,3,4,5,6,7,8,9,10,11,12};
```

此时，a[0][0]=1，a[0][1]=2，a[0][2]=3，a[0][3]=4，a[1][0]=5，a[1][1]=6，a[1][2]=7，a[1][3]=8，a[2][0]=9，a[2][1]=10，a[2][2]=11，a[2][3]=12。

(2) 可以分行给二维数组的各元素赋值，将所有元素值放在一个花括号里，在花括号内，每行按顺序再用一个花括号括起来，行与行之间的花括号用逗号隔开，举例如下。

```
int a[3][4]={{1,2,3,4},{5,6,7,8},{9,10,11,12}};
```

该例中的二维数组有3行，第1行的4个元素分别为1,2,3,4；第2行的4个元素分别为5,6,7,8；第3行的4个元素分别为9,10,11,12。

(3) 可以只对数组的部分元素赋初值，没有赋初值的元素值默认是0(整型类)或者空字符(字符数组)，举例如下。

```
int a[3][4]={{1,2},{3,4},{5,6}};
```

则该数组如下。

1 2 0 0
3 4 0 0
5 6 0 0

因为是整型数组，所以凡是没有赋值的元素都默认是0。

(4) 若对二维数组的所有元素赋值，可省略第一维下标，任何时候都不能省略第二维下标，举例如下。

```
int a[ ][4]={1,2,3,4,5,6,7,8,9,10,11,12};
```

但下面这种写法是错误的。

```
int a[3][ ]={1,2,3,4,5,6,7,8,9,10,11,12};
```

### 6.2.4　二维数组应用案例

**【例题 6-8】**定义一个 3 行 4 列的二维数组，求出二维数组每列中的最小元素，并依次放入一维数组中。

程序分析：定义一个 3 行 4 列的实型数组 a，一个实型一维数组 min，一维数组 min 用来存放二维数组中每列的最小值。先用循环的嵌套输入二维数组 a 的各元素值，再循环 4 次(因为有 4 列)，分别找出每列的最小值并放入一维数组 min 中，找每列最小值时可以采用前面一维数组中用到的打擂台算法。

程序代码如下。

```
#include<stdio.h>
int main( )
{    int a[3][4],min[4],t;
     int i,j;
     printf("输入二维数组 a 的元素值:\n");
     for(i=0;i<3;i++)
     for(j=0;j<4;j++)
     scanf("%d",&a[i][j]);
     for(i=0;i<4;i++)
     {    min[i]=a[0][i];
          for(j=1;j<3;j++)
          if(a[j][i]<min[i])    min[i]=a[j][i];
     }
     printf("一维数组 a 为:\n");
     for(i=0;i<4;i++)
     printf("%4d",min[i]);
     printf("\n");
     return 0;
}
```

程序的运行结果如图 6-13 所示。

```
输入二维数组a的元素值:
76 65 54 94 63 71 62 83 62 95 60 70
一维数组a为:
  62  65  54  70
Press any key to continue
```

图 6-13　例题 6-8 的运行结果

读者理解该题后思考，若要求出二维数组中每行的最小值，将每行最小值放到一个一维数组中，应该对程序进行怎样的修改？

**【例题 6-9】**将一个 3 行 4 列的二维数组转置为一个 4 行 3 列的二维数组并按矩阵的格式输出。

程序分析：定义两个二维数组 a[3][4]和 b[4][3]，从键盘输入数组 a 的元素值，行列互换后，将元素值一一对应赋给数组 b。两个数组元素的对应关系为 a[i][j]=b[j][i]。

程序代码如下。

```
#include<stdio.h>
int main( )
{    int a[3][4],b[4][3],i,j;
     printf("输入数组 a 个元素值:\n");
```

```
    for(i=0;i<3;i++)
    for(j=0;j<4;j++)
    scanf("%d",&a[i][j]);
    printf("数组 a 转置前:\n");
    for(i=0;i<3;i++)
    {   for(j=0;j<4;j++)
        {   printf("%5d",a[i][j]);
            b[j][i]=a[i][j];
        }
        printf("\n");
    }
    printf("数组转置后:\n");
    for(i=0;i<4;i++)
    {   for(j=0;j<3;j++)
        printf("%5d",b[i][j]);
        printf("\n");
    }
    printf("\n");
    return 0;
}
```

程序的运行结果如图 6-14 所示。

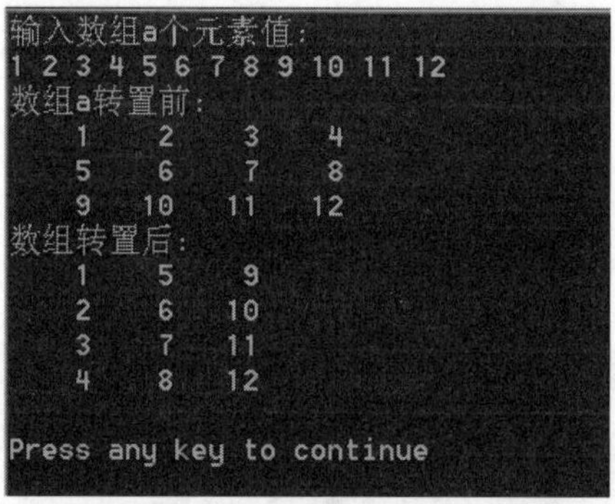

```
输入数组a个元素值:
1 2 3 4 5 6 7 8 9 10 11 12
数组a转置前:
    1    2    3    4
    5    6    7    8
    9   10   11   12
数组转置后:
    1    5    9
    2    6   10
    3    7   11
    4    8   12

Press any key to continue
```

图 6-14　例题 6-9 的运行结果

**【例题 6-10】**输入一个 4×4 的二维数组，并输出该数组的主对角线和副对角线上的元素。

```
#include<stdio.h>
int main( )
{   int a[4][4],i,j;
    printf("请输入各元素值:\n");
    for(i=0;i<4;i++)
    for(j=0;j<4;j++)
        scanf("%d",&a[i][j]);
    printf("主对角线元素为:\n");
    for(i=0,j=0;i<4&&j<4;i++,j++)
        printf("%4d",a[i][j]);
    printf("\n");
    printf("副对角线元素为:\n");
    for(i =0,j =3;i<4&&j>=0;i++,j--)
        printf("%4d", a[i][j]);
```

```
    printf("\n");
    return 0;
}
```

程序的运行结果如图 6-15 所示。

```
请输入各元素值:
1 2 3 4 5 6 7 8 9 10 11 12 13 14 15 16
主对角线元素为:
   1   6  11  16
副对角线元素为:
   4   7  10  13
Press any key to continue
```

图 6-15 例题 6-10 的运行结果

# 6.3 字符数组与字符串

前面介绍了一维数组和二维数组，本节主要介绍字符数组。

## 6.3.1 字符数组的定义与初始化

若一个数组的元素存放的是字符型数据，则该数组是字符型数组，字符型数组的每个元素存放一个字符。

例如：char s[20];

该例定义了一个长度为 20 的字符数组，该数组可存放 20 个字符。每个字符在内存中占一个字节的内存空间，数组 s 占 20 个字节的空间。

字符数组的初始化与一维数组的初始化类似，举例如下。

```
char m[7]={'G','r','e','a','t','e','!'};
```

初始化后，则 m[0]='G',m[1]='r',m[2]='e',m[3]='a',m[4]='t',m[5]='e',m[6]='!'。此时数组的长度与元素的个数刚好相等。

若字符数组的长度大于字符元素的个数，则将字符按顺序赋值给前面的元素，多余的元素值默认为'\0'(空字符)，举例如下。

```
charstr[10]={'C','h','i','n','a','!','\0','\0','\0','\0'};
```

数组 str 在内存中的存储形式如图 6-16 所示。

| C | h | i | N | a | ! | \0 | \0 | \0 | \0 |
|---|---|---|---|---|---|---|---|---|---|
| str[0] | str[1] | str[2] | str[3] | str[4] | str[5] | str[6] | str[7] | str[8] | str[9] |

图 6-16 数组 str 在内存中的存储形式

上面定义的是一维数组，下面定义并初始化一个二维数组。

```
char s[3][5]={{'','',' *'},{'',' *',' *',' *'},
              {' *',' *',' *',' *',' *'} };
```

数组 s 表示的图形如图 6-17 所示。

```
  *
 ***
*****
```

图 6-17　数组 s 表示的图形

### 6.3.2　字符数组的引用

字符数组的引用与一维数组的引用类似，下面看一个字符数组引用的例子。

【例题 6-11】字符数组的输入和输出。

```
#include<stdio.h>
int main( )
{    char c[10];
     int i;
     printf("给字符数组赋值:");
     for(i=0;i<10;i++)
          scanf("%c",&c[i]);
     printf("字符数组为:");
          for(i=0;i<10;i++)
          printf("%c",c[i]);
     printf("\n");
          return 0;
}
```

程序的运行结果如图 6-18 所示。

```
给字符数组赋值:beautiful!
字符数组为:beautiful!
Press any key to continue
```

图 6-18　例题 6-11 的运行结果

【例题 6-12】输出一个图形。

```
#include<stdio.h>
int main( )
{    char s[3][5]={{' ',' ','*',' ',' '},{' ','*','*','*',' '},
                   {'*','*','*','*','*' } };
     int i,j;
     for(i=0;i<3;i++)
     {    for(j=0;j<5;j++)
          printf("%c",s[i][j]);
          printf("\n");
     }
     return 0;
}
```

程序的运行结果如图 6-19 所示。

图 6-19 例题 6-12 的运行结果

### 6.3.3 字符串和字符串结束标志

#### 1. 字符串的概念

在 C 语言中，字符串是指用双引号引起来的一个或多个字符。字符串中的字符包括转移字符和 ASCII 码表中的所有字符。例如，Hello、abc_123、a 都是合法的字符串。

#### 2. 字符串结束标志

在 C 语言中，字符串是作为字符数组来处理的。字符串中的每一个字符分别存放在字符数组对应的元素位置上，但在实际使用时，有时会出现这样的情况：字符数组的长度大于字符串的实际长度。此时多余的字符数组元素默认为'\0'。在 C 语言中，将空字符'\0'作为“字符串的结束标志”，即字符串在存储时，系统会自动在每个字符串的末尾加上'\0'作为结束标志。例如，字符串"China"在内存中占用 6 个字节空间，其存储形式如图 6-20 所示。

| C | h | i | n | a | \0 |
|---|---|---|---|---|---|

图 6-20 字符串"China"的存储形式

可以看出，字符串在内存中所占的空间=字符串实际长度+1，在定义字符数组时应估计字符串的实际长度，保证字符数组的长度大于字符串的实际长度。

在此简单说明一下空字符'\0'的含义，'\0'是一个 ASCII 码值为 0 的字符，无法在屏幕上显示，代表空操作，即什么也不能干，是字符串结束的标志。系统读取字符数组中的元素期间，当读到'\0'时，认为字符串结束。

明白了字符串是作为字符数组来处理的，那么对字符数组进行初始化，有以下另一种形式。

```
char s[ ]={"How are you!"};
```

也可以写成：

```
char s[ ]="How are you!";
```

此时字符数组 s 默认的长度是 13，末尾自动加上'\0'作为字符串的结束标志，其存储形式如图 6-21 所示。

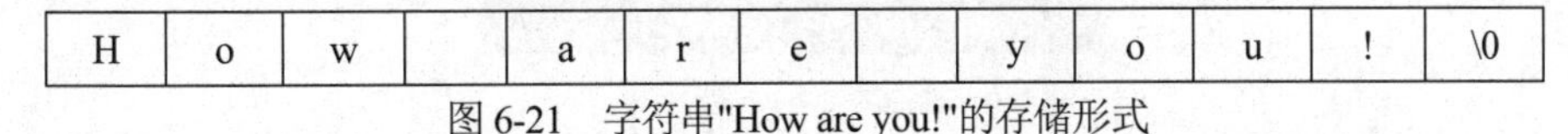

| H | o | w |  | a | r | e |  | y | o | u | ! | \0 |
|---|---|---|---|---|---|---|---|---|---|---|---|---|

图 6-21 字符串"How are you!"的存储形式

上述初始化语句也可写成下列形式：

```
char s[ ]={'H','o','w',' ','a', 'r', 'e',' ', 'y', 'o', 'u', '! ', '\0' };
```

**注意：**

不能漏掉最后的'\0'字符，否则与上面的字符数组不等价。

### 6.3.4　字符数组的输入输出

可以采用格式说明符%c 以循环方式逐个输入、输出字符数组中的字符，最后再加上一个'\0'字符作为结束标志；也可以采用格式说明符%s 对字符串进行整体性输入输出。

(1) 采用格式说明符%c 以循环方式逐个输入、输出字符。

例如：char s[20];

```
int i;
for(i=0;i<20;i++)
scanf("%c",&s[i]);        //循环输入每个字符
for(i=0;i<20;i++)
printf("%c",s[i]);        //循环输出每个字符
```

(2) 采用格式说明符%s 对字符串进行整体性输入、输出。

例如：char s[20];

```
scanf("%s",s);            //整体输入字符串
printf("%s",s);           //整体输出字符串
```

下面看一个字符数组输入、输出的例子。

**【例题 6-13】**字符数组输入、输出示例。

```
#include<stdio.h>
int main( )
{    char s1[10],s2[10],s3[10],s4[10];
     printf("please input string:\n");
     scanf("%s%s%s%s",s1,s2,s3,s4);
     printf("please output string:\n");
     printf("%s   %s   %s   %s\n",s1,s2,s3,s4);
     return 0;
}
```

程序的运行结果如图 6-22 所示。

```
please input string:
abcd
efgh
jklm
kuld
please output string:
abcd  efgh  jklm  kuld
Press any key to continue
```

图 6-22　例题 6-13 的运行结果

### 6.3.5　字符串处理函数

在编写程序时，往往需要对字符串做一些处理，例如，将两个字符串连接、比较字符串的大小、字符串字母的大小写转换等。为简化用户的程序设计，C 语言提供了丰富的字符串处理函数，用户在编程时，可直接调用这些函数，以减轻编程的工作量。在使用字符串处理函数前，

要包含对应的头文件。在使用字符串输入输出函数前，要包含头文件“stdio.h”；在使用字符串的比较、连接、大小写转换等函数前，要包含头文件“string.h”。

表 6-1 列出了几个常用的字符串处理函数。

表 6-1 常用的字符串处理函数

| 函数原型 | 函数功能 |
| --- | --- |
| gets(字符数组) | 从键盘读入一个字符串到字符数组中，输入的字符串中允许包含空格，输入字符串时以回车键结束，系统自动在字符串的末尾加上'\0'结束符 |
| puts(字符数组) | 从字符数组的首地址开始，输出字符数组，同时将'\0'转换成换行符 |
| strcpy(字符数组 1,字符串 2) | 将字符串 2 复制到字符数组 1 中 |
| strcat(字符数组 1,字符数组 2) | 将字符数组 1 中的字符串与字符数组 2 中的字符串连接成一个长串，放到字符数组 1 中 |
| strcmp(字符串 1,字符串 2) | 按照 ASCII 码的顺序比较两个字符串的大小，比较的结果为整数，通过整数值的正、负或 0 来判断两个字符串的大小 |
| strlen(字符数组) | 求字符串的实际长度，不包括'\0'在内 |
| strlwr(字符串) | 将字符串中的所有大写字母都转换成小写字母 |
| strupr(字符串) | 将字符串中的所有小写字母都转换成大写字母 |

### 1. 字符串输入函数 gets( )

格式：gets(字符数组)

功能：从键盘读入一个字符串到字符数组中，输入的字符串中允许包含空格，输入字符串时以回车键结束，系统自动在字符串的末尾加上'\0'结束符。

注意：使用 gets( )函数输入字符串与使用 scanf( )函数的%s 格式输入字符串存在区别。使用 gets( )函数输入字符串时，输入的字符串中可包含空格，空格可作为字符串的一部分，当输入回车键时字符串结束；而使用 scanf( )函数的%s 格式输入字符串时，输入的字符串中不能包含空格，空格或回车键都是字符串的结束标志。

例如：

```
char s[20];
gets(s);
```

若从键盘输入数据：Hello　yxl!

则字符数组 s 获得的值为：Hello　yxl!(包括空格)，系统自动在末尾加上'\0'作为结束标志。

下面看一个使用字符串输入函数 gets( )的例子。

【例题 6-14】字符串输入函数 gets( )使用示例。

```
#include <stdio.h>
int main( )
{   char str[20];
    printf("please input string:\n");
```

```
    gets(str);                //输入字符串，输入的字符串中可以包含空格
    printf("output string:\n");
    printf("%s\n",str);       //输出字符串
    return 0;
}
```

程序的运行结果如图6-23所示。

```
please input string:
good friends
output string:
good friends
Press any key to continue
```

图6-23　例题6-14的运行结果

### 2. 字符串输出函数puts( )

格式：puts(字符数组)

功能：从字符数组的首地址开始，输出字符数组，同时将'\0'转换成换行符。

注意：字符串输出函数puts( )能自动换行，因此，在使用puts( )函数时，一般其后不需要使用语句printf("\n");来输出换行符。

例如：

```
char str[20]="Hello    yxl!";
puts(str);                 //输出字符串 str
```

运行结果为：Hello　yxl!，光标自动移到下一行。

下面看一个使用字符串输出函数puts( )的例子。

**【例题6-15】**字符串输出函数puts( )使用示例。

```
#include<stdio.h>
int main( )
{    char str[20]="what's your name?";
     puts(str);
     puts("I am John");
     return 0;
}
```

程序的运行结果如图6-24所示。

```
what's your name?
I am John
Press any key to continue
```

图6-24　例题6-15的运行结果

此例中，语句puts(str);输出字符串"what's your name?"后，自动换行，在下一行输出字符串"I am John"。

### 3. 字符串复制函数strcpy( )

格式：strcpy(字符数组1,字符串2)

功能：将字符串2复制放到字符数组1中(将字符串2中的字符串结束标志'\0'也一同复制后放到字符数组1中)。

注意以下几个问题。

(1) 字符数组1的长度应大于或等于字符串2的长度，以保证字符数组1能存放得下字符串2。

(2) 字符串2可以是字符串形式，也可以是字符数组名的形式。以下表达形式都是正确的。

```
char str1[15],str2[10]={"language"};
strcpy(str1,str2);
strcpy(str1,"language");
```

(3) 因数组不能进行整体赋值，故不能使用赋值语句给字符数组赋值。以下表达形式都是错误的。

```
char str1[15],str2[10]={"language"};
str1=str2;            //错误，不能用"="直接赋值
str1="language";  //错误，不能用"="直接赋值
```

(4) 将字符串2中的字符串结束标志'\0'也一同复制后放到字符数组1中。

下面看一个使用字符串复制函数strcpy( )的例子。

**【例题6-16】**字符串复制函数strcpy( )使用示例。

```
#include<stdio.h>
#include<string.h>
int main( )
{    char str1[20],str2[20],str3[20]="How are you?";
     strcpy(str1,str3);                    //不能写成str1=str3;
     strcpy(str2,"Fine,thank you!");       //不能写成str2="Fine,thank you!";
     puts(str1);
     puts(str2);
     return 0;
}
```

程序的运行结果如图6-25所示。

```
How are you?
Fine,thank you!
Press any key to continue
```

图6-25 例题6-16的运行结果

### 4. 字符串连接函数strcat( )

格式：strcat(字符数组1,字符数组2)

功能：将字符数组1中的字符串与字符数组2中的字符串连接成一个长串，放到字符数组1中，原字符数组1末尾的'\0'会被自动覆盖，连接后的新长串的末尾会自动加上'\0'。

注意以下几个问题。

(1) 字符数组2可以是一个字符数组，也可以是一个字符串。

(2) 字符数组1的长度必须足够大，能容得下连接以后的长串。

下面看一个使用字符串连接函数 strcat( )的例子。

【例题 6-17】字符串连接函数 strcat( )使用示例。

```
#include<stdio.h>
#include<string.h>
int main( )
{    char str1[20]="Hello";
     char str2[]="Wuhan";
     printf("%s\n",strcat(str1,str2));
     return 0;
}
```

程序的运行结果如图 6-26 所示。

```
Hello Wuhan!
Press any key to continue_
```

图 6-26　例题 6-17 的运行结果

### 5. 字符串比较大小函数 strcmp( )

格式：strcmp(字符串 1,字符串 2)

例如：strcmp(s1, s2);

　　　strcmp(s1, "good");

　　　strcmp("good","bad");

功能：按照 ASCII 码的顺序比较两个字符串的大小，比较的结果为整数，通过整数值的正、负或 0 来判断两个字符串的大小。

比较两个字符串大小的规则如下。

(1) 若字符串 1 等于字符串 2，函数值为 0。

(2) 若字符串 1 大于字符串 2，函数值为一个正整数。

(3) 若字符串 1 小于字符串 2，函数值为一个负整数。

两个字符串比较大小，比较的规则是从第一个字母开始，比较对应位字符的 ASCII 码值的大小。若第一个字符相同，再比较第二个，依次比较下去，直到能比较出大小为止。如 strcmp("good","great")<0，strcmp("France","America")>0 等。

下面看一个使用字符串比较大小函数 strcmp( )的例子。

【例题 6-18】字符串比较大小函数 strcmp( )使用示例。

```
#include<stdio.h>
#include<string.h>
int main( )
{    char str1[10]={"China"};
     char str2[10]={"America"};
     if(strcmp(str1,str2)>0) ptintf("Yes!\n");
     else printf("No!\n");
     return 0;
}
```

程序的运行结果如图 6-27 所示。

```
Yes!
Press any key to continue
```

图 6-18 例题 6-18 的运行结果

### 6. 字符串长度函数 strlen( )

格式：strlen(字符数组)

功能：求字符串(字符数组)的实际长度，不包括'\0'在内。

说明：函数的返回值是一个整数，返回值表示字符串中字符的实际个数。

下面看一个使用字符串长度函数 strlen( )的例子。

**【例题 6-19】**字符串长度函数 strlen( )使用示例。

```
#include<stdio.h>
#include<string.h>
int main( )
{    char str1[20]="language";
     printf("%d\n",strlen(str1));
     printf("%d\n",strlen("computer"));
     return 0;
}
```

程序的运行结果如图 6-28 所示。

```
8
8
Press any key to continue
```

图 6-28 例题 6-19 的运行结果

### 7. 将字符串中的大写字母转换成小写字母的 strlwr( )函数

格式：strlwr(字符串)

功能：将字符串中的所有大写字母都转换成小写字母。

例如：strlwr("ABcD")的结果是"abcd"。

### 8. 将字符串中的小写字母转换成大写字母的 strupr( )函数

格式：strupr(字符串)

功能：将字符串中的所有小写字母都转换成大写字母。

例如：strlwr("abcD")的结果是"ABCD"。

## 6.3.6 字符数组应用案例

**【例题 6-20】**输入 6 个国家的名称，按字母顺序排列输出。

思路分析：6 个国家名可由一个二维字符数组来处理。C 语言规定可以把一个二维数组当成多个一维数组处理，因此本题可以按照 6 个一维数组来处理，每个一维数组就是一个国家名。用字符串比较函数比较每个一维数组的大小，并排序。

程序代码如下。

```
#include<stdio.h>
```

```
#include<string.h>
int main( )
{    char st[20],cs[6][20];
     int i,j,p;
     printf("please input country's    name:\n");
     for(i=0;i<6;i++)
     gets(cs[i]);
     printf("\n");
     for(i=0;i<6;i++)
     {    p=i;
          strcpy(st,cs[i]);
          for(j=i+1;j<6;j++)
          if(strcmp(cs[j],st)<0)
          {    p=j;
               strcpy(st,cs[j]);
          }
          if(p!=i)
          {    strcpy(st,cs[i]);
               strcpy(cs[i],cs[p]);
               strcpy(cs[p],st);
          }
          puts(cs[i]);
     }
     printf("\n");
     return 0;
}
```

程序的运行结果如图 6-29 所示。

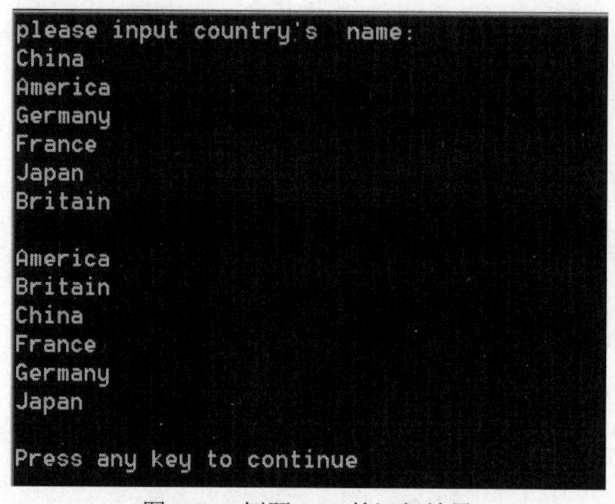


图 6-29　例题 6-20 的运行结果

**【例题 6-21】**输入一行字符，统计其中大写字母、小写字母、空格、数字，以及其他字符的个数。

程序分析：使用 gets( )函数输入一行字符，采用循环方式逐个判断是大写字母、小写字母、空格、数字还是其他字符。

程序代码如下。

```
#include<stdio.h>
#include<string.h>
int main( )
{    char str[50];
     int i,n1,n2,n3,n4,n5;
     n1=n2=n3=n4=n5=0;
     gets(str);
     for(i=0;str[i]!='\0';i++)
     {    if(str[i]>='A'&&str[i]<='Z')            n1++;
          else if(str[i]>='a'&&str[i]<='z')       n2++;
          else if(str[i]==' ')      n3++;
          else if(str[i]>='0'&&str[i]<='9')      n4++;
          else       n5++;
     }
     printf("字符串中大写字母%d 个，小写字母%d 个，空格%d 个，数字%d 个，其他字符%d 个\n",n1,n2,n3,n4,n5);
     return 0;
}
```

程序的运行结果如图 6-30 所示。

```
yht56× jiu98 SEfr54&r
字符串中大写字母2个，小写字母9个，空格2个，数字6个，其他字符2个
Press any key to continue
```

图 6-30　例题 6-21 的运行结果

**【课程思政】**数组是具有相同数据类型的数的集合，以此告诫学生物以类聚、人以群分，近朱者赤、近墨者黑。不管是在学校还是在社会，交友要慎重。生活环境往往能在很大程度上影响一个人的发展轨迹。

## 6.4 本章小结

数组是类型相同的多个数据的有序集合，是程序设计中常用的数据结构。根据数组定义的下标个数的不同，数组可分为一维数组、二维数组和多维数组。数组与普通变量一样，必须先定义后使用，对数组进行引用时只能引用数组元素，不能整体引用数组名。

在 C 语言中，同一个数组的不同元素通过数组下标来指定。规定 C 语言数组元素下标从 0 开始，最大下标为数组长度减 1。使用数组时，注意不能越界。

数组在内存中按线性方式存储，在内存中占据连续的一段内存空间，按照数组元素下标从小到大顺序存储。二维数组按照行优先原则存储。

若数组类型是字符型，则该数组是字符型数组。字符数组的初始化有两种方式：字符初始化和字符串初始化。字符数组的输入、输出也有两种方式：逐个字符输入输出和整个字符串输入输出。

C 语言提供了丰富的字符串处理函数，可对字符串进行输入、输出、连接、比较、大小写转换、复制，也可以求字符串长度。使用这些函数可大大减轻编程负担。在使用字符串输入、输出函数前，应包含头文件“stdio.h”，使用其他字符串函数，应包含头文件“string.h”。

## 6.5 习题

### 一、选择题

1. 已知 int a[10];，则对 a 数组的 10 个成员的有效引用分别是(　　)。
   A. a[1]…a[10]　　B. a[0]…a[9]　　C. a(1)…a(10)　　D. a(0)…a(10)
2. 以下对数组进行初始化正确的是(　　)。
   A. int x[5]={1,2,3,4,5,6};　　B. int x[ ]={1,2,3,4,5,6};
   C. int x[5]={"wuhanshi"};　　D. int x[ ]=(1,2,3,4,5,6);
3. 对二维数组的正确定义是(　　)。
   A. int a[ ][ ]={1,2,3,4,5,6};　　B. int a[2][ ]={1,2,3,4,5,6};
   C. int a[ ][3]={1,2,3,4,5,6};　　D. int a[2,3]={1,2,3,4,5,6};
4. 若有 int a[3][4];，则对 a 数组元素的正确引用是(　　)。
   A. a[2][4]　　B. a[1,3]　　C. a[1+1][0]　　D. a(2)(1)
5. 对二维数组进行初始化，以下语句正确的是(　　)。
   A. int a[2][ ]={{1,0,1},{5,2,3}};　　B. int a[ ][3]={{1,2,3,},{4,5,6}};
   C. int a[2][4]={{1,2,3},{4,5},{6}};　　D. int a[ ][4]={{1,0,1}{ },{1,1}};
6. 以下没有正确定义二维数组的是(　　)。
   A. int a[2][2]={{1},{2}};　　B. int a[ ][2]={1,2,3,4};
   C. int a[2][2]={{1},{2,3}};　　D int a[2][ ]={{1,2},{3,4}};
7. 以下程序的输出结果是(　　)。

```
int main( )
{    int a[4][4]={{1,3,5},{2,4,6},{3,5,7}};
     printf("%d%d%d%d\n",a[0][3],a[1][2],a[2][1],a[3][0]);
     return 0;
}
```

   A. 0650　　B. 1470　　C. 5430　　D. 输出值不确定
8. 以下程序的输出结果是(　　)。

```
int main( )
{    int i,a[10];
     for(i=9;i>=0;i--)
     a[i]=10-i;
     printf("%d%d%d",a[2],a[5],a[8]);
     return 0;
}
```

   A. 258　　B. 741　　C. 852　　D. 369
9. 以下程序的输出结果是(　　)。

```
int main( )
{    int m[ ][3]={1,4,7,2,5,8,3,6,9};
     Int i,j,k=2;
```

```
    for(i=0;i<3;i++)
    printf("%d ",m[k][i]);
    return 0;
}
```

A. 4 5 6　　B. 2 5 8　　C. 3 6 9　　D. 7 8 9

10. 以下程序的输出结果是(　　)。

```
int main( )
{   int a[3][3]={{1,2},{3,4},{5,6}},i,j,s=0;
    for(i=1;i<3;i++)
    for(j=0;j<=i;j++)
        s+=a[i][j];
    printf("%d\n",s);
    return 0;
}
```

A. 18　　B. 19　　C. 20　　D. 21

11. 以下程序的输出结果是(　　)。

```
int main( )
{   int aa[4][4]={{1,2,3,4},{5,6,7,8},{3,9,10,2},{4,2,9,6}};
    int i,s=0;
    for(i=0;i<4;i++)
        s+=aa[i][1];
    printf("%d\n",s);
    return 0;
}
```

A. 11　　B. 19　　C. 13　　D. 20

12. 以下程序的输出结果是(　　)。

```
int main( )
{   int b[3][3]={0,1,2,0,1,2,0,1,2},i,j,t=1;
    for(i=0;i<3;i++)
    for(j=i;j<=i;j++)
        t=t+b[i][b[j][j]];
    printf("%d\n",t);
    return 0;
}
```

A. 3　　B. 4　　C. 1　　D. 9

13. 以下程序的输出结果是(　　)。

```
int main( )
{   char ch[3][5]={"AAAA","BBB","CC"};
    printf("%s\n",ch[1]);
    return 0;
}
```

A. "AAAA"　　B. "BBB"　　C. "BBBCC"　　D. "CC"

14. 字符串拷贝库函数是(　　)。

A. gets( )　　B. puts( )　　C. strcat( )　　D. strcpy( )

15. 判断两个字符串 s1 和 s2 是否相等，应当使用(　　)。

A. if(s1==s2)　　B. if(s1=s2)

C. if(strcmp(s1,s2)==0)　　D. if(strcpy(s1,s2))

16. 判断字符串 s1 是否大于字符串 s2，应当使用(　　)。

A. if(s1>s2)　　B. if(strcmp(s1,s2))

C. if(strcmp(s2,s1)>0)　　D. if(strcmp(s1,s2)>0)

17. 以下语句的输出结果是(　　)。

```
printf("%d\n",strlen("school"));
```

A. 7　　B. 6　　C. 有语法错误　　D. 不定值

18. 下列程序的运行结果为(　　)。

```
#include<stdio.h>
int main( )
{    int a[3][3]={1,2,3,4,5,6,7,8,9},i,x=0;
     for(i=0;i<=2;i++)
          x+=a[i][i];
     printf("%d\n",x);
     return 0;
}
```

A. 15　　B. 12　　C. 13　　D. 6

## 二、填空题

1. 将下面程序补充完整，使其实现以下功能：将字符数组 a 中下标值为偶数的元素从小到大排列，其他元素不变。

```
#include<stdio.h>
#include <string.h>
int main( )
{    char a[ ]="clanguage",t;
     int i, j, k;
     k=strlen(a);
     for(i=0; i<=k-2; i+=2)
     for(j=i+2; j<=k; ________)
          if(________)
               {t=a[i]; a[i]=a[j]; a[j]=t;}
     puts(a);
     printf("\n");
     return 0;
}
```

2. 将下面程序补充完整，使其实现以下功能：将字符串 s 中的数字字符放入 d 数组中，最后输出 d 中的字符串。例如：输入字符串 abc123edf456gh，执行程序后输出 123456。

```
int main( )
{    char s[80], d[80];
     int i,j;
     gets(s);
     for(i=j=0;s[i]!='\0';i++)
     if(________)
     {    d[j]=s[i];j++;}
          d[j]='\0';
          puts(d);
          return 0;
}
```

3. 以下程序的执行结果是___________。

```
#include "stdio.h"
int main( )
{    int a[ ]={9,7,5,3,1},b[ ]={-2,-4,-6,-8,-10},c[5];
     int i;
     for(i=0;i<5;i++)
     {    c[i]=a[i]+b[i];
          printf("%3d",c[i]);
     }
     return 0;
}
```

4. 以下程序的输出结果是_________。

```
#include "stdio.h"
int main( )
{    int a[3][3]={{1},{2},{3}};
     int b[3][3]={1,2,3};
     printf( " %d\n " ,a[1][0]+b[0][1]);
     printf( " %d\n " ,a[0][1]+b[1][0]);
     return 0;
}
```

5. 以下程序的输出结果是_________。

```
#include "stdio.h"
int main( )
{    int a[3][3]={{1,2},{3,4},{5,6}},i,j,s=0;
     for(i=0;i<3;i++)
     for(j=0;j<=3;j++)
          s+=a[i][j];
     printf("%d\n", s);
     return 0;
}
```

6. 以下程序的输出结果是________。

```
#include "stdio.h"
int main( )
{   int n[3][3],i,j;
    for(i=0;i<3;i++)
    for(j=0;j<3;j++)
        n[i][j]=i+j;
    for(i=0;i<2;i++)
    for(j=0;j<2;j++)
        n[i+1][j+1]+=n[i][j];
    printf("%d\n",n[i][j]);
    return 0;
}
```

7. 以下程序的输出结果是_________。

```
#include "stdio.h"
int main( )
{   char ch[2][5]={"6937","8254"},*p[2];
    int i,j,s=0;
    for(i=0;i<2;i++)
        p[i]=ch[i];
    for(i=0;i<2;i++)
    for(j=0;p[i][j]>'\0';j+=2)
        s=10*s+p[i][j]-'0';
    printf("%d\n",s);
    return 0;
}
```

8. 以下程序的输出结果是__________。

```
#include "stdio.h"
int main( )
{   int p[7]={11,13,14,15,16,17,18},i=0,k=0;
    while(i<7&&p[i]%2){k=k+p[i];i++;}
    printf("%d\n",k);
    return 0;
}
```

### 三、编程题

1. 从键盘输入 100 个整数，输出其中的最小值和最大值。

2. 输入 10 个整数，将最小值与第一个数交换，将最大值与最后一个数交换，然后输出交换后的 n 个数。

3. 统计从键盘输入的字符串中数字的个数。

4. 输入 10 个整数，用冒泡法排序并输出。

5. 从键盘输入 100 个整数，输出其中最大的数及其对应的数组下标值。

6. 已知数组 a 中的元素已按从小到大的顺序排列，将输入的一个数插入数组 a 中，插入后，数组 a 中的元素仍然从小到大排列。

7. 任意输入一个字符串，查找它的几个字符串。

8. 任意输入两个字符串放入两个字符数组中，并分别排序，然后采用“逐个比较两字符串中字符大小”的方法，将它们按从小到大的顺序合并到另一数组中。

9. 将一个 3×3 矩阵转置(即行和列互换)后输出。

# 第7章 函 数

在模块化程序设计中，函数就是功能，每个函数用来实现一个特定的功能。函数的名字反映其代表的功能。在设计一个较复杂的程序时，往往把它分为若干个程序模块，每个模块包括一个或多个函数，每个函数实现一个特定的功能。

**本章教学内容**

- 程序的模块化
- 函数的分类、定义和调用
- 函数的参数传递
- 函数的嵌套调用
- 函数的递归调用
- 变量的作用域和存储类别

**本章教学目标**

- 理解函数的概念，树立模块化程序设计的思想。
- 掌握函数的分类、定义和调用。
- 掌握函数参数传递的两种方式：值传递和地址传递。
- 掌握函数的嵌套调用和递归调用。
- 掌握变量的作用域和存储类别。
- 掌握有关函数的综合应用。

## 7.1 函数概述

### 7.1.1 程序的模块化

现实生活中的实际问题通常是复杂的，程序编制的工作量比较大，在程序设计时，一般会采用自顶向下、逐步求精的方法，将一个复杂的问题分解为若干个小的问题来解决，如果分解出的小问题还是很复杂，不易解决，就将其继续分解为更小的问题，以此类推，直至分解为容易解决的问题为止。

对于每个小问题，可以编制相应的功能模块来解决。这些模块，功能上各自独立，同时彼此又具有一定的联系，在开发过程中，可以由不同的程序员来开发。这些模块相互独立，任何一步出错，通常只影响它的下一层模块，对同一层模块没有影响，同时，还可以将常用的模块作为公用模块反复使用，以减少重复编写程序的工作量。

在C语言中，这些程序模块称为函数，函数是构成C语言程序的基本单位。使用函数可以使程序容易编制、修改、调试和维护。

一个C语言程序通常由一个或多个源文件构成，每个源文件由一个或多个函数构成，通过函数之间的相互调用实现程序的功能。C语言规定，在程序中，必须有一个函数名为main( )的函数，即主函数，任何一个C语言程序都是从主函数开始执行的，根据需要主函数可以调用其他函数，其他函数自己也可以相互调用，最后返回到主函数，在主函数中结束整个程序的运行。

**【课程思政】**通过对函数的学习，培养学生对工程项目的分析能力、组织管理能力，以此加强学生的团队合作能力，增强团结、合作意识。函数讲究的是合作，把自己不擅长的拿给别人做，成员之间互相帮助，各取所长，使得效率更高，进度更快。

下面给出两个简单的函数例子。

**【例题7-1】**从键盘输入3个整数，输出最大值。

```
#include<stdio.h>
int max(int a,int b,int c)                    //定义max( )函数
{   int t;
    if(a>b)   t=a;
    else   t=b;
    if(c>t) t=c;
    return t;
}
int main( )
{   int m,n,p,q;
    printf("请输入3个整数");
    scanf("%d%d%d",&m,&n,&p);
    q=max(m,n,p);                             //调用max( )函数
    printf("最大值为:%d\n",q);
    return 0;
}
```

程序的运行结果如图7-1所示。

```
请输入3个整数8  10  3
最大值为:10
Press any key to continue
```

图7-1 例题7-1的运行结果

**【例题7-2】**编写程序输出Hello。

```
#include<stdio.h>
void printHello( )              //定义printHello( )函数
{   printf("Hello\n");
}
int main( )
```

```
{   printHello( );              //调用 printHello( )函数
    return 0;
}
```

程序的运行结果如图 7-2 所示。

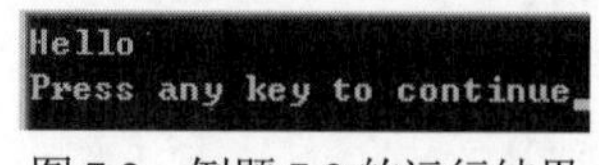


图 7-2　例题 7-2 的运行结果

在例题 7-1 中，max( )函数用来求 3 个整数的最大值，main( )函数调用 max( )函数，实现最大值的计算和输出。在例题 7-2 中 printHello( )函数用来输出 Hello，main( )函数调用 printHello( )函数，从而输出 Hello。

细心的读者可以发现，例题 7-1 没有采用 max 函数，直接采用了主函数，将最大值比较的程序代码写在主函数中，也是可以实现程序功能的。但大多数情况下实际使用的源代码往往有成千上万行，大型软件(如操作系统)有超过千万行的源代码，不可能将所有的代码都写到主函数中，这样不便于团队分工合作编制程序，也不便于维护。可以说，C 语言的全部工作是由各式各样的函数完成的，C 语言又称函数式语言。

## 7.1.2　函数的分类

在模块化程序设计中，函数就是功能。每个函数用来实现一个特定的功能。函数的名字反映其代表的功能。在设计一个较复杂的程序时，往往把它分为若干个程序模块，每个模块包括一个或多个函数，每个函数实现一个特定的功能。一个 C 语言程序可由一个主函数和若干个其他函数构成。main( )函数被称为主函数，是 C 程序的主干，主函数调用其他函数，其他函数也可以互相调用，同一个函数可以被一个或多个函数多次调用。不管 main( )主函数在程序的什么地方，程序一定从 main( )函数开始执行，从 main( )函数结束程序。其他函数可以使用库函数，也可以使用自己编写的函数。在程序设计中灵活地使用函数可以减少重复编写程序段的工作量，同时可以方便地实现模块化的程序设计。

在 C 语言中，可从不同角度对函数进行分类。

(1) 从用户的角度来分，函数可以分为由 C 编译系统提供的标准库函数和用户自定义函数两大类。

标准库函数是指 C 语言编译系统提供的函数，这类函数不需要定义，也不需要在程序中进行类型说明，只需要将其所在的头文件用#include 命令引入，就可以在程序中直接调用。例如，输入输出函数 scanf( )、printf( )，字符串处理函数 strlen( )、strcmp( )，数学计算函数 sqrt( )、fabs( )等都是标准库函数，对于初学者，要熟悉这些标准库函数。在编程过程中，尽量使用标准库函数，这样可以提高程序开发的效率，使程序具有更好的可移植性。

**【例题 7-3】**从键盘输入一个正数，输出其算术平方根。

```
#include<stdio.h>
#include<math.h>              //使用 math.h 头文件
int main( )
{   float x;
    printf("请输入一个正数");
```

```
        scanf("%f",&x);
        if(x>0)
            printf("这个数的算术平方根是%f\n",sqrt(x));     //调用 sqrt( )函数
        else
            printf("输入错误\n");
        return 0;
}
```

程序的运行结果如图 7-3 所示。

图 7-3　例题 7-3 的运行结果

在例题 7-3 中，sqrt( )函数是标准库函数，当使用了#include<math.h>语句后，就可以直接使用 sqrt( )函数计算算术平方根。

标准库函数的数量有限，不可能满足所有用户的要求，所以，C 语言允许用户自己定义函数，从而满足其特殊需求，这样的函数称为用户自定义函数。使用这类函数时，需要先进行函数的定义或声明，才能进行函数调用。本章将重点介绍用户自定义函数。

例题 7-1 中的 max( )函数就是用户自定义函数，在例题 7-1 中给出了 max( )函数的定义代码，用户可以根据自己的需要编制代码实现求 3 个数中的最大值的功能。

(2) 从函数是否有返回值的角度来分，函数可以分为有返回值函数和无返回值函数。

有返回值函数：这类函数被调用执行完后，得到一个数值，返回一个函数数值，例题 7-1 中的 max( )函数和例题 7-3 中的 sqrt( )函数都是有返回值函数。

无返回值函数：这类函数用于执行某项特定的任务，执行完成没有函数数值。例题 7-2 中的 printHello( )函数就是无返回值函数。无返回值函数的返回值类型为 void。

(3) 从函数是否有参数的角度来分，函数可以分为无参函数和有参函数。

无参函数：在函数定义、函数声明和函数调用中都不带参数，主调函数和被调函数之间不进行参数传递，例题 7-2 中的 printHello( )函数是无参函数。

有参函数：在函数定义、函数声明和函数调用中都带参数，在函数定义或函数声明时，函数名后括号内的参数称为形式参数；在函数调用时，函数名后括号内的参数称为实际参数。在进行函数调用时，主调函数将实际参数传递给形式参数。例题 7-1 中的 max( )函数是有参函数。

(4) 从调用关系的角度来分，函数可以分为主调函数和被调函数。

主调函数：调用其他函数的函数。

被调函数：被其他函数调用的函数。

在例题 7-1 中，函数 main( )是主调函数，函数 max( )是被调函数。

## 7.2 函数的定义和调用

### 7.2.1 函数的定义

用户自定义函数必须先定义，后使用。函数定义即编写实现函数功能的程序模块。

函数定义的一般形式如下。

```
类型标识符 函数名(形式参数列表)
{
    函数体
}
```

说明如下。

(1) 函数的定义包括函数首部和函数体。函数首部由类型标识符、函数名和形式参数列表构成；函数体是用花括号括起来的若干条语句，体现函数的实现过程。

(2) 函数名是由用户命名的标识符，函数的命名要符合 C 语言对标识符的规定。在同一个编译单位中函数名不能相同，函数名后面跟一对圆括号，若函数是无参函数，则函数名后面的圆括号不能省略。

(3) 类型标识符指明了函数的类型，函数的类型实际上是函数的返回值类型，可以为 int、float、double、char、void 等类型。在 C 语言中，如果未说明函数类型，就默认函数为 int 类型，如果是 void 类型，说明该函数没有返回值。

(4) 形式参数列表必须是变量，放在函数名后的一对圆括号中，形式参数列表给出所有参数的类型和名称，其语法形式如下。

```
类型 1  形式参数 1,类型 2  形式参数 2……  类型 n  形式参数 n
```

(5) 函数体由说明部分和执行部分组成，说明部分是对函数体内用到的变量进行类型说明，其有效范围为该函数内部，不能被其他函数调用。如果函数有返回值，则在函数体中必须有 return 语句；如果函数没有返回值，则在函数体中可以有 return 语句，也可以没有 return 语句。

(6) 函数的定义不能嵌套，不能在一个函数体中再定义另一个函数，函数定义是独立的，一个函数不从属于另一个函数。

**【例题 7-4】** 编写函数 fun( )求出两个整数的最大值。

可参考 C 语言函数的定义形式，写出对应的 fun( )函数定义。

```
int fun(int a,int b)
 /*定义函数 fun( )，形式参数 a,b 为整型，函数的类型为整型*/
{                               /*函数体的开始*/
    int c;                      /*定义本函数用到的变量 c 为整型*/
    if(a>b) c=a;                /*比较 a 和 b，将最大值赋给 c*/
    else c=b;
    return c;                   /*将 c 的值返回给函数 fun( )*/
}                               /*函数 fun( )的结束*/
```

说明如下。

(1) 即使 a 和 b 都为 int 型，也不能将函数的首部写为 int fun(int a,b)，应分别指明每个形参的类型。

(2) 也可以不定义变量 c，直接使用条件表达式返回，举例如下。

```
int fun(int a,int b)
/*定义函数 fun( )，形式参数 a,b 为整型，函数的类型为整型*/
{                               /*函数体的开始*/
```

```
    return a>b?a:b              /*将 a 和 b 的最大值返回给函数 fun( )*/
}                               /*函数 fun( )的结束*/
```

(3) return 语句后面的内容可以用圆括号括起来，举例如下。

```
return (c);
```

## 7.2.2 函数的调用

### 1. 函数调用的一般形式

不同的函数实现各自的功能，完成各自的任务。在 C 语言中，通过函数调用可以将它们组织起来，按照一定的顺序执行。主调函数通过函数调用向被调用函数进行数据传送、控制转移，被调用函数在完成自己的任务后，又会将结果回传给主调函数并交回控制权。函数之间有序调用，才能完成程序任务。

函数调用的一般形式有以下两种。

```
函数名( );
函数名(实际参数列表);
```

调用无参函数时，函数名后的圆括号不能省略。

若实际参数列表包含多个实参，则将各参数之间用逗号隔开。实参与形参的个数和类型应一致。在函数调用时，主调函数将实参的值一一对应地传递给被调函数的形参。

### 2. 函数调用的方式

根据函数在程序中出现的位置，函数的调用可以分为以下 3 种方式。

(1) 函数语句。把函数调用作为一个语句。

(2) 函数表达式。使函数调用出现在一个表达式中。

(3) 函数的参数。把函数调用作为另一个函数的实际参数。

**【例题 7-5】**在例题 7-4 的基础上，练习函数调用的各种形式。

```
#include<stdio.h>
int fun(int a,int b)
{   int c;
    if(a>b) c=a;
    else c=b;
    return c;
}
int main( )
{   int a,b,c,a1,a2,a3,a4,a5;
    scanf("a=%d,b=%d,c=%d",&a,&b,&c);
    a1=fun(a,b);            //fun(a,b)作为函数表达式，将函数表达式的值赋值给变量 a1。
    a2=fun(6,9);            //fun(6,9)作为函数表达式，将函数表达式的值赋值给变量 a2。
    a3=6+fun(5,7);
    a4=fun(a,fun(b,c));     //fun(b,c)函数调用作为 fun( )函数的实际参数。
    a5=fun(10,fun(4,8));    //fun(4,8)函数调用作为 fun( )函数的实际参数。
    printf("a1=%d\n",a1);
    printf("a2=%d\n",a2);
```

```
    printf("a3=%d\n",a3);
    printf("a4=%d\n",a4);
    printf("a5=%d\n",a5);
    return 0;
}
```

程序的运行结果如图 7-4 所示。

```
a=6,b=9,c=12
a1 =  9
a1 =  9
a1 =  13
a1 =  12
a1 =  10
```

图 7-4　例题 7-5 的运行结果

### 3.函数调用的说明

函数的调用需具备以下条件。

(1) 被调函数必须是已经存在的库函数或用户自定义函数。

(2) 调用库函数之前，一般在文件开头使用#include 命令将库函数所在文件包含。

(3) 若被调函数是用户自定义函数，当被调函数定义在主调函数之后，应该在被调函数被调用前，提前对被调函数进行声明。

在 C 语言中，函数的声明称为函数原型，函数声明的一般形式如下。

```
类型标识符 函数名(参数类型 1,参数类型 2……);
```

或者：

```
类型标识符 函数名(参数类型 1 参数名 1,参数类型 2 参数名 2……);
```

若被调用的函数定义在调用它的函数之前，则不必声明。

在例题 7-5 中，若 fun( )函数定义在后，main( )函数调用在前，则需要进行函数声明，程序如下。

```
#include<stdio.h>
int fun(int a,int b);            //fun( )函数定义在 main( )函数后，提前对 fun( )函数声明。
int main( )
{   int a,b,c,a1,a2,a3,a4,a5;
    scanf("a=%d,b=%d,c=%d",&a,&b,&c);
    a1=fun(a,b);                 //fun(a,b)作为函数表达式，将函数表达式的值赋值给变量 a1。
    a2=fun(6,9);                 //fun(6,9)作为函数表达式，将函数表达式的值赋值给变量 a2。
    a3=6+fun(5,7);
    a4=fun(a,fun(b,c));          //fun(b,c)函数调用作为 fun( )函数的实际参数。
    a5=fun(10,fun(4,8));         //fun(4,8)函数调用作为 fun( )函数的实际参数。
    printf("a1=%d\n",a1);
    printf("a2=%d\n",a2);
    printf("a3=%d\n",a3);
    printf("a4=%d\n",a4);
    printf("a5=%d\n",a5);
    return 0;
}
```

```
int fun(int a,int b)
{   int c;
    if(a>b) c=a;
    else c=b;
    return c;
}
```

说明：函数声明的位置可以在 main( )之外，也可以放在 main( )函数里 fun( )函数调用之前的位置，总而言之，在 fun( )函数被调用前声明就可以了。

## 7.3 函数参数传递

在调用有参函数时，主调函数与被调函数之间有数据传递关系。主调函数向被调函数进行数据传递通过实际参数和形式参数来实现；被调函数向主调函数进行数据传递通过返回语句来实现。

### 7.3.1 函数的参数

主调函数向被调函数进行数据传递通过实际参数和形式参数来实现，即函数调用时将实际参数的值一一对应地传递给形式参数。那么，什么是实际参数？什么是形式参数？

(1) 形式参数。在定义函数时，函数名后面括号中的变量称为形式参数，简称形参。例如，在例题 7-5 的语句 int fun(int a,int b)中，变量 a,b 为形参，a,b 是函数 fun( )定义时函数名后面括号中的变量。

(2) 实际参数。在调用函数时，函数名后面括号中的变量或表达式称为实际参数，简称实参。例如，在例题 7-5 的语句 a1=fun(a,b);中，变量 a,b 为实参；在语句 a2=fun(6,9);中，6,9 为实参。

### 7.3.2 函数返回值

函数返回值是指函数被调用后，执行函数体中的程序段所得到的并返回给函数的值。

被调函数向主调函数进行数据传递是通过返回语句实现的，即函数的返回值是通过 return 语句获得的。return 语句将被调函数的一个确定值带回主调函数中。

return 语句一般有以下两种形式。

```
return(函数的返回值);
return  函数的返回值;
```

return 语句后面的括号可以省略，函数的返回值可以是常量、变量或表达式。

return 语句先求表达式的值，再返回其值。

return 语句的功能：一是使得流程返回给主调函数，宣告函数的一次执行完毕；二是将函数值返回给主调函数。

使用 return 语句应注意以下几点。

(1) 一个函数中允许有多个 return 语句，但每次调用只执行其中一个 return 语句，执行哪一个 return 语句，哪一个 return 语句就起作用。

(2) return 后面可以无返回值(即 return;)，则该 return 语句只起到终止函数执行、返回主调函数的作用。

(3) 在定义函数时指定的函数类型一般应该和 return 语句中的表达式类型一致，如果函数值的类型和 return 语句中的表达式类型不一致，则以定义函数时指定的函数类型为准。

(4) return 后面的值可以是一个变量，也可以是一个表达式。

### 7.3.3　函数参数传递过程

主调函数向被调函数进行数据传递通过实际参数和形式参数来实现，即函数调用时将实际参数的值一一对应地传递给形式参数。实参与形参的个数和类型应一致。

### 7.3.4　函数参数传递方式

函数调用中的参数传递是函数使用中最重要的问题。在 C 语言中，主调函数向被调函数进行数据传递是通过参数实现的，函数参数传递方式有值传递和地址传递两种，这两种方式都是利用函数的参数来传递数据的。发生函数调用时，要求主调函数的实参与被调函数的形参的类型和格式是一一对应的，便于实参和形参之间进行数据传递。

#### 1. 值传递方式

值传递方式是将形式参数和实际参数结合来进行参数传递数据的一种方式，要求主调函数的实参与被调函数的形参的类型和格式是一一对应的，在函数调用时，将实际参数的值一一对应地传递给形式参数。使用值传递方式时，系统将实参的值复制给形参，实参与形参便断开了联系，在程序运行过程中，对形参进行任何操作都不会影响实参。

在 C 语言中，值传递方式是一种“单向值传递”方式，简而言之，在函数调用时，只允许将实参的值一一对应地传递给形参，而形参的结果不能回传给实参，是一种单向的值传递方式。

值传递的具体过程：当形式参数是变量，实际参数是表达式时，系统先计算实际参数的值，开始函数调用时，系统为形式参数临时分配存储空间，然后将实际参数的值传递到相应的形式参数中；当函数调用结束时，形式参数所占的存储空间被系统收回。下次再调用该函数时，又重新为形式参数分配存储空间。

值传递方式的特点：在发生函数调用时，形式参数和实际参数各自占用不同的存储空间，在函数内部对形式参数进行任何操作，只会改变形参变量的值，而不会影响实参变量的值。这种方式只能用于外部数据向函数内部的传递，不能实现函数内部数据的传出。

下面看一个值传递的应用示例。

**【例题 7-6】** 值传递的应用，交换两个变量的值。

```
#include<stdio.h>
int main( )
{
    void swap(int x, int y);
    int a, b;
    printf("请输入两个整数的值：");
    scanf("%d,%d", &a, &b);
```

```
    printf("交换前实参值：a=%d,b=%d\n", a, b);
    swap(a,b);
    printf("交换后实参值：a=%d,b=%d\n", a, b);
    return 0;
}
void swap(int x, int y)
{
    int m;
    printf("交换前两形参值：x=%d,y=%d\n",x,y);
    m=x;
    x=y;
    y=m;
    printf("交换后两形参值：x=%d,y=%d\n",x,y);
}
```

程序的运行结果如图 7-5 所示。

图 7-5　例题 7-6 的运行结果

当数组元素作为函数参数时，数组元素和普通变量并无区别，因此当把数组元素作为函数实参使用时，它与普通变量完全相同，在发生函数调用时，把作为实参的数组元素的值传递给形参，实现单向值传递。

**【例题 7-7】**使用数组元素作为参数编写函数，求数组各元素之和。

```
#include <stdio.h>
int sum(int x, int y)
{
    return x+y;
}
int main( )
{
    int a[10],s,i;
    for(i=0;i<10;i++)
    scanf("%d",&a[i]);
    s=0;
    for(i=0;i<10;i++)
    s=sum(s,a[i]);
    printf("%d",s);
    return 0;
}
```

程序的运行结果如图 7-6 所示。

```
1 2 3 4 5 6 7 8 9 10
55
```

图 7-6　例题 7-7 的运行结果

### 2. 地址传递方式

地址传递方式虽然在形式上和值传递方式类似，但它的传递数据有其特殊性，它传递的是地址。调用函数时，将实参的地址赋予给对应的形参(作为基地址)，从而使实参和形参地址相同，即它们占用相同的内存单元。所以调用时，可以看成将实参的值传递给形参，返回时可以看成将形参的值带回给对应的实参，因此，地址传递方式相当于“参数值的双向传递”。

采用地址传递方式的实参只能是变量的地址、数组名或指针变量等，而接受地址值的形参也只能是数组名或指针变量。地址和指针的概念将在后面的章节讲述，本节主要讲述数组名作为函数参数的情况。

数组名代表了数组元素所占内存空间单元的首地址，当用数组名作函数参数时，将实参数组的首地址赋给形参数组名。在函数调用时，编译系统不为形参数组分配内存，而将实参的地址直接传给形参，所以，实参数组和形参数组享有相同的内存单元，即形参数组和实参数组为同一数组，共同拥有一段内存空间。

在例题 7-7 中，求数组各元素之和是将数组元素作参数，一次只能求出 2 个数组元素的和，若改为不使用循环，一次求出 10 个元素的和，需要 10 个参数，写起来不方便，而且当数组元素变多时，不易实现。这时，用数组名作函数参数，就可以很方便地解决这个问题。

**【例题 7-8】**用数组名作参数编写函数，求数组各元素之和。

```
#include <stdio.h>
int sum(int b[10])
{    int i,s=0;
     for(i=0;i<10;i++)
     s=s+b[i];
     return s;
}
int main( )
{    int i,s;
     int a[10];
     for(i=0;i<10;i++)
     scanf("%d",&a[i]);
     s=sum(a);
     printf("%d",s);
     return 0;
}
```

程序的运行结果如图 7-7 所示。

图 7-7　例题 7-8 的运行结果

说明：C 语言规定数组名代表数组的首地址，当形参是数组名时，实参当然可以用数组名，当发生函数调用 s=sum(a)时，实参数组 a 将其首地址传递给形参数组 b，即 b[0]的地址就是 a[0]的地址，这样 a 和 b 数组共用同一段内存单元，相当于 a 将 10 个元素同时传给了 b 数组，当在 sum 函数中求数组 b 元素的和时，实际上就是求数组 a 的所有元素之和。在 sum( )函数中，任何时候 a 和 b 的元素都是对应相等的，这种参数传递方式是地址传递方式。

# 7.4 函数的嵌套调用

一个 C 程序可以包含多个函数，但 main( )主函数有且仅有一个。程序的执行从 main( )主函数开始，最后在 main( )主函数中结束。main( )主函数可调用其他函数，其他函数可以相互调用，其他函数不能调用 main( )主函数，main( )主函数由系统自动调用。

C 语言的函数定义是互相平行、独立的，一个函数并不从属于另一个函数，也就是说在定义函数时，一个函数内不能包含另一个函数的定义。C 语言中不允许函数进行嵌套定义，但允许在一个函数中调用另一个函数，这就是函数的嵌套调用。函数的嵌套调用就是在一个函数中又调用其他函数。在图 7-8 中，main( )函数调用 f1( )函数，f1( )函数调用 f2( )函数，函数 f2( )的值返回给 f1( )函数，函数 f1( )的值返回给 main( )主函数。

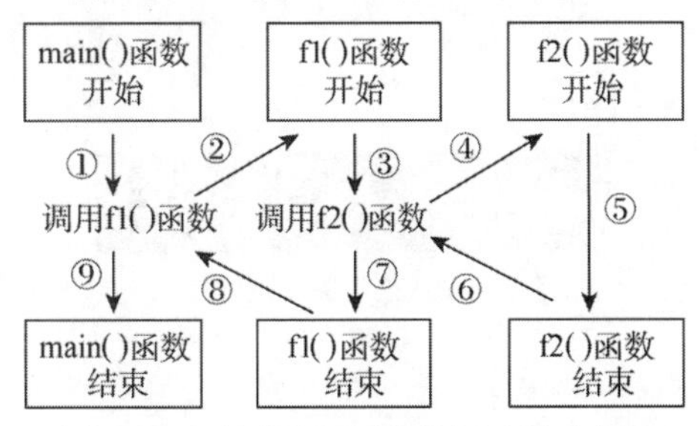


图 7-8　函数嵌套调用的执行过程示意图

函数嵌套调用的执行过程如下。

(1) 执行 main( )函数的开始部分代码。

(2) 在 main( )函数中调用 f1( )函数，流程转去执行 f1( )函数。

(3) 执行 f1( )函数的开始部分代码。

(4) 在 f1( )函数中调用 f2( )函数，流程转去执行 f2( )函数。

(5) 执行完 f2( )函数的全部操作。

(6) 返回 f2( )函数的调用处，即流程返回到 f1( )函数。

(7) 继续执行 f1( )函数中尚未执行的部分代码，直到 f1( )函数结束。

(8) 流程返回到 main( )函数中 f1( )函数的调用处。

(9) 继续执行 main( )函数中尚未执行的代码，直到 main( )函数结束。

下面给出一个函数嵌套调用的实例，帮助读者理解函数的嵌套调用。

**【例题 7-9】**用函数的嵌套调用编程，求 sum=1!+2!+3!+…+n!的值。其中，n 值从键盘输入，n 为正整数。

```
#include<stdio.h>
long int f1(int n)
{
    long int s=1L,i=1;
    for(i=1;i<=n;i++)
    s=s*i;
    return s;
}
```

```
long int f2(int n)
{
    long int sum = 0L;
    int i;
    for(i=1;i<=n;i++)
    sum=sum+f1(i);
    return sum;
}
int main( )
{   int n;
    printf("请输入 n 的值:");
    scanf("%d", &n);
    printf("1!+2!+3!+…+n!=%ld\n", f2(n));
    return 0;
}
```

程序的运行结果如图 7-9 所示。

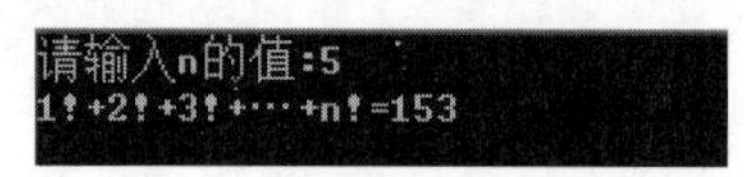


图 7-9　例题 7-9 的运行结果

程序说明如下。

这是两层嵌套的例子。

(1) f1( )函数的功能是求 n!。

(2) f2( )函数调用 f1( )函数，求 1!+2!+…+n!，即阶乘之和。

(3) main( )函数调用 f2( )函数，输出 sum=1!+2!+…+n!的值。

(4) 主函数 main( )调用 f1( )函数，f1( )函数调用 f2( )函数，实现了函数的嵌套调用。

请读者思考：用函数的嵌套调用编写程序，求 4 个整数中的最大值，如何实现？请读者自行写出程序代码。

## 7.5　函数的递归调用

在调用一个函数的过程中，直接或间接地调用该函数本身，这种调用称为递归调用。带有递归调用的函数称为递归函数。

递归调用可以分为直接递归调用和间接递归调用。直接递归调用是指在该函数的函数体内直接调用它本身，如图 7-10 所示。间接递归调用是指该函数嵌套调用的其他函数调用了该函数，如图 7-11 所示。

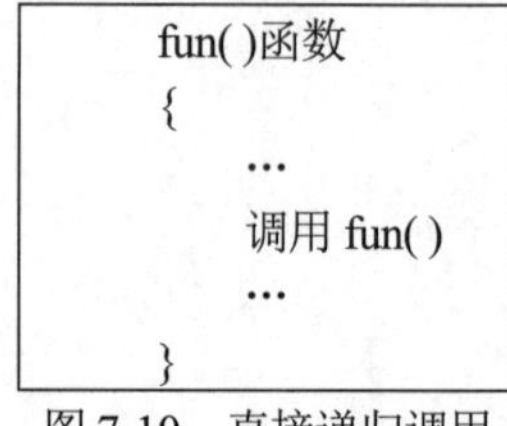


图 7-10　直接递归调用

```
fun1()函数
{
    …
    调用 fun2()
    …
}
```

```
fun2()函数
{
    …
    调用 fun1()
    …
}
```

图 7-11 间接递归调用

间接递归调用并不限制嵌套的层数，图 7-11 只是两层嵌套的递归调用的示意图。从递归的角度来看，间接递归调用和直接递归调用并没有本质区别。

递归函数的本质是将问题简化为形式相同但规模较小的子问题，在书写程序时给出统一的形式，到运行的时候再展开，每调用一次，问题就能简化一些。另外，递归函数必须包含条件，用来判断是否需要递归下去，否则它会无休止地调用其自身，导致程序无法结束。

数学函数中有一些是采用递推形式定义的，例如求一个数的阶乘。

$$n!=\begin{cases}1 & \text{当}n=1\\ n*(n-1)! & \text{当}n>1\end{cases}$$

从上面的定义可以看出，在求解 n 的阶乘中使用了 n−1 的阶乘，即要算出 n!必须先要知道(n−1)!，而要知道(n−1)!，又必须知道(n−2)!，以此类推，直至 1!=1。只有求得 1!=1，再以此为基础，返回来计算 2!,3!…(n−1)!,n!，才能最终求得 n!。

**【例题 7-10】** 使用递归函数，求 n!。

程序代码如下。

```
#include <stdio.h>
long fac(int n)
{
    if (n>1)
    return fac(n-1)*n;
    else
    return 1;
}
int main( )
{   int n;
    printf("请输入一个正整数");
    scanf("%d", &n);
    printf("%d!=%ld\n", n, fac(n));
   return 0;
}
```

程序的运行结果如图 7-12 所示。

```
请输入一个正整数4
4!=24
```

图 7-12 例题 7-10 运行结果

fac(4)的执行过程如图 7-13 所示。

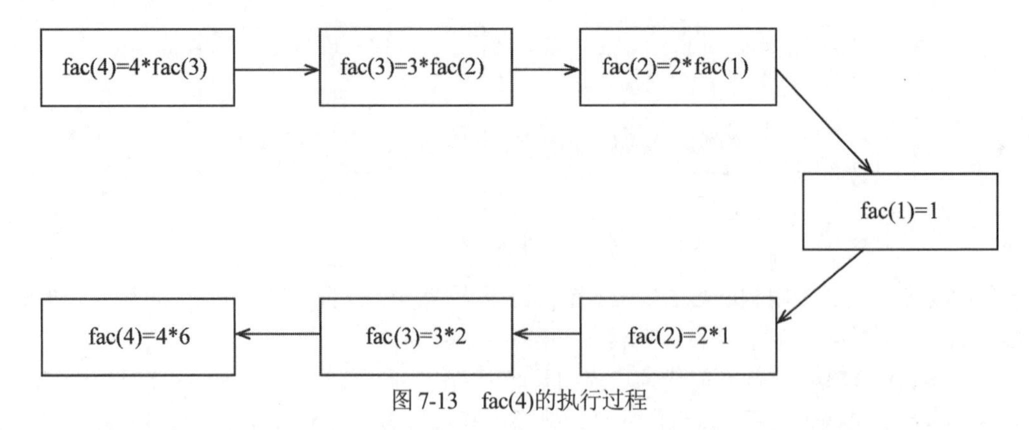


图 7-13　fac(4)的执行过程

图 7-13 中，“→”为递推的轨迹，“←”为回归的轨迹，从图中可以看出递推和回归各持续了 3 次。递归函数一定包含递归的方式和递归终止的条件两部分，两者缺一不可。

**【例题 7-11】**斐波拉契数列的公式如下，请使用递推函数求出数列的前 10 项。

$$f(n)=\begin{cases}1 & n=1,2\\ f(n-1)+f(n-2) & n>2\end{cases}$$

程序分析：根据该公式，编写一个函数 fib( )，用于计算数列的每一项，主函数循环 10 次调用函数 fib( )即可。

程序代码如下。

```
#include <stdio.h>
long fib(int n) {                  /*定义函数 fib( )*/
    if((n==1)||(n==2))
    return 1;
    else
    return fib(n-1)+fib(n-2);
}
int main( ) {
    int i;
    for (i=1;i<=10;i++) {
        printf("%8ld",fib(i));     /*调用函数 fib( )，输出指定宽度*/
        if(i%5==0)                 /*每行输出 5 个*/
        printf("\n");
    }
    return 0;
}
```

程序的运行结果如图 7-14 所示。

图 7-14　例题 7-11 运行结果

**【例题 7-12】**汉诺塔(Hanoi)问题，如图 7-15 所示。

汉诺塔问题是经典的利用递归方法解题的例子。汉诺塔问题：一块板上有三根针 A、B、C，A 针上套有 64 个大小不等的圆盘，按照大的在下、小的在上的顺序排列，要把这 64 个圆盘从

A针移动到C针上，每次只能移动一个圆盘，移动过程可以借助B针，但任何时候任何针上的圆盘都必须保持大盘在下、小盘在上的状态，从键盘输入需移动的圆盘个数，给出移动的过程。

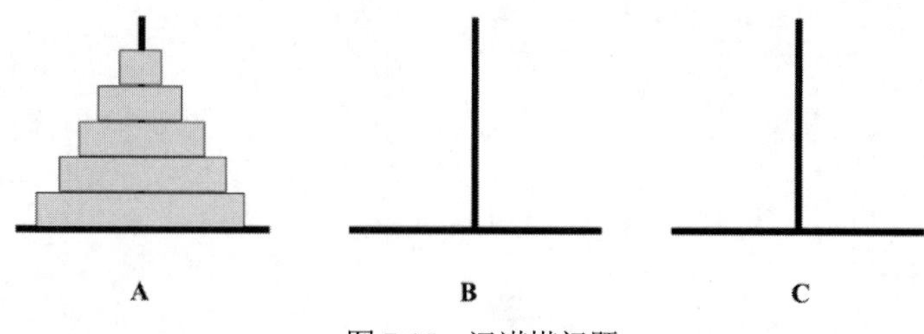


图7-15　汉诺塔问题

程序分析如下。

设A上有n个圆盘。

如果n=1，则将圆盘从A直接移到C。

如果n=2，则：

(1) 将A的n−1(等于1)个圆盘移到B。

(2) 将A的一个圆盘移到C。

(3) 将B的n−1(等于1)个圆盘移到C。

如果n=3，则：

(1) 将A的n−1(等于2，令其为n')个圆盘移到B(借助于C)，步骤如下。

第一步，将A的n'−1(等于1)个圆盘移到C。

第二步，将A的一个圆盘移到B。

第三步，将C的n'−1(等于1)个圆盘移到B。

(2) 将A的一个圆盘移到C。

(3) 将B的n−1(等于2，令其为n')个圆盘移到C(借助A)，步骤如下。

第一步，将B的n'−1(等于1)个圆盘移到A。

第二步，将B的一个圆盘移到C。

第三步，将A的n'−1(等于1)个圆盘移到C。

至此，完成了3个圆盘的移动。

通过上面的分析可以看出，当n≥2时，移动圆盘的过程可以分解为以下三个步骤。

第一步，把A的n−1个圆盘移到B。

第二步，把A的一个圆盘移到C。

第三步，把B的n−1个圆盘移到C。

其中，第一步和第三步是类似的。

当n=3时，第一步和第三步又分解为类似的三步，即把n'−1个圆盘从一根针移到另一根针上，n'=n−1。

通过上面的分析可以看出，这是一个递归过程。

程序代码如下。

```
#include<stdio.h>
void move(char x, char y) {
    printf("移动步骤：%c->%c\n",x,y);
```

```
}
void Hanoi(int n, char A, char B, char C) {
    if (n==1)
    {
        move(A,C);
    }
    else {
        Hanoi(n-1,A,C,B);
        move(A,C);
        Hanoi(n-1,B,A,C);
    }
}
int main( )
{   int n;
    printf("请输入盘子个数：");
    scanf("%d",&n);
    Hanoi(n,'A','B','C');
    return 0;
}
```

程序的运行结果如图 7-16 所示。

要实现函数的递归调用，首先要分析问题是否可以采用递归形式来定义，数学函数中有不少是采用递归形式定义的，有了清晰的定义，就可以很容易地编写递归函数。

递归函数的优点：求解问题的过程比较直观，程序的可读性较好。

递归函数的缺点：效率较低，往往要消耗大量的内存资源和时间。

**【课程思政】**通过解决递归问题，理解理论指导实践、实践检测理论的重要性，理论与实践应紧密结合。

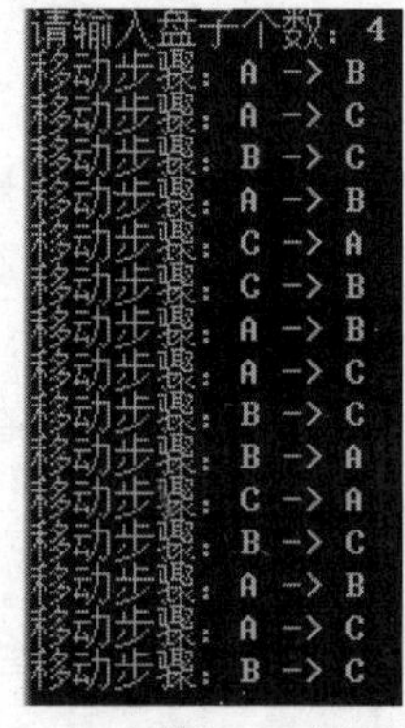


图 7-16　例题 7-12 运行结果

## 7.6 变量的作用域和存储类别

C 语言的变量有多种属性，变量除了有数据类型属性外，还有作用域和存储类别属性。从作用域的角度来分，变量分为全局变量和局部变量；从存储类别的角度来分，变量分为静态存储方式和动态存储方式。

### 7.6.1 变量的作用域

C 语言程序的变量可以在函数内部定义，也可以在函数外部定义，在不同位置定义的变量具有不同的作用域。一般来说，在函数内部定义的变量，只在本函数内部有效，这类变量称为局部变量；在函数外部定义的变量，可供本文件中的其他函数共用，有效范围从定义变量的位置开始到本源文件结束，这类变量称为全局变量。

### 1. 局部变量

在函数内部定义的变量是局部变量。局部变量只在本函数内部有效，无法被其他函数使用。局部变量的有效范围从定义处开始，到本函数结束。函数的形式参数也属于局部变量，其作用域限于本函数内部的所有语句块。

分析下面局部变量的作用域。

```
int fun1(int a)
{     int b,c          ┐
      …                │
      …                ├ a,b,c 的作用域范围
      …                ┘
}

float fun2(float x,float y)
{     float m,n;       ┐
      …                │
      …                ├ x,y,m,n 的作用域范围
      …                ┘
}
int main( )
{   int x,y;                                ┐
      …                                     │
      {   int z;          ┐                 ├ x,y 的作用域范围
          z=x*x+y*y;      ├ z 的作用域范围  │
          …               │                 │
      }                   ┘                 ┘
}
int main( )
{   int a;                                      ┐
      …                                         │
      for(i=1;i<=10;i++)                        ├ a 的作用域范围
      {   int sum=0;      ┐                     │
          …               ├ sum 的作用域范围    │
      }                   ┘                     │
}                                               ┘
```

程序说明如下。

(1) 局部变量的有效范围从定义处开始，到本函数结束，无法被其他函数使用，main( )主函数也不例外。

(2) 不同函数中可以使用同名的变量，它们虽然同名，但代表不同的对象，互不干扰。

(3) 形式参数也属于局部变量，其作用域限于本函数内部的所有语句块。

(4) 在语句块内声明的变量仅在该语句块内有效，在其嵌套的子语句块中也有效，出了语句块，便无效了。

下面看一个局部变量的实例。

【例题 7-13】局部变量实例 1，分析下面程序的运行结果。

```
#include <stdio.h>
int main( )
{
    int k=7;
    {
        int k=9;
        printf("语句块中 k=%d\n",k);
    }
    printf("语句块外 k=%d\n",k);
    return 0;
}
```

程序的运行结果如图 7-17 所示。

```
语句块中k = 9
语句块外k = 7
```

图 7-17　例题 7-13 的运行结果

程序说明如下：本程序中在 main 中定义了一个变量 k，赋值 7。在语句块内又定义了一个变量 k，并赋初值 9，应注意这两个 k 是两个不同的变量。在语句块外由 main 定义的 k 起作用，但在语句块内则由语句块内定义的 k 起作用。因此，语句块内 k=9，语句块外 k=7。

为加深读者对局部变量的理解，下面再看一个局部变量的实例。

【例题 7-14】局部变量实例 2，分析下面程序的运行结果。

```
#include <stdio.h>
int main( )
{
    int i,a=0;
    for(i=1;i<=2;i++)
    {
        int a=1;
        a=a+2;
        printf("i=%d,a=%d\n",i,a);
    }
    printf("i=%d,a=% d\n",i,a);
}
```

程序的运行结果如图 7-18 所示。

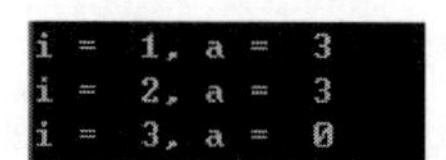


图 7-18　例题 7-14 的运行结果

程序说明如下：本程序中在 main 中定义了一个变量 a，赋值 0。在语句块内又定义了一个变量 a，并赋初值 1，应注意这两个 a 是两个不同的变量。在语句块外由 main 定义的 a 起作用，但在语句块内则由语句块内定义的 a 起作用。

### 2. 全局变量

在函数外定义的变量称为全局变量。全局变量的作用域从定义的位置开始直到本源程序文件结束。全局变量不属于哪一个函数，全局变量一经定义，在随后的所有函数中都可以直接引用。利用全局变量的这一特性可以在函数间传递数据。

如果想引用其他编译单位或本源程序文件其后位置定义的全局变量，需要在引用前对其予以说明，全局变量的说明符为 extern。

分析下面全局变量的作用域。

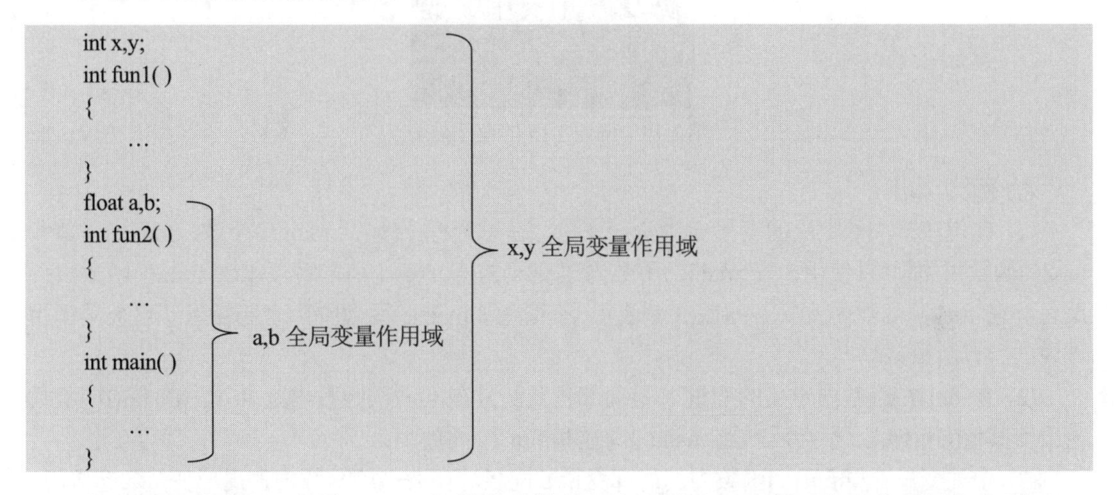


从上例可以看出，变量 x,y,a,b 都是在函数外部定义的全局变量，各自作用域如上所示。

定义全局变量的作用是增加函数间数据联系的渠道。在同一个文件中所有函数都能引用全局变量的值，如果在一个函数中改变了全局变量的值，就能影响其他函数，全局变量相当于是各个函数间的传值通道。

为了加深读者对全局变量的理解，下面看一个全局变量的实例。

**【例题 7-15】**全局变量实例。

```
#include<stdio.h>
int a=100;                                  //定义全局变量 a
void fun1( );
void fun2( );
int main( )
{    a=a+10;                                //改变全局变量 a 的值
     printf("调用 fun1 函数前：a=%d\n",a);   //使用全局变量 a
     fun1( );
     printf("调用 fun1 函数后：a=%d\n",a);   //使用全局变量 a
     fun2( );
     printf("调用 fun2 函数后：a=%d\n",a);   //使用全局变量 a
     return 0;
}
void fun1( )
{
     int a=10;                              //定义局部变量 a
     a=a+5;                                 //改变局部变量 a 的值
```

```
        printf("fun1 函数内：a=%d\n",a);            //使用局部变量 a
    }
    void fun2( )
    {
        a=a+8;                                      //改变全局变量 a 的值
        printf("fun2 函数内：a=%d\n",a);            //使用全局变量 a
    }
```

程序的运行结果如图 7-19 所示。

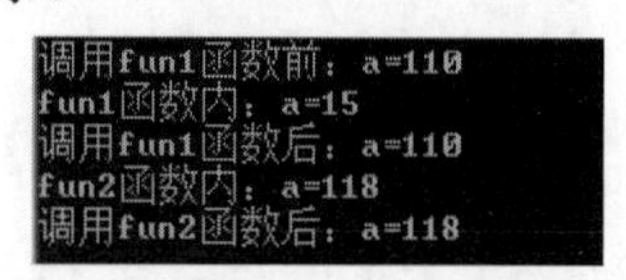


图 7-19　例题 7-15 的运行结果

程序说明如下。

(1) 在程序开头处定义的变量 a 为全局变量，在整个程序(包括 main( )函数、fun1( )函数和 fun2( )函数)中都可以使用。在 main( )函数内改变 a 的值(a=a+10;)，将反映到 fun2( )函数中；反之，在 fun2( )函数内改变 a 的值(a=a+8;)，将反映到 main( )函数中。全局变量 a 可被其作用域内的所有函数共享。

(2) 在 fun1( )函数内定义的变量 a 是局部变量，只在 fun1( )函数内部有效。在 fun1( )函数内改变其值(a=a+5;)，不会反映到 main( )函数和 fun2( )函数中。

(3) 全局变量 a 与 fun1( )函数内的局部变量 a 同名，在 fun1( )函数内，局部变量 a 起作用，全局变量 a 被暂时屏蔽，在流程退出 fun1( )函数后，全局变量 a 可继续使用。

下面再看一个全局变量和局部变量同名的实例。

**【例题 7-16】**全局变量与局部变量同名实例。

```
#include<stdio.h>
int a=7,b=10;
void fun( )
{
    printf("a=%d, b=%d\n",a,b);
}
int main( )
{
    int a=6,b=9;
    printf("a=%d,b=%d\n",a,b);
    fun( );
    return 0;
}
```

程序的运行结果如图 7-20 所示。

```
a =  6, b =  9
a =  7, b = 10
```

图 7-20　例题 7-16 的运行结果

程序说明如下。

(1) 在程序开头处定义的变量 a,b 为全局变量，在整个程序中(fun( )函数和 main( )函数中)都有效。

(2) 在 main( )函数中，又定义了局部变量 a,b，局部变量 a,b 只在 main( )函数中有效，在 fun( )函数中无效，在流程退出 main( )函数后，局部变量不起作用。

(3) 全局变量 a,b 与 main( )函数内的局部变量 a,b 同名，在 main( )函数内，局部变量 a,b 起作用，全局变量 a,b 被暂时屏蔽，在流程退出 main( )函数后，全局变量 a,b 可继续使用。

前面较详细地介绍了全局变量的有关知识，但在使用全局变量时应注意以下几点。

(1) 全局变量可以在函数间传递数据，增加了函数间的数据联系。

(2) 尽可能少使用全局变量，原因如下。

① 全局变量在整个程序执行过程中，一直占用存储空间，浪费内存。

② 各模块间的相互联系、相互影响增多，降低了模块的独立性、通用性、可靠性和可移植性。

③ 降低了程序的清晰性，各个函数都有可能改变全局变量的值，需时刻记住全局变量的当前值，编程时容易出错。

(3) 若全局变量和局部变量同名，则在局部变量的作用范围内，局部变量起作用，全局变量被屏蔽，不起作用。

(4) 若全局变量定义在文件开头，则全局变量在整个程序中可用；若全局变量不定义在文件开头，则作用域从定义处开始到本源文件结束。若希望在该全局变量定义之前的函数中使用该全局变量，则可以在函数中用关键字 extern 作全局变量声明，全局变量作用域扩大为从声明处开始，到本源文件结束。举例如下。

**【例题 7-17】** extern 作全局变量声明。

```
#include <stdio.h>
int max(int x, int y)
{   int z;
    if (x>y)
    z=x;
    else
    z=y;
    return (z);
}
int main( )
{
    extern int a, b;
    printf("较大值=%d\n", max(a, b));
    return 0;
}
int a=35,b=17;
```

程序的运行结果如图 7-21 所示。

```
较大值=35
```

图 7-21　例题 7-17 运行结果

### 7.6.2 变量的存储类别

#### 1. 动态存储方式与静态存储方式

从作用域的角度来分，变量分为全局变量和局部变量；从作用时间(生存期)的角度来分，变量分为静态存储方式和动态存储方式。

静态存储方式：在程序运行期间分配固定的存储空间的方式。

动态存储方式：在程序运行期间根据需要进行动态的分配存储空间的方式。

内存中用户存储空间可以分为三部分：程序区、静态存储区和动态存储区，如图 7-22 所示。

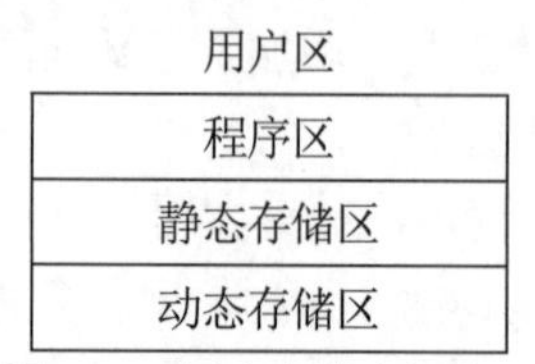


图 7-22 用户存储空间分配

- 程序区：用于存放程序编译后形成的可执行代码。
- 静态存储区：用于存放程序中的静态数据，如全局变量等。
- 动态存储区：用于存放程序中的动态数据，如函数形参、局部变量、函数调用时的现场保护和返回地址等。

静态数据在定义时在静态存储区中分配存储单元，直到程序执行完毕后内存空间才释放。在程序执行过程中静态数据占据固定的存储单元，而不动态分配和释放，直到程序执行完毕。

动态数据在函数开始执行时分配动态存储空间，在函数结束时释放这些空间。

动态存储区主要存放以下数据。

(1) 函数形式参数。

(2) 自动变量(未用 static 声明的局部变量)。

(3) 函数调用时的现场保护和返回地址。

以上动态数据，在函数开始执行时分配动态存储空间，在函数结束时释放这些空间。

在 C 语言中，每一个变量和函数都有两个属性：数据类型和数据的存储类别。对于数据类型，在第 2 章中进行了详细介绍。数据的存储类别是指数据在内存中的存储方式(如静态存储和动态存储)。

C 语言局部变量的存储类别包括 auto(自动的)、static(静态的)、register(寄存器)、extern(外部的)4 种。根据变量的存储类别，可以知道变量的作用域和生存期。

#### 2. 自动变量(auto 变量)

函数中的局部变量，如不专门声明为 static 存储类别，都是动态地分配存储空间的，数据存储在动态存储区中。函数中的形参和在函数中定义的变量(包括在复合语句中定义的变量)，都属于自动变量。在调用该函数时，系统会给它们分配存储空间，在函数调用结束时就自动释放这些存储空间。

自动变量用关键字 auto 作存储类别的声明。静态变量的声明形式如下。

```
auto 类型 变量名;
```

例如：

```
int fun(int a)
{
    auto int b,c=5;
    …
    …
    …
}
```

其中，a 是形参，b,c 是自动变量，对 c 赋初值 5。执行完函数 fun( )后，自动释放 a,b,c 所占的存储单元。

在 C 语言中，关键字 auto 可以省略，若省略 auto，则隐含定义为“自动存储类别”，属于动态存储方式。

**【例题 7-18】** auto 应用举例。

程序代码如下。

```
#include <stdio.h>
void fun( )
{
    int x=1;
    x++;
    printf("x+1=%d\n", x);
}
int main( )
{
    int i;
    for(i=1; i<4;i++)
    fun( );
    return 0;
}
```

程序的运行结果如图 7-23 所示。

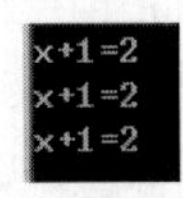


图 7-23 例题 7-18 运行结果

程序说明如下：本题中 x 为自动变量，每次调用完函数 fun( )后，自动变量 x 所占用的存储单元会被释放，所以在同一函数的两次调用之间，自动变量的值是不保留的，每次调用时，都要执行赋初值的语句。对自动变量赋初值，不是在编译时进行的，而是在函数调用时进行的，每调用一次函数就重新给函数赋一次初值，相当于执行一次赋值语句。如果不赋初值，那么它的值就是一个不确定的值，自动变量只在该函数被调用时存在，当该函数退出时就消失了，所以自动变量的生命周期和函数的一次调用时间一样长。

### 3. 静态变量(static 变量)

静态变量被分配在内存空间的静态存储区中，静态变量的声明形式如下。

```
static 类型 变量名;
```

静态变量在编译时被分配内存、赋初值，并且只被赋一次初值。对于未赋值的静态变量，系统自动为其赋值为0(字符型为'\0')。

在整个程序运行期间，静态变量占用静态存储区的固定的内存单元，即使它所在的函数调用结束，也不释放该存储单元，其值会被继续保留。因此，下次调用该函数时，静态变量仍然使用原来的存储单元，仍使用原来存储单元中的值。

【例题 7-19】static 应用举例。

程序代码如下。

```
#include <stdio.h>
void fun( )
{
    static int x=1;
    x++;
    printf("x+1=%d\n",x);
}
int main( )
{
    int i;
    for(i=1;i<4;i++)
    fun( );
    return 0;
}
```

程序的运行结果如图 7-24 所示。

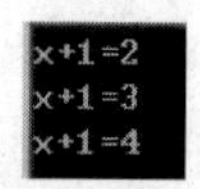


图 7-24　例题 7-19 运行结果

程序说明如下：在本题中，x 为静态变量，x 的值在函数每次调用结束后仍然保留，其所占用的存储单元不释放，那么在第二次调用 fun( )函数时，x 变量已有值，也就是第一次函数调用结束时的值 2；同理第二次调用后，x 的值保留为 3；第三次调用后，x 的值保留为 4。

静态变量的值具有可继承性，对静态局部变量赋初值是在编译时进行的，即只赋值一次，以后每次函数调用时不再重新赋值，而是保留上次函数调用结束时的值。利用静态变量的这个特点，可以编写需要在被调用结束后仍保存变量的值的函数。

【例题 7-20】使用静态变量编写程序，输出 1～6 的阶乘值。

```
#include<stdio.h>
int fac(int n)
{
    static int f=1;          //f 保留了上次调用结束时的值
    f=f*n;                   //在上次 f 值的基础上再乘以 n
    return f;                //返回值 f 是 n!的值
}
int main( )
{
```

```
    int i;
    for(i=1;i<=6;i++)
    printf("%d!=%d\n",i,fac(i));
    return 0;
}
```

程序的运行结果如图 7-25 所示。

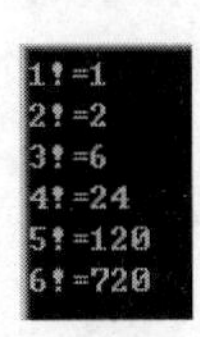


图 7-25 例题 7-20 运行结果

程序说明如下：每调用一次 fac(i)，就输出一个 i!，同时保留这个 i!的值，以便下次乘以(i+1)。

#### 4. 寄存器变量(register 变量)

CPU 中包含多个寄存器，只有寄存器中的数据才能直接参与运算。一般情况下，变量的值是存放在内存中的，当变量参与运算时，就到该变量所在的内存单元中取出其值，送到寄存器，运算结束后再送回内存单元存放。但若某一变量使用频率非常高(如该变量为循环次数很高的循环体内的变量)，则每次执行循环都要存取该变量的值，为此需要花费很多时间，这时可以将该变量的值放在寄存器中，需要时直接从寄存器中提取，不必再到内存中提取。这种变量称为“寄存器变量”，用关键字 register 作声明，其一般形式如下。

```
register 数据类型 变量名表;
```

register 与 auto 变量的区别仅在于：register 变量建议编译程序将变量的值保留在 CPU 寄存器中，而不是像一般变量那样占用内存单元。因为确定和修改寄存器变量的值不需要访问内存，所以程序运行时，访问存于寄存器内的值要比访问存于内存中的值快得多。因此，通常将使用频繁的变量定义为 register 变量，以此提高程序的运行速度。比较常用的是将 register 变量作为循环控制变量。

**【例题 7-21】**使用寄存器变量，求 1～1000 中的奇数之和。

程序代码如下。

```
#include<stdio.h>
int main( ){
    register int i,s=0;
    for(i=1;i<=999;i+=2)
    s=s+i;
    printf("s=%d\n",s);
    return 0;
}
```

程序分析：本程序循环 500 次，i 和 s 的使用频率都很高，因此可以定义为寄存器变量。

注意：一个计算机系统中的寄存器数目是有限的，不能定义任意多个寄存器变量。

程序的运行结果如图 7-26 所示。

```
s=250000
```

图 7-26 例题 7-21 运行结果

5. 外部变量(extern 变量)

外部变量是在函数的外部定义的，它的作用域为从定义点开始到本源文件结束。如果外部变量定义在文件开头，则整个文件中的各个函数均可以使用该变量。但如果外部变量不是在文件开头定义的，而且在该外部变量定义之前的函数又想引用该外部变量，则应在该函数中用关键字 extern 对该变量作外部变量声明，表明该变量是一个已定义的外部变量，本函数中可使用该变量，即将该变量的作用域扩充到该函数中来。

原则上，所有函数都应对所使用的外部变量用 extern 作声明，为简化起见，允许在外部变量的定义点之后的函数中省略这一声明。

【例题 7-22】extern 变量的使用。

程序代码如下。

```
#include <stdio.h>
int a=1;
int main( )
{
    extern int x,y;
    printf("a=%d,x=%d,y=%d\n",a,x,y);
    return 0;
}
int x=2,y=3;
```

程序的运行结果如图 7-27 所示。

```
a=1,x=2,y=3
```

图 7-27　例题 7-22 运行结果

程序说明如下：上述程序中，外部变量 x,y 定义在 main( )函数之后，而在 main( )函数中用到 x,y 变量，所以必须用 extern 作外部变量声明，否则编译时将出错，认为 x,y 没有定义；而外部变量 a 定义在 main( )函数之前，所以不必在 main( )函数中对变量 x 作外部变量声明。

## 7.7 综合实例

前面提到过，复杂问题的程序是由许多功能模块组成的，功能模块又由多个函数实现。设计功能和数据独立的函数是程序员最基本的工作。在本节中，通过实例介绍函数的应用。

【例题 7-23】编写求最小公倍数的程序。

分析：正整数 a,b 的最小公倍数和最大公约数之间有关系，设正整数 a,b 的最大公约数为 c，最小公倍数为 d。则 d=(a*b)/c。

编写求最大公约数的函数，函数原型为 int gcd(int a,int b)。

带入参数为正整数 a,b，返回最大公约数。

编写求最小公倍数的函数，函数原型为 int lcm(int a,int b)。

带入参数为正整数 a,b，返回最小公倍数的函数。因为求最小公倍数离不开最大公约数，所以在函数中可以调用：c=gcd(a,b);。

程序代码如下。

```
#include <stdio.h>
int gcd(int a, int b)
{   int r;
    while ((r= a%b)!=0)
    {   a=b;
        b=r;
    }
    return b;
}
int lcm(int a, int b)
{   int c;
    c=gcd(a,b);
    return a*b/c;
}
int main( )
{   int a,b,c,d;
    printf("请输入两个整数");
    scanf("%d%d", &a, &b);
    d=lcm(a,b);
    printf("最小公倍数为%d\n",d);
    return 0;
}
```

程序的运行结果如图 7-28 所示。

```
请输入两个整数54 36
最小公倍数为108
```

图 7-28 例题 7-23 运行结果

**【例题 7-24】** 计算 $s=1^k+2^k+3^k+\cdots+n^k(0\leqslant k\leqslant 5)$的值。

分析：定义函数 long powerk(int i,int k)，返回值为 $i^k$；定义函数 long fun(int n,int k)，返回值为 $1^k+2^k+3^k+\cdots+n^k$。

程序代码如下。

```
#include<stdio.h>
long powerk(int i,int k)
{   long t=1;
    int j;
    for(j=1;j<=k;j++)
    t=t*i;
    return t;
}
long fun(int n,int k)
{   long sum=0;
    int i;
    for(i=1;i<=n;i++)
    sum=sum+powerk(i,k);
    return sum;
}
```

```
int main( )
{    int n,k;
     printf("input n k:");
     scanf("%d%d", &n &k);
     printf("%ld", fun(n,k));
     return 0;
}
```

程序的运行结果如图 7-29 所示。

```
input n k:4 3
100
```

图 7-29　例题 7-24 运行结果

**【例题 7-25】**编写一个名为 prime(n)的函数，如果该函数的参数为素数返回 1，否则返回 0。程序代码如下。

```
#include <stdio.h>
int prime(int n)
{    int i;
     int flag = 1;
     for(i=2;i<n;i++)
     if(n%i==0)
     {
          flag=0;
          break;
     }
     return flag;
}
int main( )
{    int n;
     printf("请输入一个整数:");
     scanf("%d",&n);
     if(prime(n))
     printf("%d 是素数", n);
     else
     printf("%d 不是素数", n);
     return 0;
}
```

程序的运行结果如图 7-30 所示。

图 7-30　例题 7-25 运行结果

## 7.8 本章小结

函数是构成 C 语言程序的基本单位。使用函数可以使程序容易编制、修改、调试和维护。一个 C 语言程序通常由一个或多个源文件构成，每个源文件由一个或多个函数构成，通过函数之间的相互调用实现程序的功能。C语言规定，在程序中，必须有一个函数名为main( )的函数，即主函数，任何一个C语言程序都是从主函数开始执行的，根据需要主函数可以调用其他函数，其他函数自己也可以相互调用，最后返回到主函数，在主函数中结束整个程序的运行。

在C语言中，可从不同角度对函数进行分类。

(1) 从用户的角度来分，函数可以分为由C编译系统提供的标准库函数和用户自定义函数两大类。

(2) 从函数是否有返回值的角度来分，函数可以分为有返回值函数和无返回值函数。

(3) 从函数是否有参数的角度来分，函数可以分为无参函数和有参函数。

(4) 从调用关系的角度来分，函数可以分为主调函数和被调函数。

用户自定义函数必须先定义，后使用。函数定义即编写实现函数功能的程序模块。

函数定义的一般形式如下。

```
类型标识符 函数名(形式参数列表)
{
    函数体
}
```

函数调用的一般形式有以下两种。

```
函数名( );
函数名(实际参数列表);
```

根据函数在程序中出现的位置，函数的调用可以分为以下3种方式。

(1) 函数语句。把函数调用作为一个语句。

(2) 函数表达式。使函数调用出现在一个表达式中。

(3) 函数的参数。把函数调用作为另一个函数的实际参数。

函数的调用需具备以下条件。

(1) 被调函数必须是已经存在的库函数或用户自定义函数。

(2) 调用库函数之前，一般在文件开头使用#include命令将库函数所在文件包含。

(3) 若被调函数是用户自定义函数，当被调函数定义在主调函数之后，应该在被调函数被调用前，提前对被调函数进行声明。

在C语言中，函数的声明称为函数原型，函数声明的一般形式如下。

```
类型标识符 函数名(参数类型1,参数类型2……);
```

或者：

```
类型标识符 函数名(参数类型1 参数名1,参数类型2 参数名2……);
```

若被调用的函数定义在调用它的函数之前，则不必声明。

函数的参数分为实际参数和形式参数。

函数返回值是指函数被调用后，执行函数体中的程序段所得到的并返回给函数的值。被调函数向主调函数进行数据传递是通过返回语句实现的，即函数的返回值是通过return语句获得的。

return语句一般有以下两种形式。

```
return(函数的返回值);
```

```
return 函数的返回值;
```

在C语言中，主调函数向被调函数进行数据传递是通过参数实现的，函数参数传递方式有值传递和地址传递两种，这两种方式都是利用函数的参数来传递数据的。发生函数调用时，要求主调函数的实参与被调函数的形参的类型和格式是一一对应的，便于实参和形参之间进行数据传递。

在C语言中，值传递方式是一种“单向值传递”方式，简而言之，在函数调用时，只允许将实参的值一一对应地传递给形参，而形参的结果不能回传给实参，是一种单向的值传递方式。

地址传递方式相当于“参数值的双向传递”，调用函数时，将实参的地址赋给对应的形参(作为基地址)，从而使实参和形参地址相同，即它们占用相同的内存单元。所以调用时，可以看成将实参的值传递给形参，返回时可以看成将形参的值带回给对应的实参。

C语言的函数定义是互相平行、独立的，一个函数并不从属于另一个函数，也就是说在定义函数时，一个函数内不能包含另一个函数的定义。C语言中不允许函数进行嵌套定义，但允许在一个函数中调用另一个函数，这就是函数的嵌套调用。函数的嵌套调用就是在一个函数中又调用其他函数。

在调用一个函数的过程中，直接或者间接地调用该函数本身，这种调用称为递归调用。带有递归调用的函数称为递归函数。

递归调用可以分为直接递归调用和间接递归调用。直接递归调用是指在该函数的函数体内直接调用了它本身。间接递归调用是指该函数嵌套调用的其他函数调用了该函数。

C语言的变量有多种属性，变量除了有数据类型属性外，还有作用域和存储类别属性。从作用域的角度来分，变量分为全局变量和局部变量；从存储类别的角度来分，变量分为静态存储方式和动态存储方式。

在函数内部定义的变量是局部变量。局部变量只在本函数内部有效，无法被其他函数使用。局部变量的有效范围从定义处开始，到本函数结束。函数的形式参数也属于局部变量，其作用域限于本函数内部的所有语句块。

在函数外定义的变量称为全局变量。全局变量的作用域从定义的位置开始直到本源程序文件结束。全局变量不属于哪一个函数，全局变量一经定义，在随后的所有函数中都可以直接引用。利用全局变量的这一特性可以在函数间传递数据。

静态存储方式：在程序运行期间分配固定的存储空间的方式。

动态存储方式：在程序运行期间根据需要进行动态的分配存储空间的方式。

C语言局部变量的存储类别包括auto(自动的)、static(静态的)、register(寄存器)、extern(外部的) 4种。

## 7.9 习题

### 一、选择题

1. 在C语言的函数中，下列正确的说法是(　　)。

   A. 必须有形参　　　　　　B. 形参必须是变量名

   C. 可以有，也可以没有形参　　　　D. 数组名不能作形参

2. 以下描述正确的是(　　)。
   A. 函数调用可以出现在执行语句或表达式中
   B. 函数调用不能作为一个函数的实参
   C. 函数调用可以作为一个函数的形参
   D. 以上都不正确
3. 当调用函数时，实参是一个数组名，则向函数传送的是(　　)。
   A. 数组的长度　　B. 数组的首地址
   C. 数组每一个元素的地址　　D. 数组每个元素中的值
4. 以下对 C 语言函数的有关描述中，正确的是(　　)。
   A. 调用函数时，只能把实参的值传送给形参，形参的值不能传送给实参
   B. C 函数既可以嵌套定义又可以递归调用
   C. 函数必须有返回值，否则不能使用函数
   D. C 程序中有调用关系的所有函数必须放在同一个源程序文件中
5. C 语言程序中，当函数调用时(　　)。
   A. 实参和形参各占一个独立的存储单元
   B. 实参和形参共用一个存储单元
   C. 可以由用户指定是否共用存储单元
   D. 计算机系统自动确定是否共用存储单元
6. 在一个源程序文件中定义的全局变量的有效范围是(　　)。
   A. 本源程序文件的全部范围
   B. 一个 C 程序的所有源程序文件
   C. 函数内全部范围
   D. 从定义变量的位置开始到源程序文件结束
7. 以下叙述中不正确的是(　　)。
   A. 在不同的函数中可以使用相同名字的变量
   B. 函数中的形式参数是局部变量
   C. 在一个函数内定义的变量只在本函数范围内有效
   D. 在一个函数内的复合语句中定义的变量在本函数范围内有效
8. 以下只有在使用时才为该类型变量分配内存的存储类说明是(　　)。
   A. auto 和 static　　B. auto 和 register
   C. register 和 static　　D. extern 和 register
9. 在 C 语言中，形参的缺省存储类是(　　)。
   A. auto　　B. register　　C. static　　D. extern
10. 在以下函数调用语句中，含有的实参个数为(　　)。

```
func(rec1,rec2+rec3,(rec4,rec5));
```

   A. 3　　B. 4　　C. 5　　D. 有语法错

11. 在以下函数调用语句中，含有的实参个数为(　　)。

```
fun(a+b,(x,y),fun(n+k,d,(a,b)));
```

A. 3　　B. 4　　C. 5　　D. 6

12. 以下程序的输出结果是(　　)。

```
long  fun( int n)
{   long s;
    if(n==1||n==2)  s=2;
    else   s=n-fun(n-1);
    return s;
}
int main( )
{   printf("%ld\n", fun(3));
    return 0;
}
```

A. 1　　B. 2　　C. 3　　D. 4

13. 以下程序的输出结果是(　　)。

```
int a,b;
void fun( )
{
    a=100; b=200;
}
int main( )
{
    int a=5, b=7;
    fun( );
    printf("%d%d\n",a,b);
    return 0;
}
```

A. 100200　　B. 57　　C. 200100　　D. 75

## 二、填空题

1. 下面程序的输出结果是________。

```
void fun(int x,int y)
{
    x=x+y; y=x-y; x=x-y;
    printf("%d,%d,",x,y);
}
int main( )
{
    int x=3,y=5;
    fun(x,y);
    printf("%d,%d\n",x,y);
    return 0;
}
```

2. 下面程序的输出结果是 ________。

```
int t(int x,int y,int cp,int dp)
{
    cp=x*x+y*y;
    dp=x*x-y*y;
}
int main( )
{
    int a=1,b=2,c=3,d=4;
    t(a,b,c,d);
    printf("%d %d \n",c,d);
    return 0;
}
```

3. 下面程序的输出结果是________。

```
void fun( )
{
    static int a=0;
    a+=2;
    printf("%d",a);
}
int main( )
{
    int cc;
    for(cc=1;cc<4;cc++)
    fun( );
    printf("\n");
    return 0;
}
```

4. 下面程序的输出结果是________。

```
long fun(int n)
{
    long s;
    if((n==1)||(n==2))
    s=2;
    else
    s=n+fun(n-1);
    return(s);
}
int main( )
{   long x;
    x=fun(5);
    printf("%ld\n",x);
    return 0;
}
```

5. 将下面程序补充完整，使其实现以下功能：求 x 的 y 次方。

```
double fun( double x,int y)
{
    int i;
    double z;
    for(i=1,z=x;i<y;i++)    z=z*________;
    return z;
}
```

6. 将下面程序补充完整，使其实现以下功能：用递归方法求 n!。

```
float fac(int n)
{
    float f;
    if(n<0) printf("n<0,data error! ");
    else if(________) f=1;
    else f=________;
    return(f);
}
int main( )
{   int n=6;
    float y;
    printf("\n");
    ________;
    printf("%d!=%5.0f",n,y);
    return 0;
}
```

## 三、编程题

1. 编写一个函数，接收两个数并返回其乘积。
2. 编写一个函数，求一维数组中的最大元素及其下标，在主函数中输入数组元素。
3. 编写一个函数，将数组 a 中的 n 个整数按相反顺序重新存储。
4. 编写一个函数，使给定的一个二维数组(3×3)转置，即行列互换。
5. 编写函数计算下式：$s=1^2+2^2+3^2+\cdots+n^2$。
6. 编写一个函数，将两个字符串连接。
7. 编写一个函数，输入一个 4 位数字，要求输出这 4 个数字字符，但每两个数字字符间空一个空格。例如，输入“2022”，应输出“2 0 2 2”。
8. 输入 10 个学生 4 门课的成绩，分别用函数求：

(1) 每个学生的平均分；

(2) 每门课的平均分；

(3) 找出最高的分数所对应的学生和课程。

# ꕤ 第8章 ꕤ

# 指　　针

指针是C语言中的一个重要概念，也是C语言的一个重要特色，指针的使用非常灵活，通过指针可以灵活访问各种数据，利用指针能有效地表示复杂的数据结构，可以很方便地使用数组和字符串，并能像汇编语言一样处理内存地址，访问硬件底层，能够动态分配和管理内存，编写出精炼而高效的程序。

指针的概念比较复杂，使用比较灵活，因此使用不当便会产生许多难以预料的错误。在学习中必须多编程，多上机实践。

**本章教学内容**

- 指针的概念
- 指针变量
- 指针与数组
- 指针与字符串
- 指向函数的指针
- 返回指针值的函数
- 指针数组

**本章教学目标**

- 理解指针与指针变量的概念。
- 掌握指针变量的定义、初始化、赋值、引用及运算。
- 掌握一维数组和二维数组的指针访问方法。
- 掌握字符指针的应用。
- 掌握指针数组的使用方法，以及与指向一维数组的指针的区别。
- 了解以下用法：指针数组作为函数的参数、指向函数的指针及函数返回值是指针。

## 8.1 指针的概念

计算机硬件系统的内存储器中，拥有大量的存储单元。一般把存储器中的若干个字节称为一个存储单元。为方便管理，为每个存储单元编号，这个编号就是存储单元的地址。每个存储单元都有一个唯一的地址，根据内存单元的地址可准确地找到该内存单元。内存单元的地址和内存单元的内容(值)是两个不同的概念，就像一个房间的房间号和该房间的住客一样。

C 语言中，当定义一个变量时，编译器会为这个变量分配一段连续的内存单元，不同数据类型的变量所占用的内存单元的个数不同。C 语言规定，当一个内存变量占用多个内存单元时，将若干个连续的内存单元中的第一个单元的地址(即若干个单元中编号最小的那个内存单元的地址)作为该变量的地址。

内存中每一个字节都有一个编号，这就是内存单元的“地址”，它相当于宾馆中的房间号。在地址所标志的内存单元中存放的数据，相当于宾馆中居住的客人。通过地址就能找到所需的变量，即地址指向该变量。打个比方，某个宾馆的房间编号为 1101，那么 1101 就是房间的地址，或者说 1101 指向该房间。在 C 语言中，将地址形象地称为“指针”，意思是通过它能找到以它为地址的内存单元。

读者应了解变量的名称、变量的内容(值)、变量的地址 3 个概念的联系和区别。变量的名称是给变量空间取的一个易记的名字，变量在内存中的地址编号就是变量的地址，在地址所对应的内存单元中存放的数值就是变量的内容(值)。

变量的存储单元是在编译时或程序运行时分配的，变量的地址不能人为确定，需要通过地址运算符&获取，举例如下。

```
int a;float b;char c;
scanf("%d%f%c",&a,&b,&c);
printf("%d,%f,%c",a,b,c);
```

在该例中，通过&a,&b,&c 分别得到变量 a,b,c 的内存地址。系统接收输入的 3 个值，分别放入 a,b,c 的内存地址中。输入时，系统分配内存单元的地址。输出时，系统找到相应的内存单元后输出。

一个变量的地址称为该变量的“指针”，专门存放变量地址的变量就是指针变量。指针变量就是地址变量(存放地址的变量)，指针变量的值(即指针变量中存放的值)是地址。

在图 8-1 中，指针变量 p 存放整型变量 a 的地址，这样由指针变量 p 的值(图 8-1 中为 3012)就可以找到变量 a，因此指针变量 p 指向变量 a，指针变量中存放的地址就称为“指针”，指针就是地址。

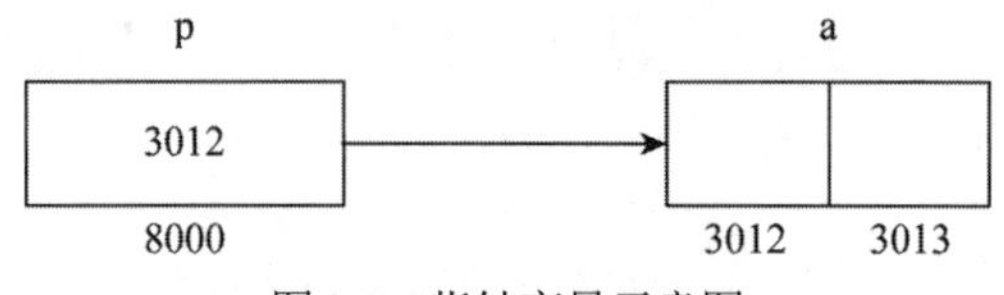


图 8-1　指针变量示意图

定义整型变量 a 后，系统在程序编译时给变量 a 分配了内存单元，每个变量都有相应的起始地址，如果向变量 a 赋值，例如 a=5，系统根据变量名 a 查出它相应的地址 3012，然后将整数 5 存放到起始地址为 3012 的存储单元中，这种直接按变量名访问的方式，称为“直接访问”方式。

将变量 a 的地址存放到另一个指针变量 p 中，然后通过指针变量 p 找到变量 a 的地址，从而访问 a 的方式，称为“间接访问”方式。打个比方，要打开甲保险箱，有两种方法，一种是将甲的钥匙带在身上，需要时直接找出甲的钥匙，打开甲保险箱。还有一种方法是将甲的钥匙放到乙保险箱中，如果需要打开甲保险箱，就先找出乙的钥匙，打开乙保险箱，得到甲保险箱的钥匙后，用甲的钥匙打开甲保险箱，这就是“间接访问”。

# 8.2 指针变量

## 8.2.1 指针变量的定义

指针变量是专门用来存放内存地址的变量，它是一种特殊变量，其特殊之处在于它的变量值是地址，而不是普通数据。

在 C 语言中，规定所有的变量在使用前都必须先定义后使用，指针变量也不例外，在引用指针变量之前必须先定义，定义指针变量的形式如下。

```
基类型 *指针变量名;
```

其中，*表示这是一个指针类型的变量，基类型表示本指针变量所指向的变量的数据类型，即本指针变量中存放的是什么数据类型变量的地址。

例如：int *p;

　　　float *q;

其中指针变量 p 指向整型变量，指针 q 指向 float 型变量。至于指针 p 具体指向哪个整型变量，应该由向 p 赋予的地址来决定，当指针变量被赋值后，程序可通过指针 p 访问所指向的变量。

说明如下。

(1) 指针是一种数据类型，指针前面的“*”的意思是指向，表示该变量为指针变量。注意，指针变量名是 p,q，不是*p,*q，指针变量名不包括“*”。

(2) 在定义指针变量时，必须指定基类型。我们知道，整型数据和实型数据在内存中所占的字节数是不相同的，一个指针变量只能指向同一个类型的变量，上面定义的指针 p 只能指向整型变量，不能先指向整型变量，再指向实型变量。

(3) 从语法上讲，指针变量可指向任意数据类型的对象，不仅可以指向整型、实型、字符型，还可以指向数组、函数、结构体等，从而表示复杂的数据类型。

## 8.2.2 指针变量的赋值

指针变量与普通变量一样，在使用之前不仅要定义说明，而且必须赋予具体的值。未经赋值的指针变量不能使用，否则会造成系统混乱。指针变量的值只能是地址，不能赋予任何其他数据，否则会引起错误。指针变量可通过不同的方法获取一个地址值。

### 1. 通过地址运算符“&”赋值

地址运算符“&”是单目运算符，运算对象放在地址运算符“&”的右边，用于求出运算对象的地址，通过地址运算符“&”可以把一个变量的地址赋给指针变量，举例如下。

```
int a,*p;
p=&a;
```

执行后变量 a 的地址赋给指针变量 p，指针变量 p 就指向变量 a。

### 2. 指针变量的初始化

与动态变量的初值一样，在定义了一个动态的指针变量后，其初值也是一个不确定的值。可在定义指针变量时给指针变量赋初值，举例如下。

```
int a,*p=&a;
```

执行后变量 a 的地址赋给指针变量 P，这条语句等价于 int a,*p;和 p=&a;两条语句。

### 3. 通过其他指针变量赋值

可通过赋值运算符，将一个指针变量的地址赋给另一个指针变量，这样两个指针变量指向同一地址，举例如下。

```
int a,*p1,*p2;
p1=&a;
p2=p1;
```

执行后指针变量 p2 和 p1 都指向整型变量 a。

需要注意，将一个指针变量的值赋给另一个指针变量时，这两个指针变量的基类型必须相同。

### 4. 用 NULL 给指针变量赋空值

除了可以给指针变量赋地址值，还可以给指针变量赋空值，举例如下。

```
int *p=null;
```

NULL 是 C 语言在头文件 stdio.h 中定义的一个符号常量，在使用 NULL 时，需要在程序中加上文件包含语句#include"stdio.h"。在执行该语句后，p 为空指针。在 C 语言中当指针值为 NULL 时，指针不指向任何有效数据，因此在程序中为了防止错误地使用指针来存取数据，常常在指针使用前，先赋初值为 NULL。NULL 可以赋值给任何类型的指针变量。需要注意的是，指针变量赋空值和未对指针变量赋值的意义是不同的。

## 8.2.3 指针的运算

### 1. 指向运算符*

指向运算符*作用在指针(地址)上，代表该指针所指向的存储单元，实现间接访问，因此又叫作间接访问运算符，举例如下。

```
int a=3,*p;
p=&a;
printf("%d",*p);
```

指向运算符*为单目运算符。根据运算符的作用，指向运算符*和地址运算符&互逆，举例如下。

```
*(&a)==a      &(*p)==p
```

注意：在定义指针变量时，“*”表示其后是指针变量；在执行部分的表达式中，“*”表示其后是指向运算符。

【例题 8-1】通过指针变量访问整型变量。

```
#include<stdio.h>
int main ( )
{   int a=123,*p;
     p=&a;
     printf("%d,%d\n",a,*p);
     *p=456;
     printf("%d,%d\n",a,*p);
     return 0;
}
```

在程序第三行语句中，*p 表示定义了一个指针变量，随后 p 指向变量 a，所以第一个 printf 语句的结果是 123，语句*p=456;表示把整数 456 赋给指针变量所指向的变量 a，该语句等价于 a=456;，所以第二个 printf 语句的结果是 456。

程序的运行结果如图 8-2 所示。

```
123,123
456,456
Press any key to continue
```

图 8-2　例题 8-1 的运行结果

## 2. 指针的算术运算

一个指针可以加减一个整数 n，但其结果不是指针值直接加减 n，其结果与指针所指向变量的数据类型有关，指针变量的值应增加或减少 n*sizeof(指针类型)。

若 int a=3;

  int *p=&a;

设变量 a 的起始地址为 3000，则执行 p=p+3;后，指针下移三个整型的位置，p 的值应该是 3000+3*sizeof(int)=3000+3*2=3006，不应是 3003。

总结如下。

p=p+n，表示 p 向高地址方向移动 n 个存储单元(一个存储单元是指指针变量所占的存储空间)。

p=p−n，表示 p 向低地址方向移动 n 个存储单元(一个存储单元是指指针变量所占的存储空间)。

p++、++p 表示当前指针 p 向高地址移动一个存储单元。其中，p++表示先引用 p，再将 p 向高地址方向移动一个存储单元，++p 表示先移动指针再引用 p。

p−−、−−p 表示当前指针 p 向低地址移动一个存储单元。其中，p−−表示先引用 p，再将 p 向低地址方向移动一个存储单元，−−p 表示先移动指针再引用 p。

值得注意的是，同类型的指针可以进行相减，其值是两个指针相距的元素个数，不能进行相加、相乘、相除运算。

## 3. 指针的关系运算

与基本类型变量一样，指针可以进行关系运算。在关系表达式中允许对两个指针进行所有的关系运算。

在指针进行关系运算前，指针必须指向确定的变量，即指针必须有初始值。另外只有相同类型的指针才能进行比较。

【例题 8-2】输入 a 和 b 两个整数，按从大到小的顺序输出 a 和 b。

```
#include<stdio.h>
int main( )
{     int a,b,*p1,*p2,*p;
      scanf("%d%d",&a,&b);
      p1=&a;
      p2=&b;
      if(a<b)
      {p=p1;p1=p2;p2=p;}
      printf("a=%d,b=%d\n",a,b);
      printf("max=%d,min=%d\n",*p1,*p2);
      return 0;
}
```

程序的运行结果如图 8-3 所示。

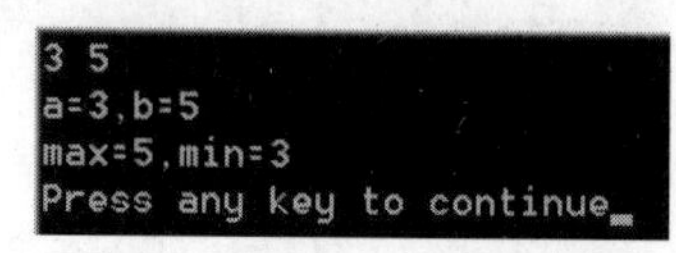


图 8-3　例题 8-2 的运行结果

程序说明如下。

本题中变量 a 和 b 的值并未交换，它们仍保持原值，但 p1 和 p2 的值改变了。p1 的值原为&a，后来变成&b；p2 的值原为&b，后来变成&a。这样在输出*p1 和*p2 时，实际上是输出变量 b 和变量 a 的值，所以先输出 5，再输出 3(注意：*p1 代表 p1 所指向的变量，而 p1 为指针变量)。

指针变量值的交换情况如图 8-4 和图 8-5 所示。

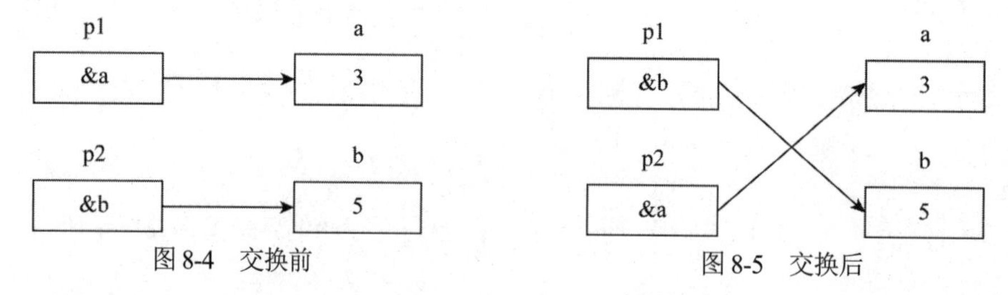


图 8-4　交换前　　图 8-5　交换后

本题并不交换整型变量的值，而是交换两个指针变量的值。

## 8.2.4　多级指针

按照上述指针的思路，可以推广到二级指针、三级指针、四级指针等。若一个指针指向的不是一个最终的目的地址，而是指向一个指向目标的指针，则表示建立了一个多级指针或者成为指向指针的指针，如图 8-6 所示。

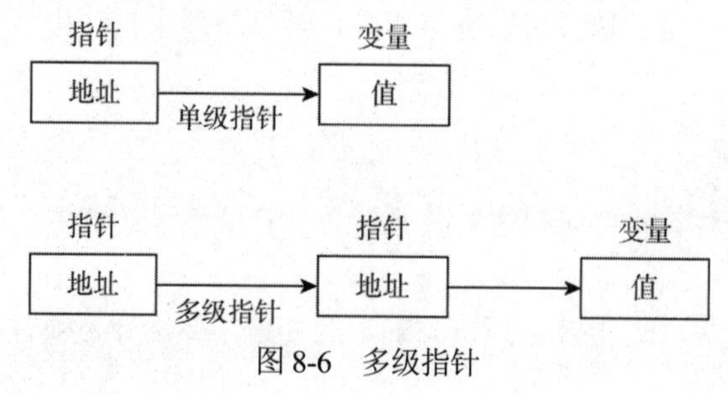


图 8-6　多级指针

使用多级指针的要点如下。

(1) 多级指针变量均用基类型定义，定义m级指针变量，变量名前放m个*。

(2) 各指针变量都应取得低一级指针变量的地址后才能应用。

(3) 引用m级指针变量访问最终的普通变量时，变量名前需要使用m个指向运算符*。

**【例题8-3】**多级指针使用实例。

```
#include<stdio.h>
int main ()
{	int a=5;
	int *p1,**p2,***p3;
	p1=&a;p2=&p1;p3=&p2;
	printf("%d\n",***p3);
	return 0;
}
```

程序的运行结果如图8-7所示。

```
5
Press any key to continue
```

图8-7　例题8-3的运行结果

# 8.3 指针与数组

指针与数组有着密切的关系，任何能由数组下标完成的操作都可以用指针来实现，程序中使用指针可使代码更紧凑、更灵活。

## 8.3.1 指针与一维数组

数组的元素在内存中是连续存放的，数组中第一个元素的地址称为数组的首地址。C语言规定数组名是该数组的首地址，举例如下。

```
int a[10],*p;
```

该例中，语句p=a;和p=&a[0]是等价的，都表示指针p指向数组a的首地址。

注意：C语言规定，数组首地址(即数组名)是一个地址常量，是不能改变的，a++;是非法的。

若数组的首地址是a，且指针变量p指向该数组的首地址(即p=a;)，则：

数组的第0个元素a[0]的地址是a(等价于p)；

数组的第1个元素a[1]的地址是a+1(等价于p+1)；

数组的第2个元素a[2]的地址是a+2(等价于p+2)；

……

数组的第i个元素a[i]的地址是a+i(等价于p+i)；

……

数组的第n−1个元素a[n−1]的地址是a+n−1(等价于p+n−1)。

引用数组可以使用下标法，也可以使用指针法，即通过指向数组元素的指针找到所需要的元素，也就是说任何能由数组下标完成的操作都可以用指针来实现，而且使用指针的程序代码更紧凑、更灵活。

a+i 为 a[i]的地址，因此用指针给出数组元素的地址和内容有以下几种表示形式。

(1) p+i 和 a+i 都表示 a[i]的地址，它们都指向 a[i]。

(2) *(p+i)和*(a+i)都表示 p+i 或者 a+i 所指向对象的内容，即 a[i]。

(3) 指向数组元素的指针，也可以表示成数组的形式，也就是说指针变量也可以带有下标，如 p[i]与*(p+i)等价。

总结一下：若定义了一维数组 a 和指针变量 p，且 p=a，则有如图 8-8 所示的等价规则。

a[i] —相互等价— p[i] —相互等价— *(a+i) —相互等价— *(p+i)

&a[i] —相互等价— &p[i] —相互等价— a+i —相互等价— p+i

图 8-8　等价形式

在图 8-8 中，假设了 p 所指向的数据类型与数组 a 元素的数据类型一致，i 为整型表达式。

需要注意，虽然 p+i 与 a+i，*(p+i)与*(a+i)意义相同，但仍应注意 p 和 a 的区别，a 代表数组的首地址，是常量，不可变化；p 是一个指针变量，是可以变化的。

**【例题 8-4】**利用下标法实现数组中元素的输入和输出。

```
#include<stdio.h>
int main( )
{   int a[10],i;
    printf("请输入 10 个整数：");
    for(i=0;i<10;i++)
        scanf("%d",&a[i]);
    printf("输出 10 个整数：");
    for(i=0;i<10;i++)
        printf("%3d",a[i]);
    return 0;
}
```

**【例题 8-5】**利用指针法实现数组中元素的输入和输出。

```
#include<stdio.h>
int main( )
{   int a[10],*p,i;
    p=a;
    printf("请输入 10 个整数：");
    for(i=0;i<10;i++)
        scanf("%d",p+i);
    printf("输出 10 个整数：");
    for(i=0;i<10;i++)
        printf("%3d",*(p+i));
    return 0;
}
```

【例题 8-6】利用指针法实现数组中元素的输入和输出。

```
#include<stdio.h>
int main( )
{   int a[10],*p,i;
    printf("请输入 10 个整数：");
    for(p=a;p<a+10;p++)
        scanf("%d",p);
    printf("输出 10 个整数：");
    for(p=a;p<a+10;p++)
        printf("%3d",*p);
    return 0;
}
```

例题 8-6 利用指针变量的变化值直接得到了数组成员的地址和值。例题 8-6 和例题 8-5 相比较，例题 8-6 更加充分地利用了指针，执行效率高，望读者仔细比较体会。

在使用指针时，应避免指针访问越界，例如，在例题 8-6 中，写成 for(p=a;p<=a+10;p++)是错误的。

【例题 8-7】计算并输出一个数组中所有元素的和、最大值、最小值，以及值为奇数的元素个数。

```
#include<stdio.h>
int main( )
{   int i,a[10]*p,sum,max,min,count;
    p=a;
    printf("请输入 10 个整数：");
    for(i=0;i<10;i++)
        scanf("%d",p+i);
    sum=0;
    for(i=0;i<10;i++)
        sum=sum+*(p+i);
    max=*p;
    for(i=0;i<10;i++)
    if(*(p+i)>max) max=*(p+i);
    min=*p;
    for(i=0;i<10;i++)
        if(*(p+i)<min) min=*(p+i);
    count=0;
    for(p=a;p<a+10;p++)
        if(*p%2==1) count++;
    printf("和=%d,最大值=%d,最小值=%d,奇数个数=%d\n",sum,max,min,count);
    return 0;
}
```

程序的运行结果如图 8-9 所示。

```
请输入10个整数: 1 2 3 4 5 6 7 8 9 10
和=55,最大值=10,最小值=1,奇数个数=5
Press any key to continue_
```

图 8-9　例题 8-7 的运行结果

## 8.3.2　用数组名作函数参数

当函数之间需要传递数组时，可以通过传递数组的首地址，完成存取主调函数中数组元素的操作。

如果实际参数是某个数组元素，由于数组元素是一个变量，传递方法和普通变量是一样的，也可采用传值的方式进行，函数中形式参数的编号不会影响对应的实参的数组元素。

如果实际参数是数组名，由于数组名代表数组首地址，当它作为实参进行函数调用时，是把数组首地址传给形参，实参和形参共用一段内存区域。当在函数中对形参进行操作时，实际上是在实参数组中进行的。在函数调用后，实参的元素值可能发生变化。

在C语言程序中，数组名作为函数参数时的定义和调用情形如下。

```
void fun(int a[],int n);
fun(a,n);
```

数组名是数组的首地址，用数组名作实参，调用函数时，是把数组的首地址传递给形参，而不是把数组的值传给形参。实际上，能够接受并存放地址值的只能是指针变量，C语言编译系统是将形参数组名作为指针变量来处理的，如 void fun(int *a,int n);。

若函数在调用期间改变了数组某一存储单元的内容，则在函数调用完毕后，已改变的值会被保留下来。

**【例题 8-8】** 将数组 a 中的 n 个整数反序存放。

程序分析：定义一个函数 reverse( )，它的功能是将数组 a 中的 n 个元素对换。具体的对换方式是将 a[0]和 a[n−1]交换，a[1]与 a[n−2]交换……a[int(n−1)/2]与 a[n−1−int(n−1)/2]交换。在主函数中定义数组 a，并以数组 a 作实参调用函数 reverse( )。

程序代码如下。

```
#include<stdio.h>
void reverse(int x[ ],int n)
{    int temp,i;
     for(i=0;i<=(n-1)/2;i++)
     {temp=x[i];x[i]=x[n-1-i];x[n-1-i]=temp;}
}
int main( )
{int i,a[10]={1,2,3,4,5,6,7,8,9,10};
     printf("原来的数组:");
     for(i=0;i<10;i++)
     printf("%3d",a[i]);
     printf("\n");
     reverse(a,10);
     printf("现在的数组:");
     for(i=0;i<10;i++)
     printf("%3d",a[i]);
     printf("\n");
     return 0;
}
```

程序的运行结果如图 8-10 所示。

```
原来的数组:  1  2  3  4  5  6  7  8  9 10
现在的数组: 10  9  8  7  6  5  4  3  2  1
Press any key to continue_
```

图 8-10　例题 8-8 的运行结果

可对 reverse( )函数做一些改动，在 reverse( )函数中分别定义两个指针 p 和 q，p 和 q 分别指向待交换的两个整数，同样也可以实现程序功能，程序代码如下。

```
void reverse(int *x,int n)
{    int temp,*p,*q;
     p=x;
     q=x+n−1;
     while(p<=q)
     {    temp=*p;
          *p=*q;
          *q=temp;
          p++;
          q−−;
     }
}
```

虽然定义了 int x[ ]，但在实参和形参结合时，数组名被转换为数组指针*x 并接收实参数组 a 的首地址。由于 x 变成了指向数组 a 的指针，形参数组并没有自己的存储单元，而是共享实参数组 a 的存储单元。

C 语言调用函数时虚实结合的方法都采用“值传递”方式，当用变量名作函数参数时，传递的是变量的值，当用数组名作函数参数时，数组名代表的是数组首地址，因此传递的值是地址，一般形参要求为指针变量。下面把用变量名作函数参数和用数组名作函数参数作比较，如表 8-1 所示。

表 8-1 用变量名作函数参数和用数组名作函数参数的比较

| 实参类型 | 变量名 | 数组名 |
| --- | --- | --- |
| 要求形参的类型 | 变量名 | 数组名或指针变量 |
| 传递的信息 | 变量的值 | 实参数组首元素的地址 |
| 通过函数调用能否改变实参的值 | 不能 | 能改变实参数组的值 |

当用数组作函数参数时，实参可以是数组名或指向数组的指针，形参也必须是数组名或指向数组的指针，这样就有 4 种参数传递方式：形参、实参都用数组名；形参、实参都用指针变量；形参用数组名，实参用指针变量；形参用指针变量，实参用数组名。具体情况如下。

(1) 形参、实参都用数组名，举例如下。

```
fun(int x[ ],int n)
{…}
int main( )
{    int a[10];
     …
     fun(a,10);
     …
     return 0;
}
```

(2) 实参用数组名，形参用指针变量，举例如下。

```
fun(int*p,int n)
{…}
int main( )
{    int a[10];
     …
     fun(a,10);
     …
     return 0;
}
```

(3) 形参和实参都用指针变量，举例如下。

```
fun(int*p,int n)
{…}
int main( )
{    int a[10],*p;
     p=a;
     …
     fun(p,10);
     …
     return 0;
}
```

(4) 实参用指针变量，形参用数组名，举例如下。

```
fun(int x[],int n)
{…}
int main( )
{    int a[10],*p;
     p=a;
     …
     fun(p,10);
     …
     return 0;
}
```

无论哪一种组合方式，本质上都是把数组的首地址传递给对应的形参，被调用的函数得到了主调函数中相应数组的指针，实现了对主调函数中数组存储空间的访问。若数组名为形参，当它与实参结合时，接收的是实参数组的首地址，而不是整个数组的副本。

### 8.3.3 指针与二维数组

用指针变量可以指向一维数组，也可以指向二维数组。二维数组是具有行列结构的数据，二维数组元素地址与一维数组元素地址的表示不一样。二维数组的首地址称为二维数组的指针，存放这个指针的变量称为指向二维数组的指针变量。指向二维数组的指针比指向一维数组的指针要复杂一些。

### 1. 二维数组的地址

在C语言中，二维数组是按行排列的。对二维数组而言，它是一个特殊的一维数组，其每个数组元素又是一个一维数组。

例如，int a[3][4]={{1,2,3,4},{5,6,7,8},{9,10,11,12}};，C语言允许把一个二维数组分解为多个一维数组来处理，如图8-11所示。

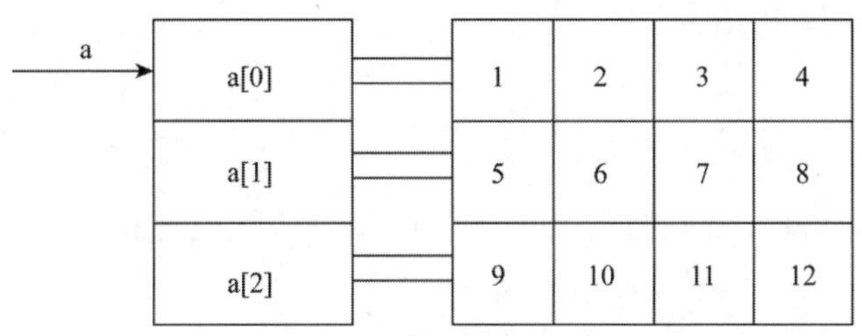


图8-11 二维数组

a数组包含3行，即3个元素：a[0]、a[1]、a[2]。每个元素又是一个一维数组，其包含4个元素。例如，a[0]代表的一维数组又包含4个元素：a[0][0]、a[0][1]、a[0][2]、a[0][3]。我们可以将二维数组看成"数组的数组"，即二维数组a由3个一维数组组成。

由图可知，每行是一个一维数组，只要能确定每个一维数组的首地址即行首地址，就能通过行首地址找到该行的元素地址。a是二维数组名，a代表整个二维数组的首地址，a[0]、a[1]、a[2]分别代表3个一维数组的名。根据C语言中数组名代表数组首地址的原则，可知a[0]、a[1]、a[2]分别是一维数组的名，也代表首地址，即行首地址，如图8-12所示。

a[i]从形式上看是a数组中序号为i的元素，如果a是一维数组名，则a[i]代表a数组序号为i的元素所占的内存单元的内容。a[i]是有物理地址的，是占内存单元的。但如果a是二维数组，则a[i]代表一维数组名，它只是一个地址，并不代表某个元素的值(如同一维数组只是一个指针常量)。

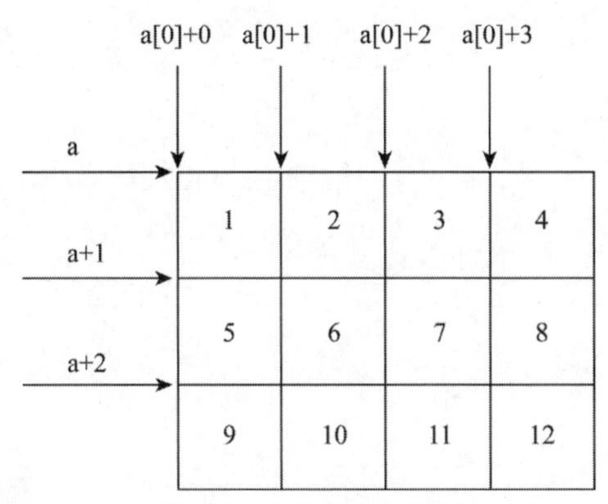


图8-12 二维数组与指针

数组名a常称为行指针，a[0]、a[1]、a[2]常称为列指针。为便于读者理解，打个比方，当军训排队点名时，班长逐个检查本班战士是否在队列中，班长每移动一步，走过一个战士，而排长只检查本排各班是否到齐，排长从第0班的起始位置走到第1班的起始位置，看来只走了一步，但实际上他走过了4个战士，这相当于a+1。班长面对的是战士，排长面对的是班长(即"行指针")。

二维数组名 a 是指向行的，一维数组名 a[0]、a[1]、a[2]是指向列元素的。a[0]+1 中的 1 代表一个元素所占的字节数。在指向行的指针前面加一个*，就转换为指向列的指针，例如：a 和 a+1 是指向行的指针，在它们的前面加一个*，就是*a 和*(a+1)，它们就转换为列指针，分别指向 a 数组 0 行 0 列的元素和 1 行 0 列的元素。反之，在指向列的指针前面加&，就称为指向行的指针。例如：a[1]是指向第 1 行第 0 列的指针，在它的前面加一个&，得到&a[1]，由于 a[1]与*(a+1)等价，它指向二维数组的第 1 行。

若有如下定义。

```
int a[3][4],i,j;
```

当 0<=i<3、0<=j<4 时，a 数组元素可以用以下 5 种表达式表示。

(1) a[i][j]

(2) *(a[i]+j)

(3) *(*(a+i)+j)

(4) (*(a+i))[j]

(5) *(&a[0][0]+4*i+j)

**【例题 8-9】**用地址表示法输出二维数组各元素的值。

```
#include<stdio.h>
int main( )
{   int a[2][3]={{1,2,3},{4,5,6}};
    int b[3][3]={{1,2,3},{4,5,6},{7,8,9}};
    int i,j;
    printf("a 数组为：\n");
    for(i=0;i<2;i++)
    {   for(j=0;j<3;j++)
          printf("%3d",*(a[i])+j);
          printf("\n");
    }
    printf("b 数组为：\n");
    for(i=0;i<3;i++)
    {   for(j=0;j<3;j++)
          printf("%3d",*(*(b+i))+j);
          printf("\n");
    }
    return 0;
}
```

程序的运行结果如图 8-13 所示。

```
a数组为:
  1  2  3
  4  5  6
b数组为:
  1  2  3
  4  5  6
  7  8  9
Press any key to continue
```

图 8-13　例题 8-9 的运行结果

### 2. 指向二维数组的指针变量

在 C 语言中，可将二维数组看成一维数组的嵌套，即一个特殊的一维数组。其中，每个元素又是一个一维数组，在内存中按行顺序存放。利用指针访问二维数组可采用两种方式：指向数组元素的指针和行指针。

(1) 指向数组元素的指针变量。

这种指针变量的定义与普通指针变量定义相同。

**【例题8-10】**用指针变量输出二维数组的值。

```
#include<stdio.h>
int main( )
{    int a[2][3]={1,2,3,4,5,6};
     int *p;
     for(p=a[0];p<a[0]+6;p++)
     {    if((p-a[0])%3==0)
          printf("\n");
          printf("%3d",*p);
     }
     printf("\n");
     return 0;
}
```

程序的运行结果如图8-14所示。

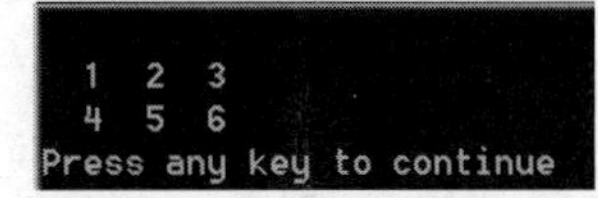


图8-14 例题8-10的运行结果

(2) 指向一维数组的指针变量或行指针。

行指针的说明形式如下。

```
类型符(*指针变量名)[元素个数]
```

例如：

```
int (*p)[4],a[3][4];
```

该例中，定义了一个指针p，p指向一个具有4个元素的一维数组(二维数组中的行数组)，即p用来定义二维数组中的行地址；引用了行指针p后，p++表示指向下一行地址，p的值应以一行占用存储字节数为单位进行调整。

**【例题8-11】**用指向一维数组的行指针输出二维数组，并求数组中的最大元素及其行列号。

```
#include<stdio.h>
int main( )
{    int i,j,s,t,max;
     int a[3][4]={{1,3,4,9},{23,17,36,34},{73,88,33,12}};
     int(*p)[4];
     p=a;
     max=**p;s=0;t=0;
     for(i=0;i<3;i++)
     {    for(j=0;j<4;j++)
          if(*(*p+j)>max)
          {max=*(*p+j);s=i;t=j;}
          p++;
     }
     printf("最大值=%d,行号=%d,列号=%d\n",max,s,t);
     return 0;
}
```

程序的运行结果如图8-15所示。

```
最大值=88,行号=2,列号=1
Press any key to continue
```

图 8-15　例题 8-11 的运行结果

# 8.4 指针与字符串

## 8.4.1　字符串的表示形式

字符串是特殊的常量，它一般被存储在一维的字符数组中并以'\0'结束。字符串与指针也有着密切的关系。在 C 语言程序中，可以使用两种方法来访问一个字符串：一种是使用字符数组，另一种是使用字符指针。在字符串处理中，使用字符指针往往比使用字符数组更方便。

### 1. 使用字符数组实现

**【例题 8-12】**定义一个字符数组，对其初始化后，输出该字符串。

```
#include<stdio.h>
int main( )
{    char str[ ]="Welcome to Wuhan!";
     int i;
     for(i=0;str[i]!='\0';i++)
     printf("%c",str[i]);
     printf("\n");
     printf("%s\n",str);
     return 0;
}
```

程序的运行结果如图 8-16 所示。

```
Welcome to Wuhan!
Welcome to Wuhan!
Press any key to continue
```

图 8-16　例题 8-12 的运行结果

程序说明如下。

str 是数组名，它代表数组的首地址；str[i]代表数组中下标为 i 的元素，实际上 str[i]就是*(str+i)。

### 2. 使用字符指针实现

将字符串的数组名赋给一个字符指针变量，让字符指针变量指向字符串的首地址，这样就可以通过指向字符串的指针变量操作字符串，举例如下。

```
char str[]="Welcome to Wuhan!",*p;
p=str;
printf("%s\n",p);
```

也可以不定义字符数组，而定义一个字符指针，用字符指针指向字符串中的字符，举例如下。

```
char *p="Welcome To Wuhan!";
printf("%s\n",p);
```

该例中，首先定义 p 是一个字符指针变量，然后把字符串常量"Welcome To Wuhan!"的首地址赋给字符指针变量 p，还可以按以下形式赋值。

```
char *p;
p="Welcome To Wuhan!";
```

【例题 8-13】利用字符指针变量的方法，完成字符串的复制。

```
#include<stdio.h>
int main( )
{   char str1[ ]="Welcome to Wuhan!",str2[80];
    char *p1,*p2;
    int i;
    p1=str1;
    p2=str2;
    for(;*p1!='\0';p1++,p2++)
    *p2=*p1;
    *p2='\0';
    printf("str1 is %s\n",str1);
    printf("str2 is %s\n",str2);
    return 0;
}
```

程序的运行结果如图 8-17 所示。

```
str1 is Welcome to Wuhan!
str2 is Welcome to Wuhan!
Press any key to continue
```

图 8-17　例题 8-13 的运行结果

程序说明如下。

指向字符型数据的指针变量 p1 和 p2 分别指向字符数组 str1 和 str2。在 for 循环中，首先判断*p1 是否为'\0'。若不为'\0'，则执行*p2=*p1，它的功能是将字符数组 str1 中的第一个字符赋给 str2 中的第一个字符，然后利用 p1++和 p2++使 p1 和 p2 都分别指向各自的下一个数组元素，保证 p1 和 p2 同步移动。重复上述动作，直至 str1 中的所有字符全部复制给 str2。最后将'\0'赋值给*p2。

【例题 8-14】输入两个字符串，比较是否相等，相等输出 Yes，不相等输出 No。

```
#include<stdio.h>
#include<string.h>
int main( )
{   char str1[80],str2[80];
    char *p1,*p2;
    int flag;
    printf("Please input str1:");
    gets(str1);
    printf("Please input str2:");
    gets(str2);
    p1=str1;p2=str2;
    flag=1;
    while(*p1!='\0'||*p2!='\0')
    {   if(*p1!=*p2)
        {flag=0;break;}
        p1++;
        p2++;
    }
    if(flag==1)
    printf("Yes\n");
```

```
        else
        printf("No\n");
        return 0;
    }
```

程序的运行结果如图 8-18 所示。

```
Please input str1:China
Please input str2:Wuhan
No
Press any key to continue
```

图 8-18　例题 8-14 的运行结果

程序说明如下。

指向字符型数据的指针变量 p1 和 p2 分别指向字符数组 str1 和 str2。flag 用来表示比较结果，假设比较前结果为 1，首先比较 str1 和 str2 中的第一个字符，若相同，就利用 p1++和 p2++使 p1 和 p2 都分别指向各自的下一个数组元素，保证 p1 和 p2 同步移动；利用循环比较下一个数组元素，若不同，则 str1 和 str2 不相同，退出循环，不需要继续比较。当 str1 或 str2 中没有数组元素时，结束循环。当循环结束后，若 flag 值为 1，则两个字符串相同，若 flag 值为 0，则两个字符串不同。

## 8.4.2　字符指针作为函数参数

将一个字符串从一个函数传递到另一个函数，可以使用字符数组名作参数，也可以使用指向字符串的指针变量作参数，在被调函数中改变字符串的内容，在主调函数中可以得到改变了的字符串。

**【例题 8-15】**将输入的字符串中的小写字母改为大写字母后，输出字符串。

```
#include<stdio.h>
#include<string.h>
void fun(char *p)
{   while(*p)
    {   if(*p>='a'&&*p<='z')   *p-=32;
        p++;
    }
}
int main( )
{   char str[80];
    printf("Please input string:");
    gets(str);
    fun(str);
    printf("The changed string:%s\n",str);
    return 0;
}
```

程序的运行结果如图 8-19 所示。

```
Please input string:Wuhan
The changed  string:WUHAN
Press any key to continue
```

图 8-19　例题 8-15 的运行结果

程序说明如下。

主函数将字符串数组名 str 传递给 fun( )函数中的指针变量 p，通过指针变量改变字符串数组中的值。

**【例题 8-16】**用字符指针变量将两个字符串首尾连接起来。

```
#include<stdio.h>
void fun(char str1[ ],char str2[ ])
{   char *p1,*p2;
```

```
    p1=str1;
    p2=str2;
    for(;*p1!='\0';p1++);
    do{
        *p1=*p2;
        p1++;
        p2++;
    }while(*p2!='\0');
    *p1='\0';
}
int main( )
{   char str1[80],str2[20];
    printf("First string:");
    gets(str1);
    printf("Second string:");
    gets(str2);
    fun(str1,str2);
    printf("Connectd string:%s\n",str1);
    return 0;
}
```

程序的运行结果如图 8-20 所示。

```
First string:China
Second string:Wuhan
Connectd string:ChinaWuhan
Press any key to continue
```

图 8-20　例题 8-16 的运行结果

程序说明如下。

定义指针 p1 和 p2，将指针 p1 指向 str1 字符串首地址，将指针 p2 指向 str2 字符串首地址。通过 for 循环指针 p 找到 str1 字符串串尾。通过 do-while 将指针 p2 所指的字符串连接到 p1 所指的字符串后，将指针 p1 所指字符赋值为'\0'。

## 8.5 指向函数的指针

在 C 语言中，一个函数编译后就要在内存中占用一段连续的存储单元，这段存储单元从一个特定地址开始，这个地址就称为该函数的入口地址(或函数的首地址)，也称为该函数的指针。

可以定义一个指针变量，然后将某个函数的入口地址赋给该指针变量，使该指针变量指向该函数，此后该指针变量就称为指向函数的指针变量，这样就可以通过指针变量找到或调用该函数。

### 8.5.1 指向函数的指针变量

定义指向函数的指针变量的一般形式如下。

```
类型标识符 (*指针变量名)( );
```

例如：

```
int (*p)( );
```

标识 p 是一个指向函数入口地址的指针变量，该函数的返回值(函数值)是整数。

【例题 8-17】指向函数的指针变量示例。

```
#include<stdio.h>
int max(int a,int b)
{   if(a>b) return a;
    else return b;
}
int min(int a,int b)
{   if(a>b) return b;
    else return a;
}
int main( )
{   int (*p)( );
    int x,y,z;
    printf("Please input two numbers:");
    scanf("%d%d",&x,&y);
    p=max;
    z=(*p)(x,y);
    printf("max=%d\n",z);
    z=max(x,y);
    printf("max=%d\n",z);
    p=min;
    z=(*p)(x,y);
    printf("min=%d\n",z);
    return 0;
}
```

程序的运行结果如图 8-21 所示。

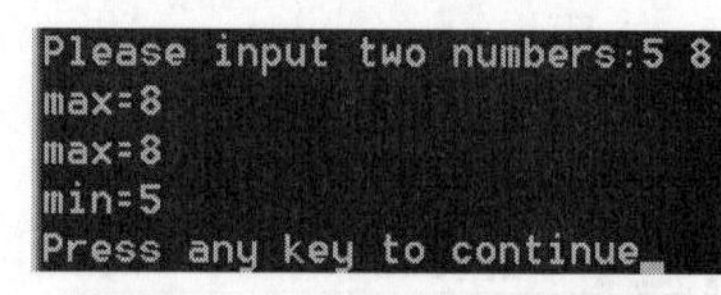


图 8-21　例题 8-17 的运行结果

程序说明如下。

例题 8-17 中使用了函数指针调用和函数名调用两种方式。定义了一个函数指针变量 p，将函数 max( )的名字赋给指针 p，使 p 指向该函数的入口地址，利用指针变量(*p)(x,y)来调用函数 max(x,y)。这两种调用方式的结果是一样的。

注意：

(1) 函数指针可指向相同类型(返回值的类型)的任意函数。

(2) 给函数指针赋值时只需要函数名，不需要括号和参数。

(3) 对函数指针做算术运算或关系运算无意义。

指向函数的指针的使用步骤如下。

(1) 定义一个指向函数的指针变量，如 int (*p)( );。

(2) 为函数指针赋值，格式如下。

```
p=函数名;
```

(3) 通过函数指针调用函数，调用格式如下。

```
s=(*p)(实参);
```

## 8.5.2 指向函数的指针变量作为函数参数

变量、数组名、指向数组的指针变量都可以作为函数的参数，同样，指向函数的指针变量也可以作为函数的参数。当函数指针每次指向不同的函数时，可完成不同的功能。

函数名表示该函数在内存区域的入口地址，因此，函数名可以作为实参出现在函数调用的参数表中。

**【例题 8-18】**编写一个函数，每次在调用它时实现不同的功能。输入两个整数，利用前面编写的函数求出它们的和、差、积。

```
#include<stdio.h>
int add(int x,int y)
{    return x+y;}
    int minus(int x,int y)
    { return x-y;}
    int multiply(int x,int y)
    { return x*y;}
    void process(int x,inty,int (*fun)(int,int))
    {    int result;
         result=(*fun)(x,y);
         printf("%d\n",result);
    }
    int main( )
    {    int a,b;
         printf("Please enter a and b:");
         scanf("%d%d",&a,&b);
         printf("a add b=");
         process(a,b,add);
         printf("a minus b=");
         process(a,b,minus);
         printf("a multiply b=");
         process(a,b,multiply);
         return 0;
}
```

程序的运行结果如图 8-22 所示。

```
Please enter a and b:8 5
a add b=13
a minus b=3
a multiply b=40
Press any key to continue
```

图 8-22　例题 8-18 的运行结果

程序说明如下。

在 main( )函数中第一次调用 process( )函数时，不仅将 a 和 b 作为实参传递给 process( )函数的形参 x 和 y，而且把函数名 add 作为实参将函数的入口地址传递给 process( )函数的形参 fun，形参 fun 指向函数 add( )，此时(*fun)(x,y)就相当于 add(x,y)，指向 process( )函数后输出 a 和 b 的和。同理，第二次调用 process( )函数时，(*fun)(x,y)就相当于 minus (x,y)，指向 process( )函数后输出 a 和 b 的差。第三次调用 process( )函数时，(*fun)(x,y)就相当于 multiply(x,y)，指向 process( )函数后输出 a 和 b 的积。

可以看到，想要调用 add( )、minus( )或 multiply( )函数，只要在每次调用 process( )函数时给出不同的函数名作为实参即可，而 process( )函数不需要做任何修改，这体现了指向函数的指针变量作为函数参数的优越性。

# 8.6 返回指针的函数

在C语言程序中，一个函数可以返回整型、实型或字符型的值。同样，一个函数也可以返回一个指针型的值(即一个地址)。

## 8.6.1 返回指针型函数的定义形式

在C语言中，允许一个函数的返回值是一个指针。有时把返回指针值的函数称为指针型函数。返回指针型函数的一般定义形式如下。

```
类型说明符 *函数名(形参表)
{
    函数体
}
```

其中，函数名前加了*表示这是一个指针型函数，返回值是一个指针。类型说明符表示返回的指针值所指向的数据类型，举例如下。

```
int *fun(int x,int y)
```

其中fun是函数名，指向函数后返回的是一个指向整型数据的指针，因为*的优先级低于( )，所以fun首先与( )结合成为函数形式，然后与*结合，说明此函数是指针型函数，函数的返回值是一个指针(即一个地址)。类型说明符int表示返回的指针值所指向的数据类型为整型。

注意，不要把返回指针的函数的说明与指向函数的指针变量的说明相混淆，例如，int (*fun)(int x,int y)表示定义fun为一个指向函数的指针变量。

## 8.6.2 返回指针的函数的应用

对于返回指针的函数，在通过函数调用后必须把它的返回值赋给指针类型的变量。

**【例题 8-19】**通过指针型函数，输入一个1～7中的整数，输出对应的星期名。

```
#include<stdio.h>
char *day_name(int i)
{   static char *name[ ]={"Illegal day","Monday","Tuesday","Wednesday","Thursday",
    "Friday","Saturday","Sunday"};
    if(i<1||i>7)
    return(name[0]);
    else
    return(name[i]);
}
int main( )
{   int n;
    char *p;
    printf("Please inpout a number of day:");
    scanf("%d",&n);
    p=day_name(n);
    printf("It is %s\n",p);
```

```
    return 0;
}
```

程序的运行结果如图 8-23 所示。

```
Please inpout a number of day:3
It is Wednesday
Press any key to continue
```

图 8-23　例题 8-19 的运行结果

程序说明如下。

本例中定义了一个指针型函数 day_name，它的返回值指向一个字符串。该函数中定义了静态指针数组 name，name 数组初始化赋值为 8 个字符串，分别表示各个名称及出错提示。day_name( )函数返回 name[0]或 name[i]，即返回的是指向某个字符串的指针。在 main( )函数中将 day_name 的函数值(即指向某个字符串的指针)赋给字符指针变量 p，再使用%s 格式进行输出，就可以得到相应的字符串。

## 8.7 指针数组

### 8.7.1 指针数组的概念

一个数组的若干元素均为指针型数据类型，称为指针数组，即每个元素都是指针类型的变量。

指针数组的定义形式如下。

```
类型名 *数组名[数组长度];
```

例如：

```
int *p[6];
```

p 是数组名，这个数组包括 6 个元素，即 p[0]～p[5]，每个元素都是指向整型数据的指针。p 用于保存 6 个整型数据的地址。

**注意：**

int *p[6]不能写成 int (*p)[6]，两者的意义不同，前者因为[ ]的优先级高于*，所以 p 先与[6]结合，表明 p 是数组，数组中有 10 个元素，再与*结合，表明该数组是指针类型的；后者 p 先与*结合，再与[6]结合，表明 p 是指向一维数组的指针变量。

指针数组可用来处理一组字符，比较适合于指向若干个长度不等的字符串，使字符串处理更加方便、灵活，而且节省内存空间。

**【例题 8-20】**设计一个程序，将若干个字符串按字母顺序从大到小输出，要求用字符指针数组实现。

```
#include<stdio.h>
#include<string.h>
void sort(char *str[ ],int n)
{   int i,j,k;
    char *s;
    for(i=0;i<n-1;i++)
```

```
        {k=i;
            for(j=i+1;j<n;j++)
            if(strcmp(str[j],str[k])>0) k=j;
            if(k!=i)
            {    s=str[k];str[k]=str[i];str[i]=s;}
            }
        }
        void print(char *str[ ],int n)
        {    int i;
            for(i=0;i<n;i++)
            printf("%s\n",str[i]);
        }
        int main( )
        { char *str[6]={"c languange","data structure","java","database","network", "operating system"};
        int n=6;
        sort(str,n);
        print(str,n);
        return 0;
    }
```

程序的运行结果如图 8-24 所示。

```
operating system
network
java
database
data structure
c languange
Press any key to continue
```

图 8-24　例题 8-20 的运行结果

程序说明如下。

本例中使用指针数组中的元素指向各个字符串。对多个字符串进行排序，不改动字符串的存储位置，只改动字符指针数组中各元素的指向。这样，各字符串的长度可以不同，而且交换两个指针变量的值要比交换两个字符串所用的时间少得多。

## 8.7.2　指针数组作为 main( )函数的参数

前面介绍的 main( )函数都是不带参数的，因此 main( )后的圆括号都是空括号。实际上，main( )函数可以带参数，这个参数可以认为是 main( )函数的形式参数。C 语言规定 main( )函数可以有两个参数，而且只能有两个参数，习惯上这两个参数写为 argc 和 argv。带参数的 main( )函数定义如下。

```
int 或 void main(int argc,char *argv[ ])
{
…
}
```

第一个参数 argc 是一个整型数据，第二个参数 argv 是一个字符指针数组，每个指针各指向一个字符串。

当一个 C 的源程序经过编译、链接后，会生成扩展名为.exe 的可执行文件，这是可以在操作系统下直接运行的文件。main( )函数不能由其他函数调用或传递参数，只能由系统在启动运行时传递参数。

在操作系统环境下，一条完整的运行命令应包括命令和相应的参数两部分，其格式如下。

```
可执行文件名 参数 1　参数 2 ……参数 n
```

当命令执行程序的时候，系统会把参数1、参数2……参数n依次传递给该文件名中main( )函数的形参。

例如：

```
progfile  Beijing  Shanghai  Wuhan
```

命令progfile就是可执行文件的文件名，其后的参数用空格分隔。参数的个数就是main( )函数的参数argc的值，命令也作为一个参数，如以上命令的参数有4个，分别是progfile、Beijing、Shanghai、Wuhan，所以argc的值为4。main( )函数的第二个参数argv是一个指针数组，该指针数组的大小由参数argc的值决定，为char *argv[4]，分别指向4个字符串，即指向4个参数：argv[0]指向progfile，argv[1]指向Beijing，argv[2]指向Shanghai，argv[3]指向Wuhan。

**【例题8-21】**带参数的main( )函数。

```
#include<stdio.h>
int main(int argc,char *argv[ ])
{    int i;
     printf("argc=%d\n",argc);
     for(i=1;i<argc;i++)
     printf("%s\n",argv[i]);
     return 0;
}
```

将程序保存在C:\根目录下，命名为progfile，在VC++中编译、链接该程序，则会在C:\debug目录下生成一个名为progfile.exe的可执行文件。在操作系统环境下，改变目录到C:\debug，输入progfile Beijing Shanghai Wuhan，则会出现如图8-25所示的结果。

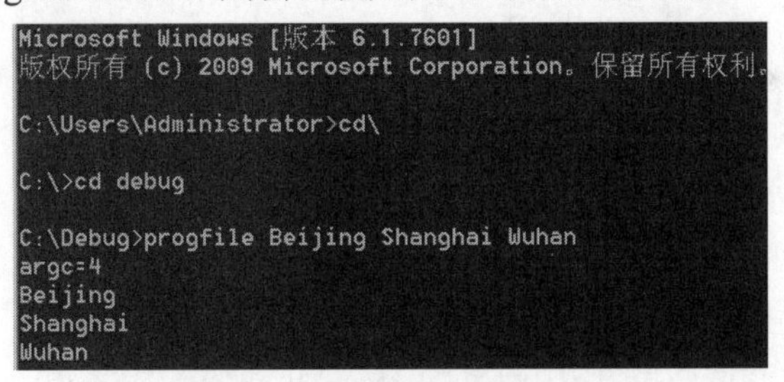


图8-25　例题8-21的运行结果

## 8.8 本章小结

指针的概念和应用比较复杂，初学者不易掌握。为帮助读者建立清晰的概念，现将指针的有关信息和应用总结如下。

(1) 准确理解指针。指针就是地址，凡是出现“指针”的地方，都可以用“地址”代替，例如变量的指针就是变量的地址，指针变量就是地址变量。要区别指针和指针变量，指针就是地址本身，而指针变量是用来存放地址的变量，指针变量的值是一个地址。

(2) 理解“指向”的含义。地址就意味着指向，因为通过地址能找到该地址的对象。对于指针变量来说，把谁的地址存放到指针变量中，就说该指针指向谁。需要注意的是，并不是任何类型数据的地址都可以存放在同一个指针变量中，只有与指针变量的基类型相同的数据的地址才能存放在同一个指针变量中。

(3) 在对数组进行操作时能正确地使用指针。一维数组名代表数组首元素的地址，将数组名赋给指针变量后，指针变量指向数组的首元素，并不指向整个数组。同理，指针变量指向字符串，应该理解为指针变量指向字符串中的首字符。

(4) 正确掌握指针变量的定义、类型及含义。指针变量的定义、类型及含义，如表 8-2 所示。

表 8-2 指针变量的定义、类型及含义

| 定义 | 类型表示 | 含义 |
|---|---|---|
| int i; | int | 定义整型变量 |
| int *p | int * | 定义 p 为指向整型数据的指针变量 |
| int a[10] | int [10] | 定义整型数组，它有 10 个元素 |
| int *p[10] | int *[10] | 定义指针数组 p，它由 10 个指向整型数据的指针元素组成 |
| int (*p)[10] | int (*)[10] | p 为指向包含 10 个元素的一维数组的指针变量 |
| int f( ) | int ( ) | f 为返回整型函数值的函数 |
| int *p( ) | int *( ) | p 为返回一个指针的函数，该指针指向整型数据 |
| int (*p)( ) | int (*)( ) | p 为指向函数的指针，该函数返回一个整数型 |
| int **p | int ** | p 是一个指针变量，它指向一个整型数据的指针变量 |
| void *p | void * | p 是一个指针变量，基类型为 void(空类型)，不指向具体对象 |

(5) 正确掌握指针的运算。

- 指针变量加(减)一个整数。

指针变量加(减)一个整数是将该指针变量的原值(是一个地址)和它指向的变量所占用的存储单元的字节数相加减。

- 给指针变量赋值。

可以将一个变量地址赋给指针变量，但不可以将一个整数赋给指针变量。

- 两个指针变量可以相减。

若两个指针变量都指向同一个数组中的元素，则两个指针变量值之差是两个指针之间的元素个数。

- 两个指针变量的比较。

若两个指针变量指向同一个数组中的元素，则可以进行比较，指向前面元素的指针变量“小于”指向后面元素的指针变量，如果两个指针不指向同一个数组，则比较无意义。

(6) 指针变量可以有空值。

p=NULL，该指针不指向任何变量，在 stdio.h 中对 NULL 进行了定义，NULL 是一个符号常量，代表整数 0，它使 p 指向地址为 0 的单元，系统保证使该单元不作其他用途(不存放有效数据)。

应该注意，p 的值为 NULL 与未对 p 赋值是两个不同的概念。前者是有值的，只是值为 0，不指向任何变量。后者未对 p 赋值，但并不等于 p 无值，它的值是一个无法预料的值，p 可能指向一个事先未指定的单元，这种情况是很危险的，在引用指针变量前应对指针赋值。

**【课程思政】**指针部分是C语言程序中学习起来最艰难的一部分，部分同学被指针中的“取地址”和“取值”折磨得昏头昏脑，还有些同学在“参数的传递”和“指针的指向”上不断犯错。指针的真正核心是“细节”，两个小小的符号“*”和“&”是指向还是取地址，编程之前必须考虑清楚，细节决定成败，“*p”和“&p”之间可谓是“失之毫厘，谬以千里”。细节决定程序结果是否正确，细节同样决定着一个人的成败。

## 8.9 习题

### 一、选择题

1. 若有说明：int a=2, *p=&a, *q=p;，则以下非法的赋值语句是(　　)。
   A. p=q;　　B. *p=*q;　　C. a=*q;　　D. q=a;
2. 已有定义 int a=2, *p1=&a, *p2=&a;，下面不能正确执行的赋值语句是(　　)。
   A. a=*p1+*p2;　　B. p1=a;　　C. p1=p2;　　D. a=*p1*(*p2);
3. 变量的指针，其含义是指该变量的(　　)。
   A. 值　　B. 地址　　C. 名　　D. 一个标志
4. 若定义：int a=511, *b=&a;，则 printf("%d\n", *b);的输出结果为(　　)。
   A. 无确定值　　B. a 的地址　　C. 512　　D. 511
5. 若 i 是整型变量，pb 是基类型为整型的指针变量，则正确的赋值表达式是(　　)。
   A. pb=&i　　B. pb=i　　C. *pb=&i　　D. *pb=*i
6. 若有说明：int i, j=2, *p=&i;，则能完成 i=j 赋值功能的语句是(　　)。
   A. i=*p;　　B. *p=*&j;　　C. i=&j;　　D. i=**p;
7. 有定义：int c[5],*p=c;，则以下对 c 数组元素地址的正确引用是(　　)。
   A. p+5　　B. c++　　C. &c+1　　D. &c[0]
8. 设 int a[10],*p=a;，数组元素 a[4]的正确引用是(　　)。
   A. *(p+4)　　B. p+4　　C. *p+4　　D. a+4
9. 若有定义语句 int a[10],*p=a;，则 p+5 表示(　　)。
   A. 元素 a[5]的地址　　B. 元素 a[5]的值　　C. 元素 a[6]的地址　　D. 元素 a[6]的值
10. 若有下面的变量定义，以下语句中合法的是(　　)。

```
int i, a[10], *p;
```

   A. p=a+2;　　B. p=a[5];　　C. p=a[2]+2;　　D. p=&(i+2);
11. 下面选项中正确的赋值语句是(　　)(设 char a[5],*p＝a;)。
   A. p="abcd";　　B. a="abcd";　　C. *p="abcd";　　D. *a="abcd";
12. 若有以下定义，则对数组元素的正确引用是(　　)。

```
int a[5],*p=a;
```

   A. *&a[5]　　B. *(a+2)　　C. a+2　　D. *(p+5)

13. 若有以下程序段，运行后 p 的值是(　　)。

```
char a[10],*p=a;
gets(a);
p+=4;
```

A. 元素 a[4]的地址　　B. 元素 a[4]的值
C. 元素 a[5]的地址　　D. 元素 a[5]的值

14. 设有说明 int *ptr[3];，其中标识符 ptr(　　)。
A. 是一个指向整型变量的指针
B. 是一个指针，它指向一个具有 3 个整型元素的一维数组
C. 是一个指针数组名，每个元素是一个指向整型变量的指针
D. 定义不合法

15. 设有说明 int (*ptr)( );，其中标识符 ptr(　　)。
A. 是一个指向整型变量的指针
B. 是一个指针，它指向一个函数值是 int 的函数
C. 是一个函数名
D. 定义不合法

16. 定义由 n 个指向整型数据的指针组成的数组 p，其正确方式是(　　)。
A. int p;　　B. int (*p)[n];　　C. int *p[n];　　D. int (*p)( );

17. 以下程序段的输出结果是(　　)。

```
char str[ ]="china", *p=str;
printf("%d\n", *(p+5 ));
```

A. 97　　B. 0　　C. 104　　D. 不确定的值

18. 下面判断正确的是(　　)。
A. char *s="girl"; 等价于 char *s; *s="girl";
B. char s[10]={"girl"}; 等价于 char s[10]; s[10]={"girl"};
C. char *s="girl"; 等价于 char *s; s="girl";
D. char s[4]= "boy", t[4]= "boy"; 等价于 char s[4]=t[4]= "boy";

19. 设有如下的程序段：char s[ ]="girl", *t; t=s;，则下列叙述正确的是(　　)。
A. s 和 t 完全相同
B. 数组 s 中的内容和指针变量 t 中的内容相等
C. s 数组长度和 t 所指向的字符串长度相等
D. *t 与 s[0]相等

20. 不合法的 main( )函数命令行参数的表示形式是(　　)。
A. main( int a, char *c[ ])　　B. main(int argc, char *argv)
C. main( int arc, char **arv)　　D. main( int argv, char*argc[ ])

## 二、填空题

1. 设有定义：int a, *p=&a;，以下语句将利用指针变量 p 读写变量 a 中的内容，请将语句补充完整。

```
scanf("%d", ________ );
printf("%d\n", ________ );
```

2. 下面程序的运行结果是________。

```
char s[80], *t="EXAMPLE";
    t=strcpy(s, t);
s[0]='e';
puts(t);
```

3. 下面程序的运行结果是________。

```
void swap(int *a, int *b)
{   int*t;
    t=a;
    a=b;
    b=t;
}
int main( )
{   int x=3, y=5, *p=&x, *q=&y;
    swap(p,q);
    printf("%d   %d\n", *p, *q);
    return 0;
}
```

4. 若有定义：inta[ ]={1,2,3,4,5,6,7,8,9,10,11,12},*p[3], m;，则下面程序段的输出结果是________。

```
for (m=0; m<3; m++) p[m]=&a[m*4];
printf("%d\n", p[2][2]);
```

5. 若有定义和语句：int a[4]={1, 2, 3, 4},*p; p=&a[2];，则*--p 的值是________。

6. 下面程序的输出结果是__________。

```
#include "stdio.h"
int main( )
{   int a[ ]={1,2,3,4,5,6,7,8,9,0,},*p;
    p=a;
    printf("%d\n",*p+9);}
    return 0;
}
```

7. 执行以下程序后，y 的值是__________。

```
#include "stdio.h"
int main( )
{   int a[ ]={2,4,6,8,10};
```

```
    int y=1,x,*p;
    p=&a[1];
    for(x=0;x<3;x++)
    y+=*(p+x);
    printf("%d\n",y);
    return 0;
}
```

8. 下面程序的运行结果是__________。

```
#include "stdio.h"
int main( )
{   int a[ ]={0,1,2,3,4,5,6,7,8,9};
    int s=0, i, *p;
    p=&a[0];
    for(i=0;i<10;i++)
    s+=*(p+i);
    printf("s=%d",s);
    return 0;
}
```

9. 下面程序的运行结果是__________。

```
#include "stdio.h"
int main( )
{   int a[10]={1,2,3,4,5,6,7},*p;
    p=a;
    *(p+3)+=2;
    printf("%d,%d\n"，*p,*(p+3));
    return 0;
}
```

10. 下面程序的运行结果是__________。

```
#include<stdio.h>
#include<string.h>
int main( )
{   char s[ ]="76543", *p=s;
    int i=0;
    while(*p!='\0')
    {   if(i%4= =0)     *p='$';
        p++;
        i++;
    }
    puts(s);
    return 0;
}
```

11. 下面程序的运行结果是__________。

```
#include<stdio.h>
int main( )
{   int a[ ]={1,2,3,4,5};
```

```
        int m,n, *p=a;
        m=*(p+2);
        n=*(p+4);
        printf("%d,%d,%d\n", *p,m,n);
        return 0;
}
```

12. 下面程序的运行结果是___________。

```
#include<stdio.h>
int main( )
{       int a[5]={1,3,5,7,9};
        int *p;
        p=a;
        printf("%d,",*p);
        printf("%d\n",++*p);
        return 0;
}
```

## 三、编程题

1. 从键盘输入 10 个整数存放在一维数组中，求出它们的和及平均值并输出(要求用指针访问数组元素)。

2. 用指针法输入 3 个整数，按由小到大的顺序输出。

3. 用指针法输入 3 个字符串，按由小到大的顺序输出。

4. 编写函数，使其实现功能：从字符串中删除指定的字符。同一字母的大小写按不同字符处理。

5. 有 n 个人围成一圈，顺序排号。从第 1 个人开始报数(从 1 到 3)，凡报到 3 的人退出圈子，问最后留下的是原来的第几号。

6. 有一个字符串，包含 n 个字符，编写一个函数，将此字符串中从 m 个字符开始的全部字符复制成为另一个字符串。

## ꕥ 第 9 章 ꕥ

# 结构体、共用体与自定义类型

在第 6 章中介绍了一种构造类型数据——数组，数组中各元素属于同一种数据类型。在实际应用中，只有数组类型是不够的，有时需要将不同类型的数据组合成一个有机的整体，以便于引用，这些不同类型的数据往往有一定的内在联系。为了整体存放这些类型不同的数据，C 语言提供了另外两种构造类型：结构体类型和共用体类型。

本章将详细介绍 3 种特殊类型的数据：结构体、共用体与自定义类型。

**本章教学内容**

- 结构体的概念
- 结构体数组
- 指向结构体类型数据的指针
- 共用体
- 用 typedef 定义类型
- 程序设计举例

**本章教学目标**

- 理解和掌握结构体类型的定义、结构体变量的定义与初始化、结构体成员变量的引用。
- 理解和掌握结构体数组的定义、初始化及应用。
- 理解和掌握指向结构体变量的指针及指向结构体数组的指针。
- 了解共用体类型的定义、共用体变量的定义及引用。
- 能够熟练地用 typedef 定义数据类型。

## 9.1 结构体的概念

在前面的章节中学习了 C 语言的基本数据类型，如整型、实型、字符型等，用这些数据类型可以定义单一类型的变量；还介绍了一种构造类型数据——数组，数组是具有相同类型的数据的集合。

在实际应用中，仅有上述这些数据类型是不够的，有时需要使用由多种类型数据组合而成的一种构造型数据。例如，要反映一个学生的基本情况，需要表示出学生的学号、姓名、性别、年龄、成绩等数据项，这些数据项相互联系，共同构成一个整体，但这些数据项的数据类型又各不相同，这就要求定义出一种构造型数据，该构造型数据中的每一个分项的数据类型可以各不相同。在这种情况下，结构体类型应运而生。

### 9.1.1　结构体类型的定义

结构体类型是用户在程序中自己定义的一种数据类型。结构体类型必须先定义，然后利用已经定义好的结构体类型来定义变量、数组、指针等。

定义结构体类型的一般形式如下。

```
struct  结构体类型名
{    数据类型 1     成员名 1;
     数据类型 2     成员名 2;
     数据类型 3     成员名 3;
     ……
     数据类型 n     成员名 n;
};
```

例如，定义一个结构体类型 student，形式如下。

```
struct student
{    int number;
     char name[10];
     char sex;
     int age;
     float score;
};
```

其中，student 是结构体类型名，代表一种用户自定义的数据类型。该结构体类型的数据有 5 个成员，分别代表学生的学号、姓名、性别、年龄和成绩，每个成员的数据类型可以各不相同。

结构体类型的“成员列表”也称为“域表”，每一个成员又称为结构体中的一个域。结构体成员的命名规则同变量的命名规则一致。

另外，还需要注意的是，结构体仅是一种数据类型，相当于一种数据模型，系统不会给结构体成员分配内存空间。只有用结构体类型来定义变量、数组、指针时，系统才会为定义的变量、数组、指针分配对应的内存空间。

上面定义了一个简单的结构体类型，实际上，结构体类型的成员是可以嵌套的，即一个结构体成员的数据类型可以是另一个之前已定义过的结构体。

下面看一个结构体类型嵌套的例子。

**【例题 9-1】**结构体类型嵌套的例子。

为存放一个人的姓名、性别、出生日期、年龄，可定义以下嵌套结构体类型。

```
struct birthday
{    int y;
     int m;
     int d;
};
struct person
```

```
{    char name[10];
     char sex;
     struct birthday bir;
     double wage;
 };
```

此例中，结构体类型的成员 bir 的类型又是一个结构体类型 birthday，这就要求结构体类型 birthday 必须在结构体类型 person 之前定义。

### 9.1.2 结构体类型变量的定义及初始化

前面定义了结构体类型，有了结构体类型后，就可以使用结构体类型来定义变量、数组、指针等，从而就可以对结构体变量的成员进行各种运算。

结构体类型变量的定义一般有 3 种形式。

(1) 先定义结构体类型，再定义结构体类型的变量。

定义结构体类型变量的一般形式如下。

```
struct[ ]结构体类型名 结构体变量名;
```

下面看一个定义结构体变量的例子。

**【例题 9-2】**定义描述学生信息(学号、姓名、性别、年龄、成绩)的结构体类型及两个该结构体类型的变量，程序代码段如下。

```
struct student
{    int number;
     char name[10];
     char sex;
     int age;
     float score;
};
struct student stu1,stu2;
```

定义了结构体类型的变量后，系统会为变量分配内存空间。结构体类型变量的存储空间是结构体类型各个成员的长度之和。上例中，变量 stu1、stu2 共占用 2+10+1+2+4=19 个字节。

在定义结构体变量的同时，可对结构体变量的成员赋初值。

在例题 9-2 中，可在定义结构体变量 stu1、stu2 的同时为其赋初值，形式如下。

```
struct student stu1={1001,"yang",'F',21,98.5},
               stu2={1002,"zhang",'M',20,86.0};
```

赋初值后，结构体变量 stu1、stu2 各成员的初值如表 9-1 所示。

表 9-1 结构体变量 stu1、stu2 各成员的初值

| 变量 | number | name | sex | age | score |
|---|---|---|---|---|---|
| stu1 | 1001 | "yang" | 'F' | 21 | 98.5 |
| stu2 | 1002 | "zhang" | 'M' | 20 | 86.0 |

(2) 在定义结构体类型的同时定义结构体变量并进行初始化。

这种定义的一般形式如下。

```
struct    结构体名
{ 数据类型 1     成员名 1;
  数据类型 2     成员名 2;
  数据类型 3     成员名 3;
……
  数据类型 n     成员名 n;
}变量名列表及赋初值;
```

例题 9-2 中的结构体也可写成如下形式。

```
struct student
{     int number;
      char name[10];
      char sex;
      int age;
      float score;
}stu1={1001,"yang",'F',21, 98.5}, stu2={1002,"zhang",'M',20, 86.0};
```

(3) 可省略结构体名，在定义结构体类型的同时定义变量并赋初值。

这种定义的一般形式如下。

```
struct
{   数据类型 1     成员名 1;
    数据类型 2     成员名 2;
    数据类型 3     成员名 3;
    ……
    数据类型 n     成员名 n;
}变量名列表及赋初值;
```

例题 9-2 中的结构体也可写成如下形式。

```
struct
{     int number;
      char name[10];
      char sex;
      int age;
      float score;
}stu1={1001,"yang",'F',21, 98.5}, stu2={1002,"zhang",'M',20,86.0};
```

此处省略了结构体名，定义了结构体变量 stu1、stu2 并赋初值。

### 9.1.3　结构体类型成员变量的引用

定义好结构体变量后，就可以使用变量了。一般不能直接使用结构体变量，只能引用结构体变量的成员。引用结构体成员变量的一般形式如下。

```
结构体变量名.成员名
```

其中“.”称为成员运算符，成员运算符在所有运算符中优先级是最高的。下面看一个引用结构体成员变量的例子。

**【例题 9-3】** 引用结构体成员变量的例子。

```
#include<stdio.h>
#include<string.h>
int main( )
{      struct student
       {      int number;
              char name[10];
              char sex;
              double score[2];
       };
       struct student s1;
       s1.number=2015001;
       strcpy(s1.name, "yang");
       s1.sex='F';
       s1.score[0]=94.5;
       s1.score[1]=87.5;
       printf("number=%d,name=%s,sex=%c,",s1.number,s1.name,s1.sex);
       printf("score1=%.2lf,score2=%.2lf\n",s1.score[0],s1.score[1]);
       return 0;
}
```

程序的运行结果如图 9-1 所示。

```
number=2015001,name=yang,sex=F,score1=94.50,score2=87.50
Press any key to continue
```

图 9-1　例题 9-3 的运行结果

在引用结构体变量的成员时，应注意以下几点。

(1) 不能整体引用结构体变量，只能对结构体变量的成员分别引用。例如，在例题 9-3 中，输出语句若写成下列形式，则是错误的。

```
printf("number=%d,name=%s,sex=%c, score1=%.2lf,score2=%.2lf\n ",s1);
//错误，不能整体引用结构体变量
```

(2) 结构体变量的成员可以像普通变量一样参与各种运算，举例如下。

```
s1.score[0]=s1.score[0]+10;
s1.score[0]=s1.score[1];
```

(3) 可引用结构体变量的地址，也可引用结构体成员变量的地址。下列表示都是正确的。

```
scanf("%d",&s1.number);         //输入 s1.number(学生的学号)值
printf("%x",&s1);               //输出 s1 的起始地址
```

但注意，要输入结构体成员变量的值，应该分别输入各个成员的值，不能整体读入结构体变量。下列形式是错误的。

```
scanf("%d,%s,%c,%lf,%lf",s1);
```

(4) 对于嵌套的结构体变量，应用成员运算符时要一级一级地引用，直至找到最低一级成

员，只能对最低级成员进行各种运算。例如，在例题 9-1 中，若定义一个结构体变量 stu1，则可以用下面的形式访问各成员。

```
stu1.name;
stu1.bir.y;    //表示学生 stu1 的出生年份
```

为加深读者对嵌套的结构体成员变量引用的理解，下面看一个例子。

**【例题 9-4】** 嵌套的结构体成员变量引用的例子。

```
#include<stdio.h>
#include<string.h>
struct birthday
{    int year;
     int month;
     int day;
};
struct person
{    char name[10];
     char sex;
     struct birthday bir;
     char address[30];
}p;
int main( )
{    strcpy(p.name, "zhang");
     p.sex='M';
     p.bir.year=1995;
     p.bir.month=10;
     p.bir.day=21;
     strcpy(p.address, "shanghai");
     printf("name=%s,sex=%c,address=%s\n",p.name, p.sex, p.address);
     printf("birthday=%4d 年%2d 月%2d 日\n",p.bir.year,p.bir.month,p.bir.day);
     return 0;
}
```

程序的运行结果如图 9-2 所示。

```
name=zhang,sex=M,address=shanghai
birthday=1995年10月21日
Press any key to continue
```

图 9-2　例题 9-4 的运行结果

在该例中，要表示变量 p 的 bir 成员，可以表示为 p.bir，因为 bir 本身又是一个结构体类型的成员，若表示变量 p 的 year，便可以表示为 p.bir.year。因为“.”的运算方向是自左向右的，所以先进行 p.bir 结合，再将 p.bir 与 year 结合，即 p.bir.year。

## 9.2 结构体数组

前面介绍了结构体变量，与定义结构体变量一样，也可以定义结构体数组。结构体数组中的每一个元素相当于一个具有相同结构体类型的变量，结构体数组是具有相同类型的结构体变量的集合。前面介绍了 student 结构体类型，若学生人数较多，就可以定义 student 结构体类型数组。

### 9.2.1 结构体数组的定义

定义结构体数组的方法与定义结构体变量的方法一样，把变量名改为数组即可，定义结构体数组也有 3 种方式。

(1) 先定义结构体类型，再定义结构体类型数组，举例如下。

```
struct student
{    int number;
     char name[10];
     char sex;
     double score[2];
};
struct student stu[5];
```

此例定义了一个结构体数组 stu，该数组有 stu[0]、stu[1]、stu[2]、stu[3]、stu[4]共 5 个元素，每个元素都相当于一个结构体变量，每个元素都分别有 number、name、sex、score 这 4 个成员。

访问结构体数组元素的成员的一般格式如下。

```
结构体数组名[下标].成员名
```

例如，下列语句是给数组元素 stu[0]的部分成员赋值并输出。

```
stu[0].number=2015004;stu[0].name="sun";stu[0].score[0]=90.5;
printf("number=%d,name=%d,score[0]=%d\n",stu[0].number,stu[0].name,stu[0].score[0]);
```

(2) 定义结构体类型的同时定义数组。上例也可改写为以下形式。

```
struct student
{    int number;
     char name[10];
     char sex;
     double score[2];
}stu[5];
```

(3) 定义无名结构体类型的同时定义数组。上例也可改写为以下形式。

```
struct
{    int number;
     char name[10];
     char sex;
     double score[2];
}stu[5];
```

### 9.2.2 结构体数组的初始化

对结构体数组进行初始化，要分别对每个数组元素初始化。对上述结构体类型数组的第(1)

种形式进行初始化可以写成下列形式。

```
struct student
{    int number;
     char name[10];
     char sex;
     double score[2];
};
struct student stu[5]={{2015001,"zhang",'M',67.5,89.5},
                       {2015002,"liu",'F',80.0,86.5},
                       {2015003,"sun",'M',85.0,81.0},
                       {2015004,"yang",'F',72.0,75.5},
                       {2015005,"li",'M',86.0,75.0}};
```

初始化后，数组 stu 的 5 个元素的每个成员的对应值如表 9-2 所示。

表 9-2　数组 stu 的元素成员值

| 数组 | number | name | sex | score[0] | score[1] |
|---|---|---|---|---|---|
| stu[0] | 2015001 | "zhang" | 'M' | 67.5 | 89.5 |
| stu[1] | 2015002 | "liu" | 'F' | 80.0 | 86.5 |
| stu[2] | 2015003 | "sun" | 'M' | 85.0 | 81.0 |
| stu[3] | 2015004 | "yang" | 'F | 72.0 | 75.5 |
| stu[4] | 2015005 | "li" | 'M' | 86.0 | 75.0 |

上述第(2)、(3)种形式的初始化同样可以写成下列形式。

```
struct[student]
{    int number;
     char name[10];
     char sex;
     double score[2];
}stu[5]={{2015001,"zhang",'M',67.5,89.5},
{2015002,"liu",'F',80.0,86.5},
{2015003,"sun",'M',85.0,81.0},
{2015004,"yang",'F',72.0,75.5},
{2015005,"li",'M',86.0,75.0}};
```

每个{ }对应一个数组元素。数组元素的存放如表 9-2 所示。

### 9.2.3　结构体数组应用举例

**【例题 9-5】**设有如下学生信息：学号、姓名、出生年月(包含整型的年、月、日)。编写一程序，输入 5 个学生的信息，输出所有学生的学号和姓名。

程序代码如下。

```
#define N5
#include<stdio.h>
int main( )
{    struct birthday
```

```
    {   int year;
        int month;
        int day;};
    struct date
    {   long num;
        char name[10];
        struct birthday bir;
    }stu[N];
    for(int i=0;i<N;i++)
    {   printf("请输入第%d 个学生信息\n",i+1);
        scanf("%ld",&stu[i].num);
        scanf("%s",stu[i].name);
        scanf("%d,%d,%d",&stu[i].bir.year, &stu[i].bir.month, &stu[i].bir.day);
    }
    printf("\n");
    printf("学号        姓名\n");
    for(i=0;i<N;i++)
    {   printf("%-10ld",stu[i].num);
        printf("%-11s\n",stu[i].name);
    }
    return 0;
}
```

程序的运行结果如图 9-3 所示。

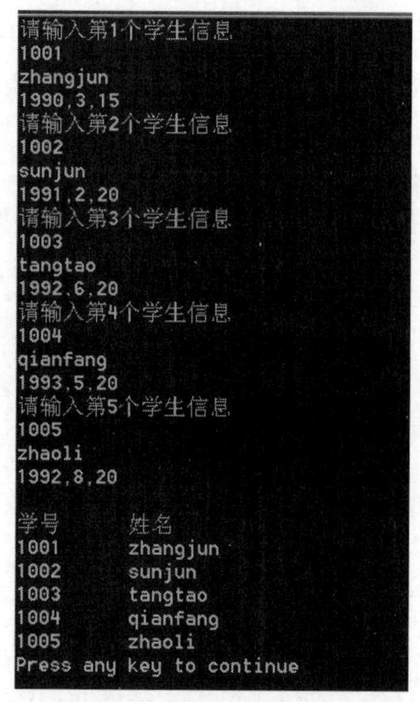


图 9-3　例题 9-5 的运行结果

**【例题 9-6】**编一个程序，输入 5 个学生的学号、姓名、三门课程的成绩，输出 5 个学生的信息，并找出总分最高的学生姓名然后输出。

程序分析：先定义一个结构体类型 student 来表示学生的信息(学号、姓名、三门课程的成绩)，在主函数中用循环方式输入 5 个学生的信息，再用打擂台算法找出 5 个学生中总分最高的学生姓名并输出。

程序代码如下。

```
#include<stdio.h>
#define N 5
struct student
{    char   num[6];
     char   name[8];
     float  score[3];
     float sum1;
}stu[N];
int main( )
{    int i,j,maxi;
     float sum,max;
     for(i=0;i<N;i++)
     {    printf("input No %d student:\n",i+1);
          printf("num:");
          scanf("%s",&stu[i].num);
          printf("name:");
          scanf("%s",&stu[i].name);
          for(j=0;j<3;j++)
          {    printf("score %d:",j+1);
               scanf("%f",&stu[i].score[j]);
          }
     }
     max=stu[0].sum1;
     max i=0;
     for(i=0;i<N;i++)
     {    sum=0;
          for(j=0;j<3;j++)
          sum=sum+stu[i].score[j];
          stu[i].sum1=sum;
          if(sum>max)
          {    max=sum;
               maxi=i;
          }
     }
     printf("  num      name      score1    score2   score3       sum\n");
     for(i=0;i<N;i++)
     {    printf("%5s%10s",stu[i].num,stu[i].name);
          for(j=0;j<3;j++)
          printf("%9.2f",stu[i].score[j]);
          printf("     %8.2f\n",stu[i].sum1);
     }
     printf("最高分学生的姓名是: %s\n",stu[maxi].name);
     return 0;
}
```

程序的运行结果如图 9-4 所示。

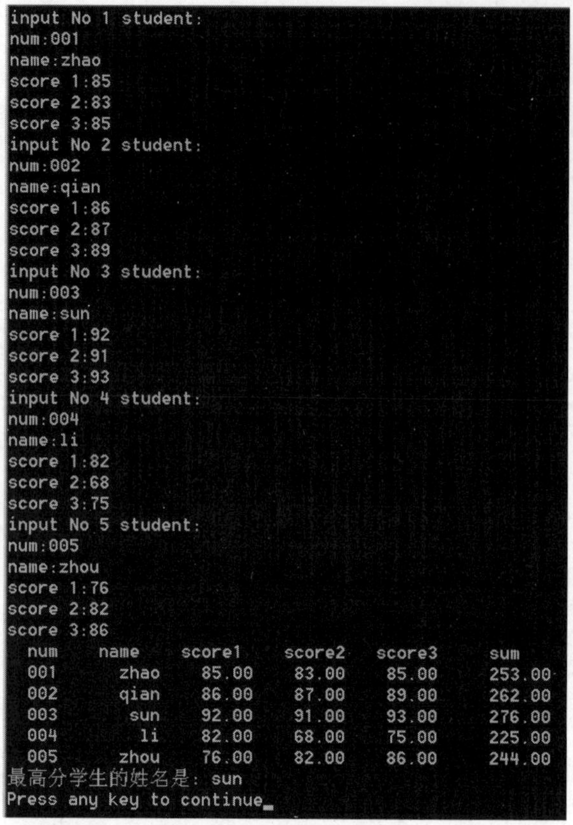

```
input No 1 student:
num:001
name:zhao
score 1:85
score 2:83
score 3:85
input No 2 student:
num:002
name:qian
score 1:86
score 2:87
score 3:89
input No 3 student:
num:003
name:sun
score 1:92
score 2:91
score 3:93
input No 4 student:
num:004
name:li
score 1:82
score 2:68
score 3:75
input No 5 student:
num:005
name:zhou
score 1:76
score 2:82
score 3:86
  num     name    score1    score2   score3     sum
  001      zhao    85.00     83.00    85.00     253.00
  002      qian    86.00     87.00    89.00     262.00
  003       sun    92.00     91.00    93.00     276.00
  004        li    82.00     68.00    75.00     225.00
  005      zhou    76.00     82.00    86.00     244.00
最高分学生的姓名是: sun
Press any key to continue
```

图9-4　例题9-6的运行结果

## 9.3 指向结构体类型数据的指针

前面学习了结构体类型变量，当定义一个变量来存放结构体变量的地址时，该变量就是指向结构体变量的指针。访问一个结构体变量，可以通过变量名访问(即直接访问)，也可以通过指向结构体变量的指针访问(即间接访问)。同样，可以定义一个变量来存放结构体数组的首地址，该变量就是指向结构体数组的指针。访问一个结构体数组时，也有直接访问和间接访问两种方式。

### 9.3.1 指向结构体变量的指针

从前面的介绍可知，当一个变量用来存放结构体变量的地址时，该变量就是指向结构体变量的指针。指向结构体变量的指针定义的一般形式如下。

```
struct 结构体类型名 *指针变量名;
```

例如：

```
struct student *p,stu;
        p=&stu;
```

该例中，定义了指向结构体变量的指针 p 和结构体变量 stu，赋值语句 p=&stu;使得指针 p 指向了结构体变量 stu，即指针 p 中存放了结构体变量 stu 的地址。

定义了结构体变量的指针后，能够更方便地利用结构体指针变量来间接访问结构体变量的成员值，常用的访问结构体成员变量的形式有以下 3 种。

(1) (*指针变量名).结构体成员名

(2) 指针变量名->结构体成员名

(3) 结构体变量.成员名

在第(1)种形式中，指针变量名表示结构体变量的地址，“*指针变量名”表示取地址中的内容，即结构体变量。“.”是成员运算符，表示结构体变量的成员，所以第(1)种形式经过转换，与第(3)种形式含义相同。在第(1)种形式中，“*指针变量名”两侧的括号不能省略，因为成员运算符“.”优先于“*”,“*指针变量名.结构体成员名”等价于“*(指针变量名.结构体成员名)”。

第(2)种形式中的“->”是指向运算符，表示指针变量指向某个结构体成员。第(2)种形式实际上是第(1)形式的缩写。

下面看一个使用指向结构体变量指针的例子。

**【例题 9-7】**使用指向结构体变量的指针输出学生信息。

程序代码如下。

```
#include<stdio.h>
#include<string.h>
struct student
{    longnum;
     char name[10];
     char sex;
     int age;
     double score;
};
int main( )
{    struct student stu1;
     struct student *p;
     p=&stu1;
     stu1.num=20150101;
     strcpy(stu1.name,"Zhang Jun");
     stu1.sex='M';
     stu1.age=21;
     stu1.score=92.5;
     printf("第一次输出学生信息:\n");
     printf("num:%ld,name:%s,sex:%c,age:%d,score:%ld\n",p->num,p->name,
     p->sex,p->age,p->score);
     printf("第二次输出学生信息:\n");
     printf("num:%ld,name:%s,sex:%c,age:%d,score:%ld\n",(*p).num,(*p).name,
     (*p).sex,(*p).age,(*p).score);
     printf("第三次输出学生信息:\n");
     printf("num:%ld,name:%s,sex:%c,age:%d,score:%ld\n",stu1.num,stu1.name,
     stu1.sex,stu1.age,stu1.score);
     return 0;
}
```

程序的运行结果如图 9-5 所示。

```
第一次输出学生信息:
num:20150101,name:Zhang Jun,sex:M,age:21,score:0
第二次输出学生信息:
num:20150101,name:Zhang Jun,sex:M,age:21,score:0
第三次输出学生信息:
num:20150101,name:Zhang Jun,sex:M,age:21,score:0
Press any key to continue
```

图 9-5　例题 9-7 的运行结果

结构体成员赋值后，结构体指针的指向关系如图 9-6 所示。

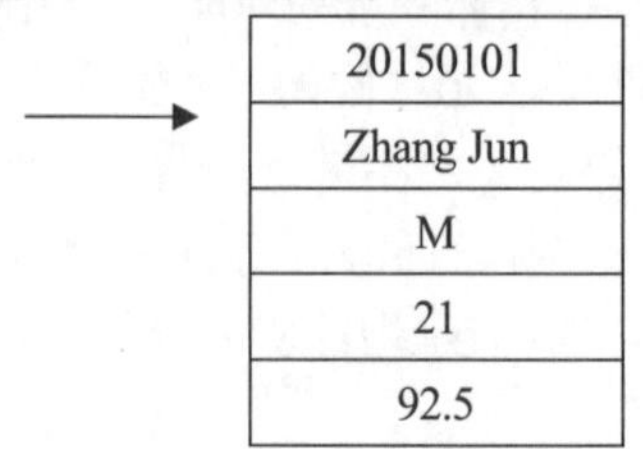


图 9-6　结构体指针的指向关系

从程序的运行结果可以看出用以下 3 种形式来访问结构体变量的成员结果是完全相同的。

```
(*指针变量名).结构体成员名
指针变量名->结构体成员名
结构体变量.成员名
```

需要说明的是，在上例中存在以下 3 条语句。

```
struct student stu1;
struct student    *p;
p=&stu1;
```

在这 3 条语句中必须给指针 p 赋值，即 p=&stu1; 此时指针 p 中存放的是结构体中第一个成员的首地址。如果指针在使用前没有进行初始化或赋值，则可能发生内存冲突等严重错误。在没有进行结构指针变量初始化或赋值的情况下，需要为结构体指针变量动态分配整个结构长度的字节空间，可通过 C 语言提供的 malloc( )和 free( )函数来进行，形式如下。

```
p=malloc(sizeof(struct student)); //p 指向分配空间的首地址
......
free(p);
```

sizeof(struct student)自动求取 student 结构的字节长度；malloc( )函数定义了一个大小为结构长度的内存区域，然后将其地址作为结构体指针返回；free( )函数则释放由 malloc( )函数所分配的内存区域。

这种结构体指针变量分配内存的方法在后面的链表结构中有着广泛的应用。

### 9.3.2　指向结构体数组的指针

指针变量可以指向一个结构体数组，此时结构体指针变量的值是整个结构体数组的首地址。结构体指针变量也可指向结构体数组中的某一个元素，此时结构体指针变量的值是该数组元素的首地址。

在前面的章节中定义了结构体类型，在此基础上定义结构体数组及指向结构体数组的指针。例如：

```
struct student
{   longnum;
    char name[10];
    char sex;
    int age;
    double score;
};
struct student stu[5],*p;
```

若执行语句 p=stu;，则此时结构体指针 p 就指向了结构体数组 stu 的首地址。

p 是指向一维结构体数组的指针，对数组元素的引用有以下 3 种方法。

(1) 指针法。若 p 指向数组的某一个元素，则 p--表示指针上移，指向前一个元素；p++表示指针下移，指向后一个元素。举例如下。

(++p)->name，先使 p 自加 1，即指针指向下一个元素，然后取得它指向元素的 name 成员值。

(p++)->name，先得到 p->name 的值，然后使 p 自加 1，指向下一个元素。

请注意以上两者的区别。

同样地，(--p)->name，先使 p 自减 1，即指针指向上一个元素，然后取得它指向元素的 name 成员值。

(p--)->name，先得到 p->name 的值，然后使 p 自减 1，指向上一个元素。

(2) 地址法。当执行语句 p=stu;后，stu 和 p 均表示数组的首地址，即第一个元素的地址&stu[0]；stu+i 和 p+i 均表示数组第 i 个元素的地址，即&stu[i]。数组元素各成员的引用形式为(stu+i)->num 和(stu+i)->name，或者(p+i)->num 和(p+i)->name 等。

(3) 指针的数组表示法。若 p=stu，则指针 p 指向数组 stu，p[i]表示数组的第 i 个元素，p[i]与 stu[i]含义相同，都表示数组的第 i+1 个元素。对数组成员的引用可表示为 p[i].num、p[i].name 等。

例如：

```
struct student stud[10],*p1;
p1=stud;
```

或者：

```
p1=&stud[0];
```

由此可知：

```
p1⇔&stud[0]
p+1⇔&stud[1]
p+2⇔&stud[2]
……
p+n⇔&stud[n]
```

同样：

```
*p1⇔stud[0]
*(p+1)⇔stud[1]
*(p+2)⇔stud[2]
……
*(p+n)⇔stud[n]
```

下面看一个指向结构体数组的指针的例子。

【例题 9-8】指向结构体数组的指针的应用。

```
 #include<stdio.h>
struct stu
{    int num;
     char *name;
     char sex;
     float score;
     }boy[5]={{101,"Zhou ping",'M',45},
              {102,"Zhang ping",'M',62.5},
              {103,"Liou fang",'F',92.5},
              {104,"Cheng ling",'F',87},
              {105,"Wang ming",'M',58},
};
int main( )
{    struct stu *ps;
     for(ps=boy;ps<boy+5;ps++)
     printf("%d,%s,%c,%.2f\n",ps->num,ps->name,ps->sex,ps->score);
     return 0;
}
```

程序的运行结果如图 9-7 所示。

```
101,Zhou ping,M,45.00
102,Zhang ping,M,62.50
103,Liou fang,F,92.50
104,Cheng ling,F,87.00
105,Wang ming,M,58.00
Press any key to continue_
```

图 9-7　例题 9-8 的运行结果

在程序中，定义了 stu 结构类型的外部数组 boy 并进行了初始化赋值。在 main( )函数内定义 ps 为指向 stu 类型的指针。在循环语句 for 的表达式 1 中，ps 被赋予 boy 的首地址，然后循环 5 次，输出 boy 数组中各成员值。

应该注意，一个结构指针变量虽然可用来访问结构变量或结构数组元素的成员，但不能使它指向一个成员。也就是说不允许取一个成员的地址来赋予它，因此，下面的赋值是错误的。

```
ps=&boy[1].sex;
```

正确的是 ps=boy;(赋予数组首地址)。

或者是 ps=&boy[0];(赋予 0 号元素首地址)。

【例题 9-9】指向结构体数组的指针的应用。

```
#include<stdio.h>
struct data                    /*定义结构体类型*/
{    int day;
     int month;
     int year;
```

```
};
struct stu                    /*定义结构体类型*/
{   char name[20];
    long num;
    struct data birthday;
};
int main( )
{   int i;
    struct stu *p,student[4]={{"liying",1,1978,5,23},{"wangping",2,1979,3,14},
    {"libo",3,1980,5,6},{"xuyan",4,1980,4,21}};
    /*定义结构体数组并初始化*/
    p=student;              /*将数组的首地址赋值给指针 p，p 指向了一维数组 student*/
    for(i=0;i<4;i++)        /*采用指针法输出数组元素的各成员*/
    printf("%20s%10ld%10d//%d//%d\n",(p+i)->name,
    (p+i)->num,(p+i)->birthday.year,(p+i)->birthday.month, (p+i)->birthday.day);
}
```

程序的运行结果如图 9-8 所示。

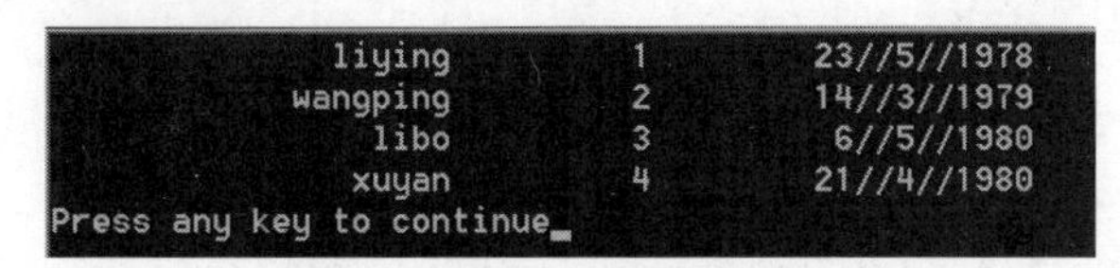


图 9-8　例题 9-9 的运行结果

## 9.4 共用体

在程序设计中，有时为了节约内存空间，要求某数据存储区在不同的时间分别存储不同类型的数据，后存储的数据会覆盖前一次存储的数据，这些不同类型的数据分时共享同一段内存单元，此时可以使用共用体。在共用体中，所有成员共享同一个内存空间，共用体的长度根据所有成员中最长的成员的长度而定。

### 9.4.1 共用体类型的定义

共用体与结构体一样，必须先定义共用体类型，然后定义共用体类型的变量。定义共用体的关键字是 union，共用体类型定义的一般形式如下。

```
union 共用体名
{类型名 1    成员名 1;
 类型名 2    成员名 2;
 ……
 类型名 n    成员名 n;
};
```

其中，union 是关键字，是共用体类型的标志。共用体的成员类型可以是基本数据类型，也可以是数组、指针、结构体或共用体类型等。

共用体的说明仅规定了共用体的一种组织形式，系统并不给共用体类型分配存储空间，共用体是一种数据类型，称为共用体类型。

例如，定义一种共用体类型 data 的形式如下。

```
union data
{    int i;
     char ch;
     float f;
     double d;
};
```

该例中，定义了一种共用体类型 data，该共用体类型有 4 个成员，第 1 个整型成员变量 i 占 2 个字节的内存空间，第 2 个字符型成员变量 ch 占 1 个字节的内存空间，第 3 个单精度成员变量 f 占 4 个字节的内存空间，第 4 个双精度成员变量 d 占 8 个字节的内存空间。共用体的所有成员共享同一个内存空间，后一个成员变量会覆盖前一个成员变量，共用体长度根据所有成员中最长的成员的长度而定，共用体 data 的长度是最大成员 d 的长度(8 字节)。

### 9.4.2 共用体变量的定义

定义了共用体类型后，就可以定义共用体类型的变量了。共用体变量的定义与结构体变量的定义一样，有以下 3 种形式。

(1) 在定义共用体类型的同时，定义共用体变量，一般形式如下。

```
union 共用体类型名
{    类型名 1     成员名 1;
     类型名 2     成员名 2;
     ……
     类型名 3     成员名 3;
} 变量名列表;
```

例如：

```
union un_type
{    int a;
     float b;
     char c;
     double d;
}u1,u2;
```

该例中，共用体变量 u1、u2 各自有 4 个成员变量，这 4 个成员变量共用同一段存储单元，共用体变量 u1、u2 各占用 8 个字节的内存空间。

(2) 先定义共用体类型，再定义共用体变量，一般形式如下。

```
union 共用体类型名
{    类型名 1     成员名 1;
     类型名 2     成员名 2;
     ……
     类型名 3     成员名 3;
};
共用体类型名  变量名列表;
```

例如：

```
union un_type
{    int a;
     float b;
     char c;
     double d;
};
un_type   u1,u2;
```

(3) 直接定义共用体类型的变量，一般形式如下。

```
union
{    类型名 1    成员名 1;
     类型名 2    成员名 2;
     ……
     类型名 3    成员名 3;
}变量名列表;
```

这种形式与第(1)种形式相比，省略了共用体类型名，举例如下。

```
union
{    int a;
     float b;
     char c;
     double d;
}u1,u2;
```

从形式上看，共用体变量的定义与结构体变量的定义非常相似，但实际上两者之间存在本质区别，主要表现在存储空间的不同。结构体变量的每个成员各自占用不同的内存单元，相互的存储单元不发生重叠，结构体变量所占内存长度是各成员所占的内存长度之和。共用体变量各成员共用同一个内存单元，后一个成员覆盖前一个成员，共用体变量所占的内存长度等于成员长度的最大值。

### 9.4.3 共用体变量的引用

定义共用体变量后，就可以引用共用体变量了。共用体变量的引用方式与结构体变量的引用方式类似，只能引用共用体变量的成员，不能整体引用共用体。

例如，有下面的共用体。

```
union un_type
{    int a;
     float b;
     char c;
     double d;
}u1，*p;
u1=&p
```

其中，若要表示共用体变量 u1 的各个成员，可分别表示为 u1.a,u1.b,u1.c,u1.d。但要注意，不能同时引用多个成员，在某一时刻，只能使用其中的一个成员。

当执行语句 u1=&p 后，指针 p 所指向变量的成员可以表示为 p->a,p->b,p->c,p->d；也可以表示为(*p).a,(*p).b,(*p).c,(*p).d。

注意，不能直接使用共用体变量，例如，语句 scanf("%d",&u1);和语句 printf("%d",u1);都是错误的。只能分别单独引用共用体变量的每个成员。

由此可知，引用共用体变量的成员的方法与引用结构体变量的成员的方法一样，有以下 3 种形式。

(1) (*共用体指针变量名).共用体成员名

(2) 共用体指针变量名->共用体成员名

(3) 共用体变量名.共用体成员名

下面来看一个引用共用体变量的例子，来加深读者对共用体变量的理解。

**【例题 9-10】**共用体变量的引用。

程序代码如下。

```
#include<stdio.h>
union aa
{    int a;
     char b;
     float c;
     double d;
}x;
int main( )
{    x.a=10;
     printf("%d\n",x.a);
     x.b='H';
     printf("%c\n",x.b);
     x.c=87.5;
     x.d=98.5;
     printf("%f,%lf\n",x.c,x.d);
     printf("\n");
     return 0;
}
```

程序的运行结果如图 9-9 所示。

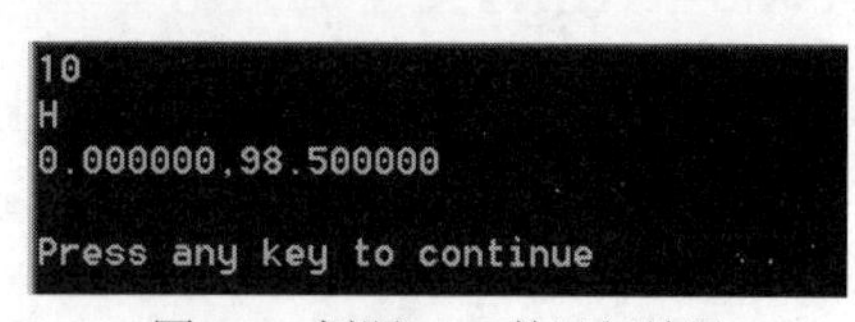


图 9-9　例题 9-10 的运行结果

该例中，第一次输出成员变量 x.a 的值 10，第二次输出成员变量 x.b 的值'H'，第三次同时输出成员变量 x.c 与 x.d 的值，x.c 的值显示为 0.000000，x.d 的值显示的是正确的。为什么成员变量 x.c 的值为 0.000000 呢？这是因为共用体成员变量共用同一段内存空间，当使用下一个成员变量时，该成员变量便覆盖了前一个成员变量的值。由此可知，共用体变量不能同时引用多个成员，在某一时刻，只能使用其中的一个成员。

说明如下。

(1) 在共用体变量中，可包含若干个类型不同的成员，但共用体成员不能同时使用。在某一时刻，只有一个成员及一种类型起作用，不能同时引用多个成员及多种类型。

(2) 共用体变量中起作用的成员值是最后一次存放的成员值，即共用体变量所有成员共用同一段内存单元，后来存放的值将原先存放的值覆盖，故只能使用最后一次给定的成员值。

(3) 共用体变量的地址和它的各个成员的地址相同。

(4) 不能对共用体变量进行初始化或赋值，也不能企图引用共用体变量名来得到某成员的值。

(5) 共用体变量不能作函数参数，函数的返回值也不能是共用体类型。

(6) 共用体类型和结构体类型可以相互嵌套，共用体中成员可以为数组，甚至还可以定义共用体数组。

## 9.5 用 typedef 定义类型

在前面的章节中，介绍了 C 语言的基本数据类型，如 int、char、float、double、long 等，也介绍了数组、结构体、共用体等构造类型。除此之外，C 语言还允许用 typedef 来声明新的类型名来代替已有的类型名。

用户自定义类型的一般格式如下，表示用新类型名来代替原类型名。

```
typedef 原类型名 新类型名;
```

例如，执行 typedef int INTEGER;后，就可以用 INTEGER 来代替整型 int 了，以后就可以用 INTEGER 代替 int 来定义整型变量了。

一般而言，新类型名大写，以便与系统提供的标准数据类型相区分。

如：typedef int INTEGER;
　　INTEGER a,b;

这两句等价于：int a,b;

读者读到这里，对用 typedef 定义的类型大概有了一些了解。

下面按照“原类型名”的不同，分情况介绍自定义类型的使用。

### 1. 自定义基本数据类型

利用自定义类型语句可将系统提供的所有基本数据类型定义为新类型，一般格式如下。

```
typedef 基本数据类型 新类型名;
```

功能：用新类型来代替已有的基本数据类型。

下面看一个简单的自定义基本数据类型的例子。

**【例题 9-11】** 自定义基本数据类型举例。

```
#include<stdio.h>
typedef int INTEGER;
typedef char CHARACTER;
int main( )
{   INTEGER a=15;           //该语句相当于 int a=15;
    CHARACTER b='M';        //该语句相当于 char b='M';
    ......
    return 0;
}
```

### 2. 自定义数组类型

利用自定义类型语句可将数组类型定义为新类型，一般格式如下。

```
typedef 基本数据类型 新类型名[数组长度];
```

功能：用“新类型”来定义由“基本数据类型符”声明的数组，数组的长度为定义时说明的“数组长度”。

**【例题 9-12】**自定义数组类型举例。

```
#include<stdio.h>
typedef int I_ARRAY[20];
typedef double D_ARRAY[10];
int main( )
{    I_ARRAY a={12,34,45,60},b={10,20,30,40};
     /*该语句等价于 int a[20]={12,34,45,60},b[10]={10,20,30,40};*/
     D_ARRAY m={34.5,67.8,89.0};
     /*该语句等价于 double m[10]={34.5,67.8,89.0}; */
     ……
     return 0;
}
```

### 3. 自定义结构体类型

利用自定义类型语句可将程序中需要的结构体类型定义为一个用户新类型，一般格式如下。

```
typedef struct
{    数据类型名 1    成员名 1;
     数据类型名 2    成员名 2;
     数据类型名 3    成员名 3;
     ……
     数据类型名 n    成员名 n;
}用户新类型;
```

功能：用“用户新类型”可以定义含有上述 n 个成员的结构体变量、结构体数组和结构体指针变量等。

**【例题 9-13】**自定义结构体类型举例。

```
#include<stdio.h>
typedef struct
{    long personID;
     char name[10];
     double salary;
}PERSON;
/*定义 PERSON 为含有 3 个成员的结构体类型的类型名*/
int main( )
{    PERSON    p1,p2[3];
     /*该语句相当于 struct
     {    long personID;
          char name[10];
          double salary;
```

```
    }p1,p2[3];    */
    ……
    return 0;
}
```

### 4. 自定义指针类型

可以利用自定义类型语句把某种类型的指针型定义为一个用户新类型，一般格式如下。

```
typedef 基本数据类型 *用户新类型;
```

功能：可用“用户新类型”定义“基本数据类型”的指针变量或数组。

**【例题 9-14】**自定义指针类型举例。

```
#include<stdio.h>
typedef int *P1;
typedef char *P2;
int main( )
{   P1 a,b;
    P2  c,d;
    ……
    return 0;
}
```

## 9.6 程序设计案例

**【例题 9-15】**结构体指针变量的使用。

```
#include <stdio.h>
struct stu
{   char *name;
    Int num;
    char sex;
    float score;
}*pstu, stu1={"yanglan", 1, 'F', 92.5};
int main( )
{   pstu = &stu1;
    printf("Number=%d, Name=%s\n",stu1.num, stu1.name);
    printf("Sex=%c, Score=%f\n\n",stu1.sex, stu1.score);
    printf("Number=%d, Name=%s\n",(*pstu).num, (*pstu).name);
    printf("Sex=%c, Score=%f\n\n",(*pstu).sex, (*pstu).score);
    printf("Number=%d, Name=%s\n",pstu->num, pstu->name);
    printf("Sex=%c, Score=%f\n",pstu->sex, pstu->score);
    return 0;
}
```

程序的运行结果如图 9-10 所示。

```
Number=1, Name=yang lan
Sex=F, Score=92.500000

Number=1, Name=yang lan
Sex=F, Score=92.500000

Number=1, Name=yang lan
Sex=F, Score=92.500000
Press any key to continue
```

图 9-10　例题 9-15 的运行结果

**【例题 9-16】**编写程序：从键盘输入 n 个学生的六门课程考试成绩，计算每个学生的平均成绩，并按平均成绩由高到低的顺序输出每个学生的信息(包括学号、姓名和六门成绩)，要求程序中用到结构体数据类型。

```
#include<stdio.h>
#define N 100
struct student/*定义一个学生结构体*/
{	char number[10];
	char name[10];
	char sex[4];
	int Chinese;
	int Math;
	int English;
	int Physics;
	int Chemistry;
	int History;
	int Average;
}stu[N];
int main(int argc,char *argv[])
{	int i=0;
	int k=0;
	int j=0;
	while(1)
{	printf("\t\t\t1  继续录入，2  退出并排序\n");
	scanf("%d",&j);
	if(j==2)
	break;
	else
	{	printf("请输入学号：");scanf("%s",stu[i].number);
		printf("请输入姓名：");scanf("%s",stu[i].name);
		printf("请输入性别：");scanf("%s",stu[i].sex);
		printf("请输入 语文、数学、英语、物理、化学、历史:\n");
		scanf("%d%d%d%d%d%d",&stu[i].Chinese,&stu[i].Math,&stu[i].English,&stu[i].Physics,&stu[i].
			Chemistry,&stu[i].History);
		stu[i].Average=(stu[i].Chinese+stu[i].Math+stu[i].English+stu[i].Physics+stu[i].Chemistry+stu[i].
			History)/6;
		i++;
		k=i;
	}
}
/*平均成绩排序*/
```

```
for (i=0;i<k-1;i++)
for (j=i+1;j<k;j++)
if (stu[i].Average<stu[j].Average)
{     stu[k]=stu[i];stu[i]=stu[j];stu[j]=stu[k];}
      printf("平均成绩高到低是：\n");
      for(i=0;i<k;i++)
      {     printf("学号：%s,姓名：%s,性别：%s 语文 %d 分，数学 %d 分，英语 %d 分 物理 %d 分，
            化学 %d 分，历史 %d 分\n",stu[i].number,stu[i].name,stu[i].sex,stu[i].Chinese,stu[i].Math,
            stu[i].English,stu[i].Physics,stu[i].Chemistry,stu[i].History);
      }
      return 0;
}
```

程序的运行结果如图 9-11 所示。

```
                          1 继续录入，2 退出并排序
1
请输入学号：1001
请输入姓名：zhangjun
请输入性别：nan
请输入 语文、数学、英语、物理、化学、历史：
89 90 87 76 85 80
                          1 继续录入，2 退出并排序
1
请输入学号：1002
请输入姓名：tangtao
请输入性别：nan
请输入 语文、数学、英语、物理、化学、历史：
80 91 86 88 94 86
                          1 继续录入，2 退出并排序
1
请输入学号：1003
请输入姓名：sunli
请输入性别：nv
请输入 语文、数学、英语、物理、化学、历史：
76 80 90 92 87 83
                          1 继续录入，2 退出并排序
1
请输入学号：1004
请输入姓名：yangjing
请输入性别：nv
请输入 语文、数学、英语、物理、化学、历史：
80 90 79 76 89 88
                          1 继续录入，2 退出并排序
2
平均成绩高到低是：
学号：1002，姓名：tangtao，性别：nan 语文 80分， 数学 91分， 英语 86分， 物理 88
分， 化学 94分， 历史 86分
学号：1001，姓名：zhangjun，性别：nan 语文 89分， 数学 90分， 英语 87分， 物理 7
6分， 化学 85分， 历史 80分
学号：1003，姓名：sunli，性别：nv 语文 76分， 数学 80分， 英语 90分， 物理 92分
， 化学 87分， 历史 83分
学号：1004，姓名：yangjing，性别：nv 语文 80分， 数学 90分， 英语 79分， 物理 76
分， 化学 89分， 历史 88分
Press any key to continue
```

图 9-11　例题 9-18 的运行结果

**【例题 9-17】**用结构体数组存储 10 名学生的学号、姓名，以及 C 语言课程的成绩，按成绩降序输出学生信息，要求通过调用函数完成输入、输出和排序操作。

```
#include <stdio.h>
#define N 10
void input(int *);                    //输入
void sort(int *);                     //排序
int search(int *,int x);              //查找
void insert(int *,int x);             //插入
void display(int *,int n);            //显示
int main(void)
{   int temp,x,a[11];
    printf("输入 10 个成绩：");
    input(a);
    sort(a);
    printf("输出成绩(大-->小)：");
    display(a,N);
    printf("输入一个成绩：");
    scanf ("%d",&x);                  //输入一个成绩
    temp = search(a,x);
    if(temp == 0)                     //如果没有找到
    {   printf("没有匹配的数，插入后的排序：");
        insert(a,x);
        display(a,N+1);
    }
    getchar( );
    return 0;
}
void input(int *p)
{   int i;
    for(i=0;i<N;i++)
    scanf ("%d,",&p[i]);
}
void sort(int *p)
{   int i,j,temp;
    for(i=N-1;i>0;i--)                //冒泡法，小的放后面
    {   for (j=i-1;j>=0;j--)
        {   if(p[j] < p[i])
            {   temp = p[i];
                p[i] = p[j];
                p[j] = temp;
            }
        }
    }
}
int search(int *p,int x)
{   int i;
    for(i=0;i<N;i++)
    {   if(x==p[i])
        {   printf("有匹配的数，位置为：");
            printf("%d\n",i);
            return 1;}
    }
```

```
        return 0;
}
void insert(int *p,int x)
{       int i,j;
        for(i=0;i<N;i++)
        {       if(x>p[i])
                {       for(j=N-1;j>i;j--)
                        { p[j+1]=p[j];}
                        break;}
        }
        p[j]=x;
}
void display(int *p,int n)
{       int i;
        for(i=0;i<n;i++)
        printf("%d,",p[i]);
        printf("\n");
}
```

程序的运行结果如图 9-12 所示。

```
输入10个成绩: 90 88 87 85 89 93 76 88 83 82
输出成绩（大-->小）: 93,90,89,88,88,87,85,83,82,76,
输入一个成绩: 86
没有匹配的数, 插入后的排序: 93,90,89,88,88,87,86,83,83,82,76,
Press any key to continue
```

图 9-12　例题 9-17 的运行结果

**【课程思政】**C 语言允许用户自行创建不同类型的数据，将其组合在一起便构成了新的数据结构类型，这种声明后的结构体数据类型定义是对变量的规范。由此引发思考：严格的标准在任何时候都至关重要，行为规范是一种标准，更是一种要求，遵守规范的人，一定有着良好的习惯，好习惯能使人走向成功。

# 9.7　本章小结

本章介绍了结构体、共用体及自定义数据类型。

结构体是一种构造类型，它由若干个不同类型的成员组成，每个成员是一个基本数据类型又或是一个构造类型。结构体能较直观地反映问题域中数据之间的内在联系。结构体变量与普通变量一样，必须先定义后使用。需要注意的是，可以分别引用结构体变量中的每一个成员，但不能整体引用结构体变量。也可以定义一个指针变量来指向结构体变量，这就是结构体指针变量。

共用体数据类型是指在不同时刻在同一个内存单元存放不同类型的数据。共用体类型数据与结构体类型数据的区别在于：共用体类型各成员在不同时刻共用同一个内存单元，所占的内存长度为各成员长度的最大值；结构体类型数据的每个成员各自占用不同的内存单元，所占的内存长度为各个成员所占的内存长度之和。

## 9.8 习题

### 一、选择题

1. 已知 int 类型占 2 个字节，若有以下说明语句，则 sizeof(struct person)的值为(　　)。

```
struct person
{    int num;
     char name[10];
     double salary;
};
```

A. 2　　B. 10　　C. 8　　D. 20

2. 以下说法正确的是(　　)。
   A. 结构体类型的成员名可以与结构体以外的变量名相同
   B. 当在程序中定义了一个结构体类型，将为此类型分配存储空间
   C. 结构体类型必须有类型名
   D. 结构体类型的成员可作为结构体变量单独使用

3. 以下说法正确的是(　　)。
   A. 结构体与共用体没有区别
   B. 结构体的定义可以嵌套一个共用体
   C. 共用体变量占据的存储空间大小是所有成员所占据的空间大小之和
   D. 共用体不能用 typedef 来定义

4. 在以下程序中，变量 a 所占内存字节数是(　　)。

```
union U
{    char st[4];
     int i;
     long l;
};
struct A
{    int c;
     union U u;
}a;
```

A. 4　　B. 5　　C. 6　　D. 8

5. 以下程序的输出结果是(　　)。

```
union myun
{    struct
     { int x, y, z; } u;
     int k;
} a;
int main( )
{    a.u.x=4;
     a.u.y=5;
     a.u.z=6;
```

```
    a.k=0;
    printf("%d\n",a.u.x);
    return 0;
}
```

A. 4　　B. 5　　C. 6　　D. 0

6. 若要说明一个类型名 STP，使得定义语句 STP s;等价于 char *s;，以下选项正确的是(　　)。

A. typedef STP char *s;　　B. typedef *char STP;

C. typedef STP *char　　D. typedef char* STP;

7. 设有以下说明语句，则下面的叙述中不正确的是(　　)。

```
struct ex
{   int x;
    float y;
    char z;
}example;
```

A. struct 是结构体类型的关键字　　B. example 是结构体类型名

C. x,y,z 都是结构体成员名　　D. struct ex 是结构体类型

8. 以下程序的输出结果是(　　)。

```
typedef union
{   long x[2];
    int y[4];
    char z[8];
}DEFTYPE;
DEFTYPE data;
int main( )
{   printf("%d\n",sizeof(data));
    return 0;
}
```

A. 32　　B. 16　　C. 8　　D. 24

9. 若有以下定义，则下面不正确的引用是(　　)。

```
struct student
{   int age;
    int num;
}*p;
```

A. (p++)->num　　B. p++　　C. (*p).num　　D. p=&student.age

10. 下列程序的输出结果是(　　)。

```
struct abc
{int a, b, c; };
int main( )
{   struct abc s[2]={{1,2,3},{4,5,6}};
    int t;
```

```
    t=s[0].a+s[1].b;
    printf("%d \n",t);
    return 0;
}
```

A. 5　　B. 6　　C. 7　　D. 8

11. 设有如下定义，若要使p指向data中的a，正确的赋值语句是(　　)。

```
struct sk
{   int a;
    float b;
}data;
int*p;
```

A. p=&a;　　B. p=data.a;　　C. p=&data.a;　　D. *p=data.a

12. 设有如下定义，下面各输入语句中错误的是(　　)。

```
struct ss
{   char name[10];
    int age;
    char sex;
}std[3],* p=std;
```

A. scanf("%d",&(*p).age);　　B. scanf("%s",&std.name);

C scanf("%c",&std[0].sex);　　D. scanf("%c",&(p->sex));

13. 设有以下说明和定义语句，下面引用结构体成员变量的表达式错误的是(　　)。

```
struct student
{  int age;
   char num[8];
};
struct student stu[3]={{20,"200401"},{21,"200402"},{19,"200403"}};
struct student*p=stu;
```

A. (p++)->num　　B. p->num　　C. (*p).num　　D. stu[3].age

## 二、编程题

1. 定义一个结构体变量，其成员项包括员工号、姓名、工龄、工资，通过键盘输入所需的具体数据，然后输出。

2. 按照上题的结构体类型定义一个有n名职工的结构体数组。编写一个程序，计算这n名职工的总工资和平均工资。

3. 定义一个选举结构体变量，编写统计参选人选票数量的程序。

4. 已知head指向一个带头节点的单向链表，链表中每个节点含数据域data(字符型)和指针域next。请编写一个函数，在值为a的节点前插入值为key的节点，若没有则插在表尾。

5. 试利用指向结构体的指针编制程序，输入3名学生的学号，以及语文、数学、英语成绩，然后计算其平均成绩，并输出成绩表。

# ꧁ 第10章 ꧂

# 编译预处理

编译预处理是指在对源程序进行编译之前，首先对源程序中的编译预处理命令进行处理。C语言提供的编译预处理命令主要有宏定义、文件包含和条件编译3种。编译预处理命令以“#”开头，一般单独占用一行，预处理命令的末尾没有分号，以便与一般C语句相区别，预处理命令一般被放在源文件的前面。合理使用预处理功能编写的程序便于阅读、修改、移植和调试，也有利于模块化程序设计，提高编程效率。

**本章教学内容**

- 宏定义
- 文件包含
- 条件编译

**本章教学目标**

- 掌握带参与不带参宏定义的使用。
- 掌握文件包含的使用。
- 了解条件编译。

## 10.1 宏定义

在C语言中，所有预处理命令都以“#”开头，宏定义是预处理指令的一种，以#define开头。在C语言源程序中允许用一个标识符来表示一个字符串，称为“宏”。被定义为“宏”的标识符称为“宏名”。在预处理过程中，宏调用会被展开为对应的字符串，这个过程称为“宏代换”或“宏展开”。

使用宏有很多好处，不仅可以简化程序的书写，而且便于程序的修改和移植，使用宏名来代替一个字符串，可以减少程序中重复书写某些字符串的工作量。

例如，当需要改变某一个常量的值时，只需要改变#define行中宏名对应的字符串值，程序中出现宏名处的值就会随之改变，不需要逐个修改程序中的常量。

根据宏定义中是否有参数，可将宏分为不带参数的宏定义与带参数的宏定义两种，下面分别讨论这两种宏的定义与调用。

### 10.1.1 不带参数的宏定义

不带参数的宏的宏名后面没有参数，不带参数的宏定义又称简单宏定义，其定义的一般形式如下。

```
#define 宏名 字符串
```

其中，“#”表示预处理命令；define 是关键字，表示该命令为宏定义；为与普通变量相区别，宏名一般大写；“字符串”一般为常量、表达式或字符串。

在进行预处理时，系统会用“字符串”来替换程序中的“宏名”。

下面来看一个不带参数的宏定义的例子。

**【例题 10-1】**不带参数的宏定义的例子。

```
#include<stdio.h>
#define M (a*a+4*a)
int main( )
{    int a,b;
     scanf("%d",&a);
     b=M*M+3*M+5;
     printf("b=%d\n",b);
     return 0;
}
```

程序的运行结果如图 10-1 所示。

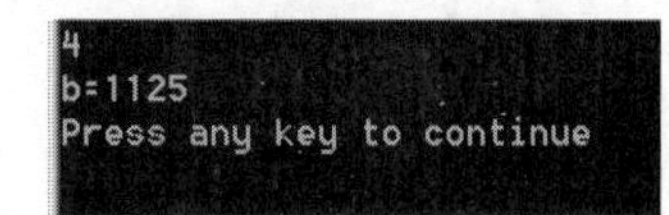


图 10-1　例题 10-1 的运行结果

该例中，定义了一个宏 M，用宏 M 来表示字符串“(a*a+4*a)”，在以后的程序中，凡是出现 M 的地方都会自动替换为字符串“(a*a+4*a)”。经过预处理，语句 b=M*M+3*M+5;经过宏展开后，变为语句 b=(a*a+4*a)*(a*a+4*a)+3*(a*a+4*a)+5;。若变量 a 的值为 4，则计算得出变量 b 的值为 1125。

注意，该例中，在进行宏替换时，字符串“(a*a+4*a)”中的括号不能省略，否则得到的结果是错误的。

使用宏定义命令，应注意以下几个问题。

(1) 为了与普通变量相区分，宏名一般大写。

(2) 宏定义用宏名来表示一个字符串，在宏替换时用该字符串来替代宏名，宏替换时只做简单替换，不做语法检查。

(3) 宏定义以“#”开头，属于编译预处理命令，行末不能加分号，若加分号，则连同分号也一同被替换，举例如下。

```
#define L 3.8;
m=L*3;
```

则宏替换后语句如下，在编译时，将会出现语法错误。

```
m=3.8;*3;
```

(4) 一个宏名只能被定义一次，否则会出现宏重复定义的错误。

(5) 宏定义必须写在函数的外面，其作用域为从宏定义开始，到源程序结束。

可以用#undef 命令来终止宏定义的作用域，举例如下。

```
#define PI 3.14
int main( )
{
    ……    /*PI 的作用域*/
}
#undef PI    /*终止 PI 的作用域*/
g( )
{
    ……
    return 0;
}
```

该例中，#define 定义符号常量 PI 的值，#undef 终止 PI 的作用域。在下面的 g( )函数中，PI 不再代表 3.14。

(6) 宏定义允许嵌套，在宏定义的字符串中可以使用已经定义的宏名，在宏展开时由预处理程序层层替换，举例如下。

```
#define X 7
#define M X+3
#define N 3*M
printf("%d\n",N);
```

宏展开 M 的值为 7+3(注意此处不能直接计算出 M 的值 10，仅做替换而已，M 为 7+3)，宏展开 N 的值为 3*7+3，计算得出 N 的值为 24。

(7) 为了书写方便，可用宏定义表示数据类型。

例如：

```
#define INTERGER int
```

用宏名 INTERGER 来替换 int 数据类型，在程序中就可以用 INTERGER 进行整型变量说明：INTERGER x,y;。

又如：

```
#define STU struct student
```

预处理程序在进行处理时，会把 STU 当成 struct student 数据类型来使用。在程序中就可以用 STU 来定义变量：STU st[3],s;相当于 struct student st[3],s;。

(8) 宏定义与变量的定义含义不同，变量定义时系统会给变量分配对应的内存空间。宏定义时，仅做字符替换，不给宏分配内存空间。

(9) 为减少书写的麻烦，也可给出“输出格式”的宏定义。下面看一个相关例子。

```
#define P printf
#define D "%d\n"
#define F "%f\n"
int main( )
{   int x=10,y=15;
    float m=6.8,n=9.5;
```

```
    P(D F,x,m);
    P(D F,y,n);
    return 0;
}
```

### 10.1.2 带参数的宏定义

在C语言中，宏定义可以不带参数，也可以带参数。宏定义中的参数称为形式参数，宏调用中的参数称为实际参数。

带参数宏定义的一般形式如下。

```
#define 宏名(形参表) 字符串
```

其中，“形参表”由一个或多个参数组成，参数不需要进行类型说明，多个参数之间用逗号隔开，字符串中包含各个形参。

带参数宏调用的一般形式如下。

```
宏名(实参表);
```

带参数的宏调用时，不仅简单地用字符串代替宏名，而且要用实参代换对应的形参，举例如下。

```
#define M(x)    5*x+x*x        /*宏定义*/
f=M(8);                        /*宏调用*/
```

在宏调用时，用实参8去代替形参x，经过预处理，宏展开后f=5*8+8*8。

下面看一个带参数的宏定义的例子。

**【例题10-2】**带参数的宏定义例子。

```
#include <stdio.h>
#define M(x,y,z) x*y+z
int main( )
{   int a=1,b=2, c=3;
    printf("%d\n",M(a+b,b+c,c+a));
    return 0;
}
```

该程序的运行结果如图10-2所示。

```
12
Press any key to continue_
```

图10-2 例题10-2的运行结果

在该例中，程序的第2行语句是带参数的宏定义，用宏名M代替表达式x*y+z，形参x,y,z均出现在表达式x*y+z中。当表达式M(a+b,b+c,c+a)进行宏展开时，实参a+b、b+c、c+a将代替对应的形参x,y,z，经过宏展开，M(a+b,b+c,c+a)变为a+b*b+c+c+a(注意，此处不是(a+b)*(b+c)+c+a)，计算后得到的结果为12。

该例中，若将第2行语句中的宏定义命令改为#define M(x,y,z) (x)*(y)+(z)，则表达式M(a+b,b+c, c+a)在宏展开时，变为(a+b)*(b+c)+(c+a)，计算后得到的结果为19。

可见，在宏展开时，仅做了一个简单的替换，不能随意添加括号或删除括号，否则会出现错误的结果。

在使用带参的宏定义时，需要注意以下问题。

(1) 在带参的宏定义中，宏名与形参表之间不允许出现空格。否则，C 编译系统将空格以后的所有字符都作为替代字符串，这样就变成不带参数的宏定义了。

例如，将：

```
#define M(x,y) x*y
```

写成：

```
#define M  (x,y) x*y
```

将被认为是不带参数的宏定义，宏 M 代替字符串“(x,y) x*y”。

(2) 在带参的宏定义中，要注意圆括号的使用，字符串内的形参通常要用括号括起来，以确保宏展开后字符串中各个参数计算顺序的正确性，避免出错。

例如，宏定义为：

```
#define Q(a,b)  a*b
```

若在程序中遇到如下语句：

```
m=Q(x+5,y+3);
```

对其进行宏展开，如下：

```
m=x+5*y+3;
```

这与我们预期的 m=(x+5)*(y+3);是不同的，故结果出错。

若将宏定义改为：

```
#define Q(a,b)  (a)*(b)
```

再对 m=Q(x+5,y+3);进行宏展开，结果如下：

```
m=(x+5)*(y+3);
```

这才是我们想要得到的结果。

(3) 在带有参数的宏定义中，形式参数不分配内存空间，因此不需要进行类型的定义。而宏调用的实参有具体的值，要用实参去代换形参，因此实参必须进行类型说明。

(4) 带参的宏和带参函数看起来相似，但本质上是不同的。在函数中，形参和实参是两个不同的量，各自有各自的作用域，函数调用时要把实参值传递给形参，进行“值传递”。而在带有参数的宏中，只是符号代换，不存在实参与形参间的值传递。

(5) 宏定义也可用来定义多个语句，在宏调用时，把这些语句又代换到源程序内。

下面看一个用宏来定义多个语句的例子。

**【例题 10-3】**用宏来定义多个语句的例子。

```
#include<stdio.h>
#define M(x,y,z)  x=a*m;y=a*n;z=a*h
int main( )
{    int a,m,n,h,q1,q2,q3;
     a=5,m=8,n=7,h=10;
```

```
    M(q1,q2,q3);
    printf("q1=%d\nq2=%d\nq3=%d\n",q1,q2,q3);
    return 0;
}
```

程序的运行结果如图 10-3 所示。

图 10-3　例题 10-3 的运行结果

## 10.2 文件包含

在 C 语言中，文件包含是指一个源文件可将另一个源文件的全部内容包含进来。编译预处理程序把#include 命令行中所指定的源文件的全部内容放到源程序的#include 命令行所在的位置。在编译时作为一个源程序编译(并不是作为两个文件连接)，得到一个目标文件。

在程序设计中，文件包含是很有用的。C 语言是一种支持模块化程序设计的语言，它允许将一个大程序分解成多个模块，每个模块都可作为一个程序文件分别进行编译。有些公用的符号常量或宏定义等可以单独组成一个文件，在其他文件的开头用#include 命令包含该文件即可使用。这样可以避免在每个文件的开头都去书写那些公用代码，从而节省时间，并减少出错。

文件包含的一般形式如下。

```
#include <文件名>
```

或

```
#include "文件名"
```

功能：在进行预处理时，把“文件名”所指定的文件内容复制到本文件中，再对两文件合并后的文件进行编译，如图 10-4 所示。

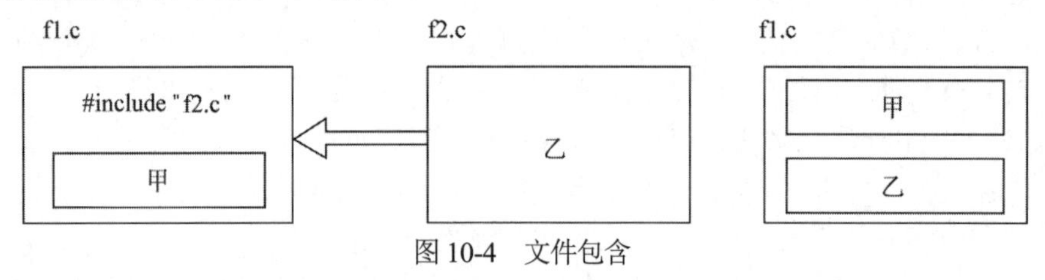


图 10-4　文件包含

在 f1.c 文件中，有文件包含命令#include"f2.c"，编译预处理时，先把 f2.c 的内容复制到 f1.c 中，再对合并后的 f1.c 进行编译。

当文件名用双引号引起来时，编译器首先在本源文件所在的目录中查找被包含文件，若找不到，再到系统指定目录中查找，所以包含自己写的源程序时通常采用此形式。

当文件名用尖括号括起来时，编译器直接到系统指定目录中查找，一般用于包含系统头文件。

理论上说，#include 命令可包含任何类型的文件，只要这些文件的内容被扩展后符合 C 语言语法即可。

一般#include 命令用于包含扩展名为.h 的“头文件”，如 stdio.h、string.h、math.h 等函数库文件。在头文件中，一般定义符号常量、宏或声明函数原型。

下面看一个#include 文件包含的例子。

**【例题 10-4】** 建立头文件 format.h，在 file1.c 文件中包含该头文件。

```
/*文件 format.h*/
#define PR printf
#define NL "\n"
#define D "%d"
#define D1 D NL
#define D2 D D NL
#define D3 D DD NL
#define S "%s"

/*文件 file1.c*/
#include<stdio.h>
#include"s1.h"
int main( )
{    int a,b,c;
     char str[ ]="America";
          a=3;
          b=4;
          c=5;
     PR(D1,a);
     PR(D2,a,b);
     PR(D3,a,b,c);
     PR(S,str);
     return 0;
}
```

程序的运行结果如图 10-5 所示。

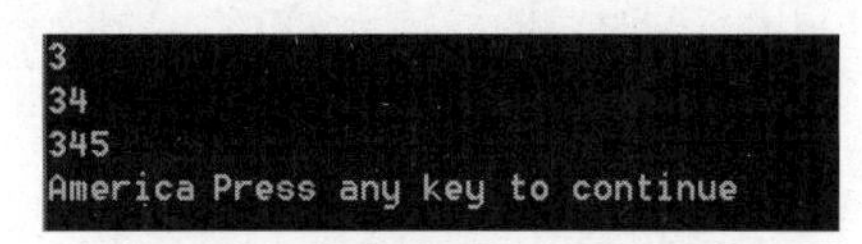


图 10-5　例题 10-4 的运行结果

下面再看一个文件包含的例子，将一个宏定义放在头文件中。

**【例题 10-5】** 将宏定义放在头文件 head.h 中，使用文件包含命令将它包含在一个程序中。

```
/*文件 head.h*/
#define MAX(a,b) ((a)>(b)?(a):(b))

/*example10-5.c*/
#include<stdio.h>
#include "head.h"
int main( )
{    int x,y,max;
     printf("please input two numbers:");
     scanf("%d,%d",&x,&y);
```

```
        max=MAX(x,y);
        printf("max=%d\n",max);
        return 0;
    }
```

程序的运行结果如图 10-6 所示。

```
please input two numbers:34,67
max=67
Press any key to continue
```

图 10-6　例题 10-5 的运行结果

说明如下。

(1) 一个#include 命令只能指定一个被包含文件，如果要包含多个文件，则需要使用多个#include 命令。

(2) 被包含文件与其所在文件在预处理后成为一个文件，因此，如果被包含文件定义有全局变量，在其他文件中不必用 extern 关键字来声明。但一般不在被包含文件中定义变量。

(3) 当一个程序中使用#include 命令嵌入一个指定的包含文件时，被嵌入的文件中还可以使用#include 命令，从而包含另一个指定的包含文件。

```
f1.h 文件：
#include "f2.h"
void g1( )
{
    ......
}
f2.h 文件：
void g2( )
{
    ......
}
f12.c 文件：
#include "f1.h"
int main( )
{
    ......
    return 0;
}
```

## 10.3 条件编译

条件编译是 C 语言 3 种编译预处理命令之一。一般情况下，源程序中的所有行均参加编译，但有时希望部分行在满足一定条件时才进行编译，即按不同的条件去编译不同的程序部分，从而产生不同的目标代码文件，这就称为“条件编译”。

条件编译出于调试的目的或出于系统可移植性的考虑，使编译器有选择地编译源程序。条件编译有以下几种形式，下面分别介绍。

### 1. #ifdef 命令

条件编译命令#ifdef 的一般形式为如下。

```
#ifdef    标识符
          程序代码 1
[#else
          程序代码 2 ]
#endif
```

功能：如果指定的标识符已经被#define 定义过，则编译程序代码 1，否则编译程序代码 2。#else 和程序代码 2 这两行可以省略，根据需要决定是否使用。

如果省略#else 和程序代码 2 这两行，则形式如下。

```
#ifdef    标识符
          程序代码 1
#endif
```

下面看一个#ifdef 形式的条件编译例子。

**【例题 10-6】**#ifdef 形式的条件编译。

```
#include<stdio.h>
#define PRICE 8
int main( )
{
    #ifdef PRICE
    printf("PRICE is %d\n", PRICE);
    #else
    printf("PRICE is not found!\n");
    #endif
    return 0;
}
```

程序的运行结果如图 10-7 所示。

```
PRICE is 8
Press any key to continue_
```

图 10-7　例题 10-6 的运行结果

在程序的第 5 行语句中给出了条件编译预处理命令，程序根据 PRICE 是否被定义过，来决定执行哪一个 printf 语句。在程序的第 2 行语句中，已对 PRICE 做过宏定义，因此对第一个 printf 语句进行编译。

在程序第 2 行宏定义中，PRICE 其实也可以是任意字符串，甚至可以不给出 PRICE 的值，改写为如下形式也具有同样的意义。

```
#define PRICE
```

只有取消程序的第 2 行语句，程序才会执行第二个 printf 语句。

### 2. #ifndef 命令

条件编译命令#ifndef 的一般形式如下。

```
#ifndef   标识符
          程序代码 1
#else
          程序代码 2
#endif
```

功能：如果标识符未被#define 命令定义过，则执行程序代码 1，否则执行程序代码 2。该形式与 ifdef 命令形式的功能正好相反。

【例题 10-7】#ifndef 形式的条件编译。

```
#include<stdio.h>
#define PRICE 8
int main( )
{
    #ifndef PRICE
    printf("PRICE is %d\n", PRICE);
    #else
    printf("PRICE is not found!\n");
    #endif
    return 0;
}
```

程序的运行结果如图 10-8 所示。

```
PRICE is not found!
Press any key to continue
```

图 10-8　例题 10-7 的运行结果

### 3. #if 命令

条件编译命令#if 的一般形式如下。

```
#if    表达式
     程序代码 1
[#else
     程序代码 2]
#endif
```

功能：若表达式的值为真(非 0)，则对程序代码 1 进行编译，否则对程序代码 2 进行编译。下面看一个#if 形式的条件编译的例子。

【例题 10-8】#if 形式的条件编译。

```
#include<stdio.h>
#define R 1
int main( )
{
    floatc,r,s;
    printf("please enter a number:");
    scanf("%f",&c);
    #if  R
    r=3.14159*c*c;
    printf("area of round is:%f\n",r);
    #else
    s=c*c;
    printf("area of square is:%f\n",s);
    #endif
    return 0;
}
```

程序的运行结果如图 10-9 所示。

```
please enter a number:5
area of round is:78.539750
Press any key to continue_
```

图 10-9　例题 10-8 的运行结果

**【课程思政】**编译预处理是在编译器编译之前进行的操作，经过处理后的代码会变得很简短。同样地，做任何事情都要讲究方法和技巧，用对方法、找准方向可以使复杂的问题简单化。

## 10.4 本章小结

编译预处理是指在对源程序进行编译之前，首先对源程序中的编译预处理命令进行处理。C 语言中所有的预处理命令都以“#”开头，末尾不能加分号。所有预处理命令都在编译前处理，因此它不具有任何计算、操作等功能。若预处理命令有变化，则必须对程序重新进行编译和链接。C 语言提供的编译预处理命令主要有宏定义、文件包含和条件编译 3 种。

宏定义用一个标识符来表示一个字符串，这个字符串可以是常量、变量或表达式。在宏替换时，用该字符串代换宏名。根据宏定义中是否有参数，可将宏分为不带参数的宏定义与带参数的宏定义两种。在带参的宏定义中，宏名与形参表之间不能有空格，否则将空格以后的所有字符都作为替代字符串，这样就变成不带参数的宏定义了。不要把带参数的宏定义与带参数的函数混淆，带参的宏定义在预处理时只进行字符串的替换，而带参的函数却将实参的值一一对应地传递给形参。

文件包含是指一个源文件可将另一个源文件的全部内容包含进来。编译预处理程序把#include 命令行中所指定的源文件的全部内容放到源程序的#include 命令行所在的位置。在编译时作为一个源程序编译(并不是作为两个文件连接)，得到一个目标文件。

条件编译是按不同的条件去编译不同的程序部分，从而产生不同的目标代码文件。条件编译只编译满足条件的程序段，使生成的目标程序较短，从而减少了占用的内存并提高了程序的效率。

## 10.5 习题

**一、选择题**

1. 在宏定义#define PI 3.14159 中，用宏名代替一个(　　)。
   A. 常量　　B. 单精度数　　C. 双精度数　　D. 字符串
2. 下面叙述中正确的是(　　)。
   A. 带参数的宏定义中参数是没有类型的
   B. 宏展开将占用程序的运行时间
   C. 宏定义命令是 C 语言中的一种特殊语句
   D. 使用#include 命令包含的头文件必须以“.h”为扩展名

3. 下面叙述中正确的是(　　)。

A. 宏定义是C语句，所以要在行末加分号

B. 可使用#undef命令来终止宏定义的作用域

C. 在进行宏定义时，宏定义不能层层嵌套

D. 对程序中用双引号引起来的字符串内的字符，与宏名相同的要进行置换

4. 下列程序执行后的输出结果是(　　)。

```
#define MA(x) x*(x-1)
int main( )
{
    int a=1,b=2;
    printf("%d \n",MA(1+a+b));
    return 0;
}
```

A. 6　　　B. 8　　　C. 10　　　D. 12

5. 以下程序执行的输出结果是(　　)。

```
#define MIN(x,y) (x)<(y)?(x):(y)
int main( )
{
    int i,j,k;
    i=10;j=15;
    k=10*MIN(i,j);
    printf("%d\n",k);
    return 0;
}
```

A. 15　　　B. 100　　　C. 10　　　D. 150

6. 程序头文件typel.h的内容如下：

```
#define N 5
#define M1 N*3
```

程序如下：

```
#include "type1.h"
#define M2 N*2
int main( )
{
    int i;
    i=M1+M2;
    printf("%d\n",i);
    return 0;
}
```

程序的输出结果是(　　)。

A. 10　　　B. 20　　　C. 25　　　D. 30

7. 以下程序的输出结果是(　　)。

```
#define f(x) x*x
int main( )
{
    int a=6,b=2,c;
    c=f(a)/f(b);
    printf("%d\n",c);
    return 0;
}
```

A. 9　　　　B. 6　　　　C. 36　　　　D. 18

8. 以下程序中 for 循环的执行次数是(　　)。

```
#define N 2
#define M N+1
#define NUM 2*M+1
int main( )
{
    int i;
    for(i=1;i<=NUM;i++)
    printf("%d\n",i);
    return 0;
}
```

A. 5　　　　B. 6　　　　C. 7　　　　D. 8

9. 执行如下程序后，输出结果为(　　)。

```
#include <stdio.h>
#define N 4+1
#define M N*2+N
#define RE 5*M+M*N
int main( )
{
    printf("%d",RE/2);
    return 0;
}
```

A. 150　　　　B. 100　　　　C. 41　　　　D. 以上结果都不正确

10. C 语言条件编译的基本形式如下，其中的 XXX 可以是(　　)。

```
#XXX 标识符
    程序段 1
#else
    程序段 2
#endif
```

A. define 或 include　　　　B. ifdef 或 include

C. ifdef、ifndef 或 define　　　　D ifdef、ifndef 或 if

## 二、填空题

1. 以下程序的运行结果是________。

```
#define MAX(x,y) (x)>(y)?(x):(y)
int main( )
{
    int a=5,b=2,c=3,d=3,t;
    t=MAX(a+b,c+d)*10;
    printf("%d\n",t);
    return 0;
}
```

2. 以下程序的运行结果是________。

```
#define N 10
#define s(x) x*x
#define f(x) (x*x)
int main( )
{
    int i1,i2;
    i1=1000/s(N);
    i2=1000/f(N);
    printf("%d,%d\n",i1,i2);
    return 0;
}
```

3. 以下程序的运行结果是________。

```
#include<stdio.h>
#define DEBUG
int main( )
{   int a=20,b=10,c;
    c=a/b;
    #ifdef DEBUG
    printf("a=%o,b=%0,"a,b);
    #endif
    printf("c=%d\n",c);
    return 0;
}
```

4. 以下程序的运行结果是________。

```
#define LETTER 0
int main( )
{
    char str[20]= "C Language",c;
    int i;
    i=0;
    while((c=str[i])!='\0')
    {   i++;
        #if LETTER
```

```
            if(c>='a'&&c<='z') c=c-32;
        #else
            if(c>='A'&&c<='Z') c=c+32;
        #endif
            printf("%c",c);
    }
    return 0;
}
```

## 三、编程题

1. 输入两个整数，求它们相除的余数，用带参数的宏编程实现。
2. 设计一个程序，从 3 个数中找出最大数，用带参数的宏定义实现。
3. 设计一个程序，交换两个数的值并输出，用带参数的宏定义实现。
4. 从键盘输入 10 个整数，求其中的最大数或最小数并显示，用条件编译实现。
5. 从键盘输入一行字符，按 Enter 键结束输入。由条件编译控制求其中大写字母的个数或小写字母的个数并显示。

# 第 11 章 文件

在前面章节中，我们学习了各种数据类型的输入和输出操作，这些输入和输出操作通过标准输入设备(键盘)输入，通过标准输出设备(显示器和打印机)输出。在实际操作中，我们时常需要通过磁盘将数据读入到程序中，或者将程序的运行结果输出到磁盘。于是，产生了文件的概念。文件可以为程序的运行提供数据，保存程序处理的中间数据和最终的结果数据，实现不同程序间的数据共享。本章主要介绍文件的基本概念、基本操作和应用。

**本章教学内容**

- 文件基本概念
- 文件分类
- 文件指针
- 文件常用操作
- 文件相关综合案例

**本章教学目标**

- 了解文件的基本概念。
- 理解文件的不同分类方式。
- 理解并掌握文件指针。
- 理解并掌握文件常用操作。
- 能够熟练掌握文件编写程序。

## 11.1 文件的基本概念

通常，文件是指存储在外部介质(如磁盘和 U 盘等外部存储器)上的数据或信息的集合。如：在编写程序时保存的 C 语言源程序。

在学习前面章节时编写的程序，每次执行时，如果需要输入数据，都是通过键盘输入的，程序处理的数据结果都是直接输出到显示器上显示的。如果想再次执行程序，仍需要重新输入数据，程序的运行结果也将再次输出到显示器上。这些输入的数据和输出的结果不能长久保存。这是因为程序在运行过程中，计算机将会分配动态存储空间以供使用，当程序结束时之前分配的动态存储空间将会被释放收回，所存储的输入数据和输出结果将会消失。尤其当输入的数据量很大时，继续通过键盘输入数据变得很不现实，需要通过其他途径解决这个问题。

文件专门用于解决此类问题。将需要输入的数据保存到文件中，当程序运行需要数据时，可以从文件中读入；程序运行后产生的结果数据也可以存入文件，实现永久保存。

将数据存储于文件中有以下优势。

(1) 存储在文件中的数据可以反复使用。

(2) 存储在文件中的数据可以永久保存。

(3) 通过文件可以实现不同程序之间的数据传递和共享。

为了方便用户识别和使用，每一个文件都有自己的唯一标识，这个唯一标识由文件路径、文件名称和文件扩展名组成，通常简称为文件名。需要注意的是，文件名包含三部分内容，而不能简单地认为文件名就是文件名称。文件路径表示文件所在的位置；文件名称表示文件的名字，文件名称的命名规则要遵守标识符的命名规则；文件扩展名表示文件的类型，一般不超过3个字母。常见的文件扩展名为c(C语言源程序文件)、cpp(C++源程序文件)、exe(可执行文件)、txt(文本文件)等。

## 11.2 文件的分类

文件通常保存在磁盘等外部存储器上，在使用时才调入内存中。我们可以从不同的角度对文件进行分类，下面主要列举了3种分类方式。

从用户的角度看，文件可分为普通文件和设备文件。普通文件是指驻留在磁盘等外部存储器的有序数据集。设备文件是指与主机相连的各种外部设备，如显示器、打印机、键盘等。需要注意的是，在操作系统中，把外部设备也看作是一个文件来进行管理，把它们的输入和输出等同于对磁盘文件的读和写。通常，把键盘定义为标准输入文件，从键盘上输入数据即从标准输入文件上输入。把显示器定义为标准输出文件，一般情况下在屏幕上显示有关信息就是向标准输出文件输出。

根据文件的内容，文件可分为程序文件和数据文件。程序文件又可分为源程序文件(文件扩展名为.c或.cpp)、目标文件(文件扩展名为.obj)和可执行文件(文件扩展名为.exe)。数据文件是指存放数据的文件。

根据文件的存储形式，文件可分为文本文件和二进制文件。文本文件又称ASCII文件，文件中的所有类型数据均被默认为字符型数据。这种文件在磁盘存放时，数据采用ASCII码的形式存储，每个字符对应一个字节，用来存放对应的ASCII码。同时，保存在内存中的数据在存入文件时都要先转换为等价的字符形式。二进制文件与文本文件不同，将内存中的数据存入磁盘时不进行数据转换，磁盘上保存的数据与其在内存中的数据形式一致。

字符信息在内存中以ASCII码值形式存放，因此，无论是用文本文件输出还是用二进制文件输出，其数据形式是一样的。但是对于数值信息，两者是不同的，例如，整型数100000在内存中占4个字节，按照内部格式直接输出，在硬盘文件中占4个字节；如果将它转换为文本形式输出，因为有6个字符，所以要占用6个字节，如图11-1所示。

内存中存储形式

| 00000000 | 00000001 | 10000110 | 10100000 |
|---|---|---|---|

二进制形式输出

| 00000000 | 00000001 | 10000110 | 10100000 |
|---|---|---|---|

文本形式输出

| 00110001 | 00110000 | 00110000 | 00110000 | 00110000 | 00110000 |
|---|---|---|---|---|---|

图 11-1 文件的两种组织形式

文本文件和二进制文件各有优缺点。用文本形式保存数据，一个字节代表一个字符，可直接在屏幕显示或用打印机打印出来，这种方式直观方便阅读，也便于逐个字符的输入或输出，但一般会占用较多存储空间，计算机处理文件中的数据时需要在ASCII码值和二进制形式之间转换。用二进制形式输出数据，一般可以节省存储空间，而且不需要进行转换，但一个字节并不对应一个字符，不能直观地显示文件内容。由于二进制文件是内存的映像，在存储各种复杂的数据类型(如结构体变量或者对象)时，用二进制文件比较方便。如果只是为了显示或打印以便阅读，则应按文本形式输出。

## 11.3 文件指针

在C语言中，用一个指针变量指向一个文件，这个指针称为文件指针。通过文件指针就可对它所指的文件进行各种操作。文件指针的结构体定义如下。

```
#ifndef _FILE_DEFINED
struct _iobuf {
        char *_ptr;            //文件输入的下一个位置
        int _cnt;              //当前缓冲区的相对位置
        char *_base;           //指基础位置(即文件的起始位置)
        int _flag;             //文件标志
        int _file;             //文件描述符 id
        int _charbuf;          //检查缓冲区状况，如果无缓冲区则不读取
        int _bufsiz;           //文件缓冲区大小
        char *_tmpfname;       //临时文件名
      };
typedef struct _iobuf FILE;
#define _FILE_DEFINED
#endif
```

每个正在使用的文件都需要声明一个FILE类型的结构体变量，该结构体变量用于存放文件的相关信息，包括文件名，文件状态等。FILE类型不需要用户自己定义，它已经由系统定义在头文件stdio.h中。

FILE为系统定义的结构体类型，简称文件类型。FILE类型的结构体变量在打开文件时由系统自动建立。在C语言程序中，如果要对已打开的文件进行操作，就要通过指向该结构体变量的指针来执行。因此，需要在程序中定义指向FILE类型的指针。

FILE类型指针变量的一般声明形式如下。

```
FILE *标识符;
```

例如，FILE *fp;，此时的 fp 为一个文件类型的指针变量。

如果在程序中需要同时处理多个文件，则需要声明多个 FILE 类型的指针变量，使他们分别指向多个不同的文件。

# 11.4 文件的常用操作

C 语言的文件操作主要由标准库函数实现。在使用时，应在程序中使用编译预命令，即在源文件开头写上：#include<stdio.h>。

在 C 语言提供的文件操作函数的基础上，文件的存取一般有以下 3 个步骤。

(1) 打开文件，即建立用户程序与文件之间的联系。

(2) 处理文件，即对文件进行读、写、追加和定位操作。读操作：从文件中读入数据，即将文件中的数据读入计算机内存中。写操作：向文件写入数据，即将计算机内存中的数据输出到文件中。追加操作：将内存中的数据写到文件中原有数据的后面。定位操作：移动文件读写位置指针。

(3) 关闭文件，切断文件与程序的联系，将文件缓冲区的内容写入磁盘，并释放文件缓冲区。

## 11.4.1 文件的打开和关闭

### 1. 文件的打开—fopen( )函数

fopen( )函数的一般调用形式如下。

```
FILE *文件指针名;                              //定义文件指针
文件指针名=fopen(文件名,处理文件方式);          //打开文件
```

例如：

```
FILE *fp;                                      //定义文件指针 fp
fp=fopen(文件名,处理文件方式);                  //打开文件
```

### 2. 文件的关闭—fclose( )函数

文件使用完毕后，为避免文件中的数据丢失，应该使用关闭文件函数把文件关闭。需要注意的是，fopen( )函数和 fclose( )函数总是成对出现。

fclose( )函数的一般调用形式如下。

```
fclose(文件指针名);                             //关闭文件
```

通常，进行关闭文件操作后，fclose( )函数的返回值为 0。若 fclose( )函数的返回值为非零值，则表示关闭文件操作失败。

根据用户的需求，文件提供了读、写、追加 3 种基本处理方式。另因为文件有文本文件和二进制文件之分，所以产生了多种处理文件方式，处理文件方式及其含义如表 11-1 所示。

表 11-1 处理文件方式及其含义

| 处理文件方式 | 含义 |
| --- | --- |
| "r"(只读) | 打开一个文本文件，可以读取文件 |
| "w"(只写) | 打开一个文本文件，可以写入文件 |
| "a"(追加) | 打开一个文本文件，可以写入文件，向已有文件尾部追加内容 |
| "r+"(读写) | 打开一个文本文件，可以读取和写入文件，从文件头开始 |
| "w+"(读写) | 打开一个文本文件，可以读取和写入文件，如果文件存在，则覆盖 |
| "a+"(读写) | 打开一个文本文件，可以读取和写入文件，如果文件存在，则追加 |
| "rb"(只读) | 打开一个二进制文件，可以读取文件 |
| "wb"(只写) | 打开一个二进制文件，可以写入文件 |
| "ab"(追加) | 打开一个二进制文件，可以写入文件，向已有文件尾部追加内容 |
| "rb+"or"r+b"(读写) | 打开一个二进制文件，可以读取和写入文件，从文件头开始 |
| "wb+"or"w+b"(读写) | 打开一个二进制文件，可以读取和写入文件，如果文件存在，则覆盖 |
| "ab+"or"a+b"(读写) | 打开一个二进制文件，可以读取和写入文件，如果文件存在，则追加 |

## 11.4.2 文件的读写

文件的读和写是最常用的文件操作，在 C 语言中提供了多种标准库函数，如表 11-2 所示。

表 11-2 文件操作的步骤与相关的标准库函数的对应关系

| 文件操作步骤 | 相关的标准库函数 | | 说明 |
| --- | --- | --- | --- |
| 打开文件 | fopen( ) | | |
| 处理文件 | fscanf( ) | fprintf( ) | 格式化读写函数 |
| | fgetc( ) | fputc( ) | 字符读写函数 |
| | getc( ) | putc( ) | 字符读写函数 |
| | fgets( ) | fputs( ) | 字符串读写函数 |
| | fread( ) | fwrite( ) | 数据块读写函数 |
| 关闭文件 | fclose( ) | | |

下面分别对文件的读写函数予以介绍。

### 1. 字符读写函数 fgetc( )和 fputc( )

字符读写函数是以字符为单位的读写函数，每次可从文件读取或向文件写入一个字符。fgetc( )函数一般调用格式如下。

```
字符变量=fgetc(文件指针);
```

例如：

```
ch=fgetc(fp);          //从打开的文件 fp 中读取一个字符
```

fputc( )函数一般调用格式如下。

```
fputc(字符量,文件指针);
```

例如：

```
fputc('A',fp);          //把字符'A'写入 fp 指向的文件中
```

### 2. 字符串读写函数 fgets( )和 fputs( )

字符串读取函数每次可从文件读取或向文件写入一个字符串。fgets( )函数一般调用格式如下。

```
fgets(字符串数组名,n,文件指针);
```

其中，n 是一个正整数，表示从文件中至多读取长度为 n−1 的字符串，存入字符数组 str 中，在读取的最后一个字符后加上结束标志'\0'。

例如：

```
fgets(str,n,fp);          //从打开的文件 fp 中读取一个字符串存入字符数组 str 中
```

fputs( )函数一般调用格式如下。

```
fputs(字符串，文件指针);
```

例如：

```
fputs('hello',fp);          //把字符串"hello"写入 fp 指向的文件中
```

### 3. 数据块读写函数 fread( )和 fwrite( )

在 C 语言程序中可以使用 fgetc( )和 fputc( )函数来读写文件中的一个字符数据，但常常需要一次输入一组数据(如：结构体变量)。于是 C 语言提供用 fread( )和 fwrite( )函数来读写文件中的一个数据块。

```
fread( )一般调用格式：fread(buffer,size,count,fp);
fwrite( )一般调用格式：fwrite(buffer,size,count,fp);
```

其中，buffer 是一个指针，存放读写数据的地址；size,count 表示要读写长度为 size 的 count 个数据；fp 表示要读写的文件。

例如：

```
fread(buffer,5,8,fp);     //表示从文件指针 fp 所指向的文件读取首地址为 buffer 的内存单元中的数据，每次取 5 个字节，连续取 8 次
fwrite(buffer,5,8,fp);    //表示向首地址为 buffer 的内存单元中写入数据，每次取 5 个字节，连续取 8 次，写入文件指针 fp 所指向的文件中
```

### 4. 格式化读写函数 fscanf( )和 fprintf( )

与 scanf( )和 printf( )函数的作用类似，fscanf( )和 fprintf( )也是格式化读写函数。但两者的读写对象不同，前者的读写对象是终端(如显示器)，后者的读写对象是磁盘文件。

```
fscanf( )一般调用格式：fscanf(文件指针,格式字符串,输入变量);
fprintf( )一般调用格式：fprintf(文件指针,格式字符串,输出变量);
```

例如：

```
fscanf(fp,"%d,%.2f",&i,&t);
//按%d,%.2f 格式从 fp 所指向的文件中读取数据，并赋值给变量 i,t
fprintf(fp,"%d,%.2f",i,t);
//按%d,%.2f 格式将 i,t 变量的值写入 fp 所指向的文件中
```

## 11.4.3 文件的定位

前面介绍的文件操作均是顺序读写，即从文件的第一个数据开始，随着文件指针的移动，完成读写操作。但当出现需要读写文件的特定位置的信息时，顺序读写就显得比较呆板，文件随机读写的功能有待解决此问题。文件随机读写功能的实质是对待读写位置进行定位操作，下面介绍文件的定位。

文件的定位通过移动文件内部位置指针的函数实现，主要有两个函数，分别是 remind( )函数和 fseek( )函数。

### 1. remind( )函数

remind( )函数的功能是将文件指针定位到文件开头。

```
remind( )一般调用格式：remind(文件指针);
```

### 2. fseek( )函数

fseek( )函数的功能是在文件内部移动位置指针。

```
fseek( )一般调用格式：fseek(文件指针,位移量,起始位置);
```

其中，位移量表示移动的字节数；起始位置表示计算位移量的开始位置，起始位置一般有文件头(用 SEEK_SET 或数字 0 表示)、当前位置(用 SEEK_CUR 或数字 1 表示)和文件尾(用 SEEK_END 或数字 2 表示) 3 种。

## 11.4.4 文件的其他操作

上文中介绍了文件打开函数、文件关闭函数、文件读写函数和文件定位函数，还有一种常用函数：文件检测函数。

文件检测函数主要有 feof( )函数、ferror( )函数和 clearerr( )函数 3 种。

### 1. 文件结束检测函数：feof( )函数

feof( )函数用来判断文件是否处于文件结束位置，如果文件处于结束位置，返回 1，否则返回 0。

```
feof( )一般调用格式：feof(文件指针);
```

### 2. 读写文件出错检测函数：ferror( )函数

ferror( )函数是用来检查文件在输入输出函数进行读写时是否出错，如果读写出错，则返回 1；如果读写未出错，则返回 0。

```
ferror( )一般调用格式：ferror(文件指针);
```

3. 文件出错标志和文件结束标志置 0 函数：clearerr( )函数

clearerr( )函数用来清除出错标志和文件结束标志，给它们赋值为 0。

clearerr( )一般调用格式：clearerr(文件指针);

## 11.5 文件应用综合案例

**【例题 11-1】**打开文件 e11_1.c，并在屏幕上输出。

```
#include<stdio.h>
int main( )
{
    FILE *fp;
    char ch;
    if((fp=fopen("e11_1.c","rt"))==NULL)
    {
        printf("Cannot open file strike any key exit!");
        getch( );
        exit(1);
    }
    ch=fgetc(fp);
    while (ch != EOF)
    {
        putchar(ch);
        ch=fgetc(fp);
    }
        fclose(fp);
        return 0;
}
```

本例程序的功能是从文件(见图 11-1)中逐个读取字符，在屏幕上显示。程序定义了文件指针 fp，以读文本文件方式打开文件“e11_1.c”，并使 fp 指向该文件。如果打开文件出错，就给出提示并退出程序。程序第 12 行语句先读出一个字符，然后进入循环，只要读出的字符不是文件结束标志(每个文件末都有一个结束标志 EOF)就把该字符显示在屏幕上，再读入下一字符。每读一次，文件内部的位置指针就向后移动一个字符，文件结束时，该指针指向 EOF。执行本程序将显示整个文件。

程序的运行结果如图 11-2 所示。

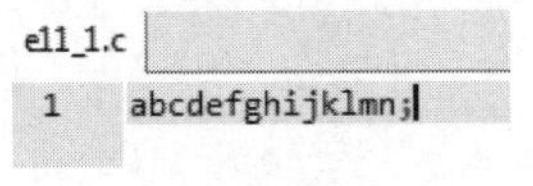


图 11-1　文件 e11_1.c

abcdefghijklmn;

图 11-2　例题 11-1 运行结果

**【例题 11-2】**从键盘输入一行字符，写入一个文件，再把该文件内容读出，显示在屏幕上。

```
#include<stdio.h>
int main( )
{
```

```
        FILE *fp;
        char ch;
        if((fp=fopen("string","wt+"))==NULL)
        {
            printf("Cannot open file strike any key exit!");
            getch( );
            exit(1);
        }
        printf("input a string:");
        ch=getchar( );
        while (ch!=' ')
        {
            fputc(ch,fp);
            ch=getchar( );
        }
        rewind(fp);
        ch=fgetc(fp);
        while(ch!=EOF)
        {
            putchar(ch);
            ch=fgetc(fp);
        }
        printf("");
        fclose(fp);
    return 0;
    }
```

程序中第 6 行语句以读写文本文件方式打开文件 string。程序第 13 行语句从键盘读入一个字符后进入循环，当读入字符不为回车符时，则把该字符写入文件之中，然后继续从键盘读入下一个字符。每输入一个字符，文件内部的位置指针就向后移动一个字节。写入完毕，该指针已指向文件末。如果要把文件从头读出，需把指针移向文件头，程序第 19 行语句中的 rewind( )函数用于把 fp 所指文件的内部位置指针移到文件头。第 20～25 行语句用于读出文件中的一行内容。

程序的运行结果如图 11-3 所示。

```
input a string:program
program
```

图 11-3　例题 11-2 运行结果

**【例题 11-3】**从 e11_1.c 文件中读入一个含 10 个字符的字符串。

```
    #include<stdio.h>
    int main( )
    {
        FILE *fp;
        char str[11];
        if((fp=fopen("e11_1.c","rt"))==NULL)
        {
            printf("Cannot open file strike any key exit!");
            getch( );
            exit(1);
```

```
    }
    fgets(str,11,fp);
    printf("%s",str);
    fclose(fp);
    return 0;
}
```

本例定义了一个字符数组 str 共 11 个字节，在以读文本文件方式打开文件 e11_1.c 后，从中读出 10 个字符送入 str 数组，数组最后一个单元内将加上' '，然后在屏幕上显示输出 str 数组，输出的 10 个字符正是例题 11-1 程序的前 10 个字符。

程序的运行结果如图 11-4 所示。

```
abcdefghij
```

图 11-4　例题 11-3 运行结果

对 fgets( )函数有以下两点说明。

(1) 在读出 n−1 个字符之前，如遇到了换行符或 EOF，则读出结束。

(2) fgets( )函数也有返回值，其返回值是字符数组的首地址。

**【例题 11-4】**在例题 11-2 建立的文件 string 中追加一个字符串。

```
#include<stdio.h>
int main( )
{
    FILE *fp;
    char ch,st[20];
    if((fp=fopen("string","at+"))==NULL)
    {
        printf("Cannot open file strike any key exit!");
        getch( );
        exit(1);
    }
    printf("input a string:");
    scanf("%s",st);
    fputs(st,fp);
    rewind(fp);
    ch=fgetc(fp);
    while(ch!=EOF)
    {
        putchar(ch);
        ch=fgetc(fp);
    }
    printf("");
    fclose(fp);
    return 0;
}
```

本例要求在 string 文件末追加字符串，因此，程序第 6 行语句以追加读写文本文件的方式打开文件 string。然后输入字符串，并用 fputs( )函数把该串写入文件 string。程序第 15 行语句中用 rewind( )函数把文件内部的位置指针移到文件首。之后进入循环逐个显示当前文件中的全部内容。

程序的运行结果如图 11-5 所示。

```
input a string: c
programc
```

图 11-5　例题 11-4 运行结果

**【例题 11-5】**数据块读写函数 fread( )和 rwrite( )应用举例。从键盘输入两个学生的数据，写入一个文件中，再读出这两个学生的数据显示在屏幕上。

```
#include<stdio.h>
struct stu
{
    char name[10];
    int num;
    int age;
    char addr[15];
}boya[2],boyb[2],*pp,*qq;
int main( )
{
    FILE *fp;
    char ch;
    int i;
    pp=boya;
    qq=boyb;
    if((fp=fopen("stu_list","wb+"))==NULL)
    {
        printf("Cannot open file strike any key exit!");
        getch( );
        exit(1);
    }
    printf("input data:\n");
    for(i=0;i<2;i++,pp++)
        scanf("%s%d%d%s",pp->name,&pp->num,&pp->age,pp->addr);
    pp=boya;
    fwrite(pp,sizeof(struct stu),2,fp);
    rewind(fp);
    fread(qq,sizeof(struct stu),2,fp);
    printf("     name     number     age     addr\n");
    for(i=0;i<2;i++,qq++)
    printf("%10s%10d%7d%10s\n",qq->name,qq->num,qq->age,qq->addr);
    fclose(fp);
    return 0;
}
```

本例定义了一个结构 stu，说明了两个结构数组 boya 和 boyb，以及两个结构指针变量 pp 和 qq。pp 指向 boya，qq 指向 boyb。程序第 16 行语句以读写方式打开二进制文件“stu_list”，输入两个学生的数据之后，写入该文件中，然后把文件内部的位置指针移到文件首，读出两个学生的数据后，在屏幕上显示。

程序的运行结果如图 11-6 所示。

```
input data:
zhang 202201 18 wuhan
wang 202202 18 beijing
     name      number    age    addr
     zhang     202201     18    wuhan
      wang     202202     18  beijing
```

图 11-6 例题 11-5 运行结果

【例题 11-6】格式化读写函数 fscanf( )和 fprintf( )应用举例。从键盘输入两个学生的数据，写入一个文件中，再读出这两个学生的数据显示在屏幕上。

```
#include<stdio.h>
struct stu
{
    char name[10];
    int num;
    int age;
    char addr[15];
}boya[2],boyb[2],*pp,*qq;
int main( )
{   FILE *fp;
    char ch;
    int i;
    pp=boya;
    qq=boyb;
    if((fp=fopen("stu_list","wb+"))==NULL)
    {
        printf("Cannot open file strike any key exit!");
        getch( );
        exit(1);
    }
    printf("input data:\n");
    for(i=0;i<2;i++,pp++)
    scanf("%s%d%d%s",pp->name,&pp->num,&pp->age,pp->addr);
    pp=boya;
    for(i=0;i<2;i++,pp++)
    fprintf(fp,"%s %d %d %s\n",pp->name,pp->num,pp->age,pp->addr);
    rewind(fp);
    for(i=0;i<2;i++,qq++)
    fscanf(fp,"%s %d %d %s",qq->name,&qq->num,&qq->age,qq->addr);
    printf("      name      number      age      addr\n");
    qq=boyb;
    for(i=0;i<2;i++,qq++)
    printf("%10s%10d%7d%10s\n",qq->name,qq->num,qq->age,qq->addr);
    fclose(fp);
    return 0;
}
```

本程序中 fscanf( )和 fprintf( )函数每次只能读写一个结构数组元素，因此采用了循环语句来读写全部数组元素。还要注意指针变量 pp 和 qq，由于循环改变了它们的值，在程序的第 25 行和第 32 行语句中分别对它们重新赋予了数组的首地址。

程序的运行结果如图 11-7 所示。

```
input data:
zhang 202201 18 wuhan
wang 202202 18 beijing
    name      number     age     addr
    zhang     202201     18      wuhan
     wang     202202     18    beijing
```

图 11-7　例题 11-6 运行结果

**【课程思政】**通过对文件的学习，掌握文件的存取方式，并养成保存资料、共享资源的好习惯。

# 11.6 本章小结

本章主要介绍了文件的相关内容。文件是指存储在外部介质(如磁盘和 U 盘等外部存储器)上的数据或信息的集合。C 语言将文件按字节进行处理。根据文件的存储形式，文件可分为文本文件和二进制文件。

二进制文件就是把内存中的数据按其在内存中存储的形式原样输出到磁盘中存放，即存放的是数据的原形式。

文本文件是把数据的终端形式的二进制数据输出到磁盘中存放，即存放的是数据的终端形式。在实际存储中最好是将数据分成字符数据和非字符数据两类，如果存储的是字符数据，无论采用文本文件还是二进制文件都是没有任何区别的，所以讨论使用文本文件还是二进制文件是没有意义的。如果存储的是非字符数据，就要根据使用的情况来决定：如果需要频繁地保存和访问数据，那么应该采取二进制文件进行存放，这样可以节省存储空间和转换时间；如果需要频繁地向终端显示数据或从终端读入数据，那么应该采用文本文件进行存放，这样可以节省转换时间。

在 C 语言提供的文件操作函数的基础上，文件的存取一般有 3 个步骤：打开文件；处理文件；关闭文件。文件在进行读写操作之前必须打开，读写结束之后必须关闭，文件的打开函数和关闭函数总是成对出现。

文件有 4 种操作形式：只读、只写、读写和追加。注意文本文件和二进制文件打开操作方式上的联系和区别。

# 11.7 习题

## 一、选择题

1. 为了进行写操作而打开文本文件 my.txt 的正确格式是(　　)。

   A. fopen("my.txt","rb");　　　　B. fp=fopen("my.txt","r") ;

   C. fopen("my.txt", "wb");　　　　D. fp=fopen("my.txt","w") ;

2. 若执行 fopen( )函数时发生错误，则函数的返回值是(　　)。

   A. 0　　　B. 1　　　C. NULL　　　D. 地址值

3. 假设已经存在一个 my.txt 文件，执行 fopen("my.txt","r+");语句的结果为(　　)。
   A. 打开 my.txt 文件，只能写入新的内容
   B. 打开 my.txt 文件，只能读取原有内容
   C. 打开 my.txt 文件，清除原有内容
   D. 打开 my.txt 文件，可以读取原有内容，也可以写入新内容

## 二、简答题

1. 请简述文件的概念。
2. 请简述文本文件与二进制文件的区别。
3. 文件处理操作有哪些常用函数？

## 三、编程题

1. 一条学生的记录包括学号、姓名和成绩等信息，按如下要求进行读写操作。
(1) 格式化输入多个学生记录；
(2) 利用 fwrite( )函数将学生信息按二进制方式写入文件；
(3) 利用 fread( )函数从文件中读出成绩并求平均值；
(4) 将学生的信息按成绩进行排序，并将排序后的成绩单写入文本文件中。
2. 编写程序统计某文本文件中包含句子的个数。
3. 编写函数实现单词的查找，对于已打开文本文件，统计其中包含某单词的个数。

# 参考文献

[1] 阳小兰，吴亮，钱程，等. 高级语言程序设计(C 语言)[M]. 北京：清华大学出版社，2018.
[2] 谭浩强. C 程序设计[M]. 5 版. 北京：清华大学出版社，2017.
[3] 阳小兰，吴亮，钱程. C 语言程序设计教程[M]. 武汉：华中科技大学出版社，2016.
[4] 卢守东. C 语言程序设计实例教程[M]. 北京：清华大学出版社，2017.
[5] 胡春安，欧阳城添，王俊岭. C 语言程序设计教程[M]. 北京：人民邮电出版社，2017.
[6] 廖湖生，叶乃文，周珺. C 语言程序设计案例教程[M]. 北京：人民邮电出版社，2018.

## 附录A

# 常用字符与ASCII码值对照表

| ASCII码值 | 字符 | 控制字符 | ASCII码值 | 字符 | ASCII码值 | 字符 | ASCII码值 | 字符 |
|---|---|---|---|---|---|---|---|---|
| 000 | null | NUL | 032 | (space) | 064 | @ | 096 | ` |
| 001 | ☺ | SOH | 033 | ! | 065 | A | 097 | a |
| 002 | ☻ | STX | 034 | " | 066 | B | 098 | b |
| 003 | ♥ | ETX | 035 | # | 067 | C | 099 | c |
| 004 | ♦ | EOT | 036 | $ | 068 | D | 100 | d |
| 005 | ♣ | END | 037 | % | 069 | E | 101 | e |
| 006 | ♠ | ACK | 038 | & | 070 | F | 102 | f |
| 007 | beep | BEL | 039 | ' | 071 | G | 103 | g |
| 008 | backspace | BS | 040 | ( | 072 | H | 104 | h |
| 009 | tab | HT | 041 | ) | 073 | I | 105 | i |
| 010 | 换行 | LF | 042 | * | 074 | J | 106 | j |
| 011 | ♂ | VT | 043 | + | 075 | K | 107 | k |
| 012 | ♀ | FF | 044 | , | 076 | L | 108 | l |
| 013 | 回车 | CR | 045 | − | 077 | M | 109 | m |
| 014 | ♫ | SO | 046 | . | 078 | N | 110 | n |
| 015 | ☼ | SI | 047 | / | 079 | O | 111 | o |
| 016 | ► | DLE | 048 | 0 | 080 | P | 112 | p |
| 017 | ◄ | DC1 | 049 | 1 | 081 | Q | 113 | q |
| 018 | ↕ | DC2 | 050 | 2 | 082 | R | 114 | r |
| 019 | ‼ | DC3 | 051 | 3 | 083 | S | 115 | s |
| 020 | ¶ | DC4 | 052 | 4 | 084 | T | 116 | t |
| 021 | § | NAK | 053 | 5 | 085 | U | 117 | u |
| 022 | ▬ | SYN | 054 | 6 | 086 | V | 118 | v |
| 023 | ↨ | ETB | 055 | 7 | 087 | W | 119 | w |
| 024 | ↑ | CAN | 056 | 8 | 088 | X | 120 | x |
| 025 | ↓ | EM | 057 | 9 | 089 | Y | 121 | y |
| 026 | → | SUB | 058 | : | 090 | Z | 122 | z |
| 027 | ← | ESC | 059 | ; | 091 | [ | 123 | { |
| 028 | ∟ | FS | 060 | < | 092 | \ | 124 | ¦ |
| 029 | ↔ | GS | 061 | = | 093 | ] | 125 | } |
| 030 | ▲ | RS | 062 | > | 094 | ^ | 126 | ~ |
| 031 | ▼ | US | 063 | ? | 095 | _ | 127 | ⌂ |

(续表)

| ASCII 码值 | 字符 | ASCII 码值 | 字符 | ASCII 码值 | 字符 | ASCII 码值 | 字符 |
|---|---|---|---|---|---|---|---|
| 128 | Ç | 160 | á | 192 | └ | 224 | α |
| 129 | Ü | 161 | í | 193 | ┴ | 225 | β |
| 130 | é | 162 | ó | 194 | ┬ | 226 | Γ |
| 131 | â | 163 | ú | 195 | ├ | 227 | π |
| 132 | ā | 164 | ñ | 196 | ─ | 228 | Σ |
| 133 | à | 165 | Ñ | 197 | † | 229 | σ |
| 134 | å | 166 | ª | 198 | ╞ | 230 | μ |
| 135 | ç | 167 | º | 199 | ╟ | 231 | τ |
| 136 | ê | 168 | ¿ | 200 | ╚ | 232 | Φ |
| 137 | ë | 169 | ┌ | 201 | ╔ | 233 | θ |
| 138 | è | 170 | ┐ | 202 | ╩ | 234 | Ω |
| 139 | ï | 171 | ½ | 203 | ╦ | 235 | δ |
| 140 | î | 172 | ¼ | 204 | ╠ | 236 | ∞ |
| 141 | ì | 173 | ¡ | 205 | ═ | 237 | ø |
| 142 | Ä | 174 | « | 206 | ╬ | 238 | є |
| 143 | Å | 175 | » | 207 | ╧ | 239 | ∩ |
| 144 | É | 176 | ░ | 208 | ╨ | 240 | ≡ |
| 145 | æ | 177 | ▒ | 209 | ╤ | 241 | ± |
| 146 | Æ | 178 | ▓ | 210 | ╥ | 242 | ≥ |
| 147 | ô | 179 | │ | 211 | ╙ | 243 | ≤ |
| 148 | ö | 180 | ┤ | 212 | ╘ | 244 | ⌠ |
| 149 | ò | 181 | ╡ | 213 | ╒ | 245 | ⌡ |
| 150 | û | 182 | ╢ | 214 | ╓ | 246 | ÷ |
| 151 | ù | 183 | ╖ | 215 | ╫ | 247 | ≈ |
| 152 | ÿ | 184 | ╕ | 216 | ╪ | 248 | ° |
| 153 | ö | 185 | ╣ | 217 | ┘ | 249 | • |
| 154 | Ü | 186 | ║ | 218 | ┌ | 250 | . |
| 155 | ¢ | 187 | ╗ | 219 | █ | 251 | √ |
| 156 | £ | 188 | ╝ | 220 | ▄ | 252 | $^{n}$ |
| 157 | ¥ | 189 | ╜ | 221 | ▌ | 253 | $^{2}$ |
| 158 | Pt | 190 | ╛ | 222 | ▐ | 254 | ■ |
| 159 | *f* | 191 | ┐ | 223 | ▀ | 255 | Blank'FF' |

注：128～255 是 IBM-PC(长城 0520)上专用的，表中 000～127 是标准的。

## 附录B

# C语言中的关键字及含义

C 语言中的 32 个关键字及含义如下。

(1) auto：局部变量(自动储存)

(2) break：无条件退出程序最内层循环

(3) case：switch 语句中的选择项

(4) char：单字节整型数据

(5) const：定义不可更改的常量值

(6) continue：中断本次循环，并转向下一次循环

(7) default：switch 语句中的默认选择项

(8) do：用于构成 do-while 循环语句

(9) double：定义双精度浮点型数据

(10) else：构成 if-else 选择程序结构

(11) enum：枚举

(12) extern：在其他程序模块中说明了全局变量

(13) float：定义单精度浮点型数据

(14) for：构成 for 循环语句

(15) goto：构成 goto 转移结构

(16) if：构成 if-else 选择结构

(17) int：基本整型数据

(18) long：长整型数据

(19) register：CPU 内部寄存的变量

(20) return：用于返回函数的返回值

(21) short：短整型数据

(22) signed：有符号数

(23) sizoef：计算表达式或数据类型占用的字节数

(24) static：定义静态变量

(25) struct：定义结构类型数据

(26) switch：构成 switch 选择结构

(27) typedef：重新定义数据类型

(28) union：联合类型数据

(29) unsigned：定义无符号数据
(30) void：定义无类型数据
(31) volatile：该变量在程序执行中可被隐含地改变
(32) while：用于构成 do-while 或 while 循环结构

# 附录 C

# C语言运算符的优先级和结合性

| 优先级 | 运算符 | 运算符名称 | 运算对象个数 | 结合性 |
| --- | --- | --- | --- | --- |
| 1 | ( ) | 圆括号 | | 自左向右 |
| | [ ] | 下标运算符 | | |
| | -> | 指向结构体成员运算符 | | |
| | . | 成员运算符 | | |
| 2 | ! | 逻辑非运算符 | 单目运算符<br>运算对象 1 个 | 自右向左 |
| | ~ | 按位取反运算符 | | |
| | ++ | 自增运算符 | | |
| | -- | 自减运算符 | | |
| | - | 负号运算符 | | |
| | (类型) | 强制类型转换运算符 | | |
| | * | 指针运算符 | | |
| | & | 地址运算符 | | |
| | sizeof | 长度运算符 | | |
| 3 | * | 乘法运算符 | 双目运算符<br>运算对象 2 个 | 自左向右 |
| | / | 除法运算符 | | |
| | % | 取余数运算符 | | |
| 4 | + | 加法运算符 | 双目运算符<br>运算对象 2 个 | 自左向右 |
| | - | 减法运算符 | | |
| 5 | << | 左移运算符 | 双目运算符<br>运算对象 2 个 | 自左向右 |
| | >> | 右移运算符 | | |
| 6 | >，>=<br><，<= | 关系运算符 | 双目运算符<br>运算对象 2 个 | 自左向右 |
| 7 | == | 等于运算符 | 双目运算符<br>运算对象 2 个 | 自左向右 |
| | != | 不等于运算符 | | |
| 8 | & | 按位与运算符 | 双目运算符(2 个) | 自左向右 |
| 9 | ∧ | 按位异或运算符 | 双目运算符(2 个) | 自左向右 |
| 10 | \| | 按位或运算符 | 双目运算符(2 个) | 自左向右 |

(续表)

| 优先级 | 运算符 | 运算符名称 | 运算对象个数 | 结合性 |
| --- | --- | --- | --- | --- |
| 11 | && | 逻辑与运算符 | 双目运算符(2 个) | 自左向右 |
| 12 | \|\| | 逻辑或运算符 | 双目运算符(2 个) | 自左向右 |
| 13 | ? : | 条件运算符 | 三目运算符(3 个) | 自右向左 |
| 14 | =、+=、−=、*=<br>/=、%=、>>=、<<=<br>&=、\|=、^= | 赋值运算符 | 双目运算符(2 个) | 自右向左 |
| 15 | , | 逗号运算符 |  | 自左向右 |

# ꧁ 附录D ꧂

# C语言常用的库函数

库函数并不是C语言的一部分，它是由编译系统根据一般用户的需要编制并提供给用户使用的一组程序。每种C编译系统都提供了一批库函数，不同的编译系统所提供的库函数的数目和函数名，以及函数功能是不完全相同的。ANSI C标准提出了一批建议提供的标准库函数。它包括目前多数C编译系统所提供的库函数，但也有一些是某些C编译系统未曾实现的。考虑到通用性，本附录列出ANSI C建议的常用库函数。

由于C库函数的种类和数目很多，限于篇幅，本附录不能全部介绍，只从教学需要的角度列出最基本的。读者在编写C程序时可根据需要，查阅相关系统的函数使用手册。

## 1. 数学函数

使用数学函数时，应该在源文件中使用以下预编译命令。

```
#include <math.h>或#include "math.h"
```

| 函数名 | 函数原型 | 功能 | 返回值 |
|---|---|---|---|
| acos | double acos(double x); | 计算 arccos x 的值，其中-1<=x<=1 | 计算结果 |
| asin | double asin(double x); | 计算 arcsin x 的值，其中-1<=x<=1 | 计算结果 |
| atan | double atan(double x); | 计算 arctan x 的值 | 计算结果 |
| atan2 | double atan2(double y, double x); | 计算 arctan y/x 的值 | 计算结果 |
| cos | double cos(double x); | 计算 cos x 的值，其中 x 的单位为弧度 | 计算结果 |
| cosh | double cosh(double x); | 计算 x 的双曲余弦 cosh x 的值 | 计算结果 |
| exp | double exp(double x); | 求 $e^x$ 的值 | 计算结果 |
| fabs | double fabs(double x); | 求实型 x 的绝对值 | 计算结果 |
| floor | double floor(double x); | 求出不大于 x 的最大整数 | 该整数的双精度实数 |
| fmod | double fmod(double x, double y); | 求 x%y 的值，%只适用于整型数据 | 返回余数的双精度实数 |
| frexp | double frexp(double val, int *eptr); | 把双精度数 val 分解成数字部分(尾数)和以 2 为底的指数，即 val=x*$2^n$，n 存放在 eptr 指向的变量中 | 数字部分 x<br>0.5<=x<1 |
| log | double log(double x); | 求 lnx 的值 | 计算结果 |

(续表)

| 函数名 | 函数原型 | 功能 | 返回值 |
|---|---|---|---|
| log10 | double log10(double x); | 求 $\log_{10}x$ 的值 | 计算结果 |
| modf | double modf(double val, int *iptr); | 把双精度数 val 分解成数字部分和小数部分，把整数部分存放在 ptr 指向的变量中 | val 的小数部分 |
| pow | double pow(double x, double y); | 求 $x^y$ 的值 | 计算结果 |
| sin | double sin(double x); | 求 sin x 的值，其中 x 的单位为弧度 | 计算结果 |
| sinh | double sinh(double x); | 计算 x 的双曲正弦函数 sinh x 的值 | 计算结果 |
| sqrt | double sqrt (double x); | 计算 $\sqrt{x}$ ，其中 $x\geq0$ | 计算结果 |
| tan | double tan(double x); | 计算 tan x 的值，其中 x 的单位为弧度 | 计算结果 |
| tanh | double tanh(double x); | 计算 x 的双曲正切函数 tanh x 的值 | 计算结果 |
| cabs | double cabs(struct complex znum); | 求复数的绝对值 | 计算结果 |
| ceil | double ceil (double x); | 取上整，返回不比 x 小的最小整数 | 计算结果 |

## 2. 字符函数

在使用字符函数时，应该在源文件中使用以下预编译命令。

```
#include <ctype.h>或#include "ctype.h"
```

| 函数名 | 函数原型 | 功能 | 返回值 |
|---|---|---|---|
| isalnum | int isalnum(int ch); | 检查ch是否为字母或数字 | 是字母或数字返回 1，否则返回 0 |
| isalpha | int isalpha(int ch); | 检查ch是不是字母 | 是字母返回 1，否则返回 0 |
| iscntrl | int iscntrl(int ch); | 检查ch是否控制字符(其ASCII码在0和0xlF之间，数值为0～31) | 是控制字符返回 1，否则返回 0 |
| isdigit | int isdigit(int ch); | 检查ch是否为数字(0～9) | 是数字返回 1，否则返回 0 |
| isgraph | int isgraph(int ch); | 检查ch是不是可打印(显示)字符(其ASCII码在0x21和0x7e之间)，不包括空格 | 是可打印字符返回非 0，否则返回 0 |
| islower | int islower(int ch); | 检查ch是不是小写字母(a～z) | 是小写字母返回非 0，否则返回 0 |
| isprint | int isprint(int ch); | 检查ch是不是可打印字符(其ASCII码在0x21和0x7e之间)，包括空格 | 是可打印字符返回 1，否则返回 0 |
| ispunct | int ispunct(int ch); | 检查 ch 是不是标点字符(不包括空格)，即除字母、数字和空格以外的所有可打印字符 | 是标点符号返回 1，否则返回 0 |
| isspace | int isspace(int ch); | 检查 ch 是否为空格、跳格符(制表符)、换行符、换页符、回车符 | 是，返回 1，否则返回 0 |
| isupper | int isupper(int ch); | 检查 ch 是否为大写字母(A～Z) | 是大写字母返回 1，否则返回 0 |
| isxdigit | int isxdigit(int ch); | 检查 ch 是否为一个 16 进制数字(即 0～9，或 A～F、a～f) | 是返回 1 |

(续表)

| 函数名 | 函数原型 | 功能 | 返回值 |
| --- | --- | --- | --- |
| tolower | int tolower(int ch); | 将 ch 字符转换为小写字母 | 返回 ch 对应的小写字母 |
| toupper | int toupper(int ch); | 将 ch 字符转换为大写字母 | 返回 ch 对应的大写字母 |
| isascii | int isascii(int ch) | 测试参数是否为 ASCII 码 0～127 | 是返回非 0，否则返回 0 |

### 3. 字符串函数

使用字符串中函数时，应该在源文件中使用以下预编译命令。

```
#include <string.h>或#include "string.h"
```

| 函数名 | 函数原型 | 功能 | 返回值 |
| --- | --- | --- | --- |
| memchr | void memchr(void *buf, char ch, unsigned count); | 在buf的前count个字符里搜索字符ch首次出现的位置 | 返回指向buf中ch的第一次出现的位置指针。若没有找到ch，返回NULL |
| memcmp | int memcmp(void *buf1, void *buf2, unsigned count); | 按字典顺序比较由buf1和buf2指向的数组的前count个字符 | buf1<buf2，为负数<br>buf1=buf2，返回0<br>buf1>buf2，为正数 |
| memcpy | void *memcpy(void *to, void *from, unsigned count); | 将from指向的数组中的前count个字符拷贝到to指向的数组中。from和to指向的数组不允许重叠 | 返回指向to的指针 |
| memove | void *memove(void *to, void *from, unsigned count); | 将from指向的数组中的前count个字符拷贝到to指向的数组中。保证不会出现内存块重叠 | 返回指向to的指针 |
| memset | void *memset(void *buf, char ch, unsigned count); | 将字符ch拷贝到buf指向的数组前count个字符中 | 返回buf |
| strcat | char *strcat(char *str1, char *str2); | 把字符str2接到str1后面，取消原来str1最后面的串结束符\0 | 返回str1 |
| strchr | char strchr(char *str, int ch); | 找出str指向的字符串中第一次出现字符ch的位置 | 返回指向该位置的指针，如找不到，则应返回NULL |
| strcmp | int strcmp(char *str1, char *str2); | 比较字符串str1和str2 | 若str1<str2，为负数<br>若str1=str2，返回0<br>若str1>str2，为正数 |
| strcpy | char *strcpy(char *str1, char *str2); | 把str2指向的字符串拷贝到str1中去 | 返回str1 |
| strlen | unsigned int strlen(char *str); | 统计字符串 str 中字符的个数(不包括终止符\0) | 返回字符个数 |

(续表)

| 函数名 | 函数原型 | 功能 | 返回值 |
|---|---|---|---|
| strlen | unsigned int strlen(char *str); | 统计字符串str中字符的个数(不包括终止符\0) | 返回字符个数 |
| strncat | char *strncat(char *str1, char *str2, unsigned count); | 把字符串str2指向的字符串中最多count个字符连到串str1后面，并以NULL结尾 | 返回str1 |
| strncmp | int strncmp(char *str1,*str2, unsigned count); | 比较字符串str1和str2中至多前count个字符 | 若str1<str2，为负数<br>若str1=str2，返回0<br>若str1>str2，为正数 |
| strncpy | char *strncpy(char *str1,*str2, unsigned count); | 把str2指向的字符串中最多前count个字符拷贝到str1中去 | 返回str1 |
| strnset | char *setnset(char *buf, char ch, unsigned count); | 将字符ch拷贝到buf指向的数组前count个字符中 | 返回buf |
| strset | char *strset(void *buf, char ch); | 将buf所指向的字符串中的全部字符都变为字符ch | 返回buf |
| strstr | char *strstr(char *str1, char*str2); | 寻找str2指向的字符串在str1指向的字符串中首次出现的位置 | 返回str2指向的字符串首次出现的地址，否则返回NULL |
| strnicmp | int strnicmp(char *str1, char *str2, unsigned maxlen); | 将一个字符串中的一部分与另一个字符串比较，不管大小写 | 若str1 < str2，为负数<br>若str1=str2，返回等于0的值<br>若str1 >str2，为正数 |
| strcspn | int strcspn(char *str1, char *str2); | str1开头连续不含字符串str2中字符的字符数 | 返回字符个数 |
| strdup | char *strdup(char *str); | 将字符串拷贝到新建的位置处 | 返回指向复制字符串分配的空间；如果分配空间失败，则返回NULL值 |
| strpbrk | char *strpbrk(char *str1, char *str2); | 在字符串中查找给定字符集中的字符 | 返回str1中的字符首次出现的地址，否则返回NULL |
| strrchr | char *strrchr(char *str, char c); | 查找str中最后一次出现字符c的位置 | 返回c出现的地址，否则返回NULL |
| strrev | char *strrev(char *str); | 字符串倒转 | 返回倒转字符串的地址 |
| strtod<br>(或 strtol) | double strtod(char *str, char **endptr); | 参数str所指向的字符串转换为一个浮点数(类型为double型) | 转换后的双精度浮点数 |
| swab | void swab (char *from, char *to, int nbytes); | 交换字节 | 无返回值 |

### 4. 输入输出函数

在使用输入输出函数时，应该在源文件中使用以下预编译命令。

```
#include <stdio.h>或#include "stdio.h"
```

| 函数名 | 函数原型 | 功能 | 返回值 |
|---|---|---|---|
| clearerr | void clearerr(FILE *fp); | 清除文件指针错误指示器 | 无 |
| close | int close(int fp); | 关闭文件(非 ANSI 标准) | 关闭成功返回 0，不成功返回-1 |
| creat | int creat(char *filename, int mode); | 以 mode 所指定的方式建立文件(非 ANSI 标准) | 成功返回正数，否则返回-1 |
| eof | int eof(int fp); | 判断 fp 所指的文件是否结束 | 文件结束返回 1，否则返回 0 |
| fclose | int fclose(FILE *fp); | 关闭 fp 所指的文件，释放文件缓冲区 | 关闭成功返回 0，不成功返回非 0 |
| feof | int feof(FILE *fp); | 检查文件是否结束 | 文件结束返回非 0，否则返回 0 |
| ferror | int ferror(FILE *fp); | 测试 fp 所指的文件是否有错误 | 无错返回 0，否则返回非 0 |
| fflush | int fflush(FILE *fp); | 将 fp 所指的文件的全部控制信息和数据存盘 | 存盘正确返回 0，否则返回非 0 |
| fgets | char *fgets(char *buf, int n, FILE *fp); | 从 fp 所指的文件读取一个长度为(n-1)的字符串，存入起始地址为 buf 的空间 | 返回地址 buf。若遇文件结束或出错则返回 EOF |
| fgetc | int fgetc(FILE *fp); | 从 fp 所指的文件中取得下一个字符 | 返回所得到的字符。出错返回 EOF |
| fopen | FILE *fopen(char *filename, char *mode); | 以 mode 指定的方式打开名为 filename 的文件 | 成功则返回一个文件指针，否则返回 0 |
| fprintf | int fprintf(FILE *fp, char *format,args,…); | 把 args 的值以 format 指定的格式输出到 fp 所指的文件中 | 实际输出的字符数 |
| fputc | int fputc(char ch, FILE *fp); | 将字符 ch 输出到 fp 所指的文件中 | 成功则返回该字符，出错返回 EOF |
| fputs | int fputs(char str, FILE *fp); | 将 str 指定的字符串输出到 fp 所指的文件中 | 成功则返回 0，出错返回 EOF |
| fread | int fread(char *pt, unsigned size, unsigned n, FILE *fp); | 从 fp 所指定文件中读取长度为 size 的 n 个数据项，存到 pt 所指向的内存区 | 返回所读的数据项个数，若文件结束或出错返回 0 |
| fscanf | int fscanf(FILE *fp, char *format, args,…); | 从 fp 指定的文件中按给定的 format 格式将读入的数据送到 args 所指向的内存变量中(args 是指针) | 输入的数据个数 |

(续表)

| 函数名 | 函数原型 | 功能 | 返回值 |
|---|---|---|---|
| fseek | int fseek(FILE *fp, long offset, int base); | 将fp指定的文件的位置指针移到以base所指出的位置为基准、以offset为位移量的位置 | 返回当前位置，否则返回-1 |
| ftell | long ftell(FILE *fp); | 返回 fp 所指定的文件中的读写位置 | 返回文件中的读写位置，否则返回0 |
| fwrite | int fwrite(char *ptr, unsigned size, unsigned n, FILE *fp); | 把ptr所指向的n*size个字节输出到fp所指向的文件中 | 写到fp文件中的数据项的个数 |
| getc | int getc(FILE *fp); | 从fp所指向的文件中读出下一个字符 | 返回读出的字符，若文件出错或结束返回EOF |
| getchar | int getchar( ); | 从标准输入设备中读取下一个字符 | 返回字符，若文件出错或结束返回-1 |
| gets | char *gets(char *str); | 从标准输入设备读取字符串存入str指向的数组 | 成功返回str，否则返回NULL |
| open | int open(char *filename, int mode); | 以 mode 指定的方式打开已存在的名为 filename 的文件(非 ANSI标准) | 返回文件号(正数)，如打开失败返回-1 |
| printf | int printf(char *format, args, …); | 在 format 指定的字符串的控制下，将输出列表args的指输出到标准设备 | 输出字符的个数。若出错返回负数 |
| prtc | int prtc(int ch, FILE *fp); | 把一个字符 ch 输出到 fp 所值的文件中 | 输出字符ch，若出错返回EOF |
| putchar | int putchar(char ch); | 把字符ch输出到fp标准输出设备 | 返回换行符，若失败返回EOF |
| puts | int puts(char *str); | 把 str 指向的字符串输出到标准输出设备，将\0转换为回车行 | 返回换行符，若失败返回EOF |
| putw | int putw(int w, FILE *fp); | 将一个整数i(即一个字)写到fp所指的文件中(非ANSI标准) | 返回读出的字符，若文件出错或结束返回EOF |
| read | int read(int fd, char *buf, unsigned count); | 从文件号 fp 所指定文件中读count个字节到由buf指示的缓冲区(非ANSI标准) | 返回真正读出的字节个数，如文件结束返回0，出错返回-1 |
| remove | int remove(char *fname); | 删除以fname为文件名的文件 | 成功返回0，出错返回-1 |
| rename | int rename(char *oname, char *nname); | 把 oname 所指的文件名改为由nname所指的文件名 | 成功返回0，出错返回-1 |
| rewind | void rewind(FILE *fp); | 将 fp 指定的文件指针置于文件头，并清除文件结束标志和错误标志 | 无 |

(续表)

| 函数名 | 函数原型 | 功能 | 返回值 |
| --- | --- | --- | --- |
| scanf | int scanf(char*format, args, …); | 从标准输入设备按 format 指示的格式字符串规定的格式，输入数据给 args 所指示的单元。args 为指针 | 读入并赋给 args 数据个数。如文件结束返回 EOF，若出错返回 0 |
| write | int write(int fd, char *buf, unsigned count); | 从 buf 指示的缓冲区输出 count 个字符到 fd 所指的文件中(非 ANSI 标准) | 返回实际写入的字节数，如出错返回-1 |

5. 动态存储分配函数

在使用动态存储分配函数时，应该在源文件中使用以下预编译命令。

```
#include <stdlib.h>或#include "stdlib.h"
```

| 函数名 | 函数原型 | 功能 | 返回值 |
| --- | --- | --- | --- |
| calloc | void *calloc(unsigned n, unsigned size); | 分配n个数据项的内存连续空间，每个数据项的大小为size | 分配内存单元的起始地址。如果不成功，返回 0 |
| free | void free(void *p); | 释放 p 所指内存区 | 无 |
| malloc | void *malloc(unsigned size); | 分配 size 字节的内存区 | 所分配的内存区地址，如果内存不足，返回 0 |
| realloc | void*realloc(void *p, unsigned size); | 将 p 所指的已分配的内存区的大小改为 size。size 可比原来分配的空间大或小 | 返回指向该内存区的指针。如果重新分配失败，返回 NULL |